과학의 수사학

The Rhetoric of Science

The Rhetoric of Science
by Alan G. Gross

과학의 수사학

과학은 어떻게 말하는가

THE RHETORIC OF SCIENCE

앨런 그로스 | **오철우** 옮김

궁리하는 과학 002

궁리
KungRee

감사의 글

이 책의 여러 장에 대해 값진 비평을 해준 로드 버톨릿, 아서 파인, A. T. 그래프턴, 데이비드 헐, 토니 램, 토머스 매카시, 로버트 K. 머튼, 더그 미첼, 빅토르 나미아스, 조지 세플러, 허브 시몬스, 그리고 찰스 쳉에게 감사를 드린다. 아서 파인, 조 윌리엄스, 그리고 이책을 편집한 군더 헤프터와 하워드 보이어는 결정적 순간마다 격려를 아끼지 않았다. 시카고 대학, 특히 레겐슈타인 도서관과 크레라도서관은 내가 다양한 자료를 찾아볼 수 있게 친절을 베풀어주었다. 그런 친절이 없었다면 이 책은 불가능했을 것이다. 재정 지원을해준 릴리 재단, 퍼듀 대학의 캘루멧, 그리고 국립인문학기금에도감사를 드리고 싶다. 인문학기금의 여름 세미나가 없었다면, 이런프로젝트는 시작되지도 못했을 뿐더러 완성되지 못했을 것이다.

글로리아와 해럴드 프롬한테는 감사의 말로도 다할 수 없는 신세를 졌다. 그들의 격려 덕분에 나는 10년 동안 연구를 지속할 수 있었다. 그리고 해럴드의 가차 없는 비평은 이 책 전반의 문체와 견실함을 높여주었다.

이 책 중 몇 장의 초기 판은 다음의 출판물에서 처음 발표됐다.

2, 4, 8, 12장은 애초에 언술커뮤니케이션협회(Speech Communication Association)의 여러 출판물에 발표됐다. 3장은 허버트 시몬스가 편집한 책 『수사학적 전환: 연구 양식에서 논거발견과 설득』(The Rhetorical Turn: Invention and Persuasion in the Conduct of Inquiry, 시카고: 시카고 대학 출판부, 1990)에 처음 출판됐다. 그 모든 저작권은 시카고 대학이 지닌다. 6장은 애초 『기술적 글쓰기와 커뮤니케이션 저널』(Journal of Technical Writing and Communication) 제15권(1985)의 15~26쪽에 발표되었던 것을 배이우드 출판사의 허락을 받아 이 책에 싣게 되었다. 7장은 본래 『논증: 시각과 접근. 제1회 국제 논증학술대회 회보』(Argumentation: Perspectives and Approaches. Proceedings of the First International Conference on Argumentation) 제3A권(도르드레흐트: 포리스, 1987)의 347~356쪽에 실렸던 것이다. 포리스 출판사의 허락을 받아 이 책에 싣는다. 11장은 애초에 허버트 W. 시몬스가 편집한 책 『인문과학의 수사학』(Rhetoric in the Human Sciences, 런던: 세이지, 1989)의 89~108쪽에 실렸던 것이다. 세이지 출판사의 허락을 받아 여기에 싣는다.

차례

제 **1** 부

수사학과 과학의 관계

1

수사학적 분석

사회적 실재(reality)라는 게 설득의 산물임을 당연하게 받아들이는 일상 세계에서 보자면, 법정과 정치토론은 그런 일상세계의 몇몇 사례일 뿐이라는 점을 우리는 쉽게 받아들인다. 우리 가운데 많은 이들은 또한 아리스토텔레스가 결코 용인하지 않을 가능성, 즉 과학의 주장들도 단지 설득의 산물일 수 있다고 바라본다. 우리 사회의 지적 분위기에서는 쿼크나 중력렌즈의 실재성도 결국 설득의 문제로서 논쟁거리가 된다. 이런 분위기는 과학 지식을 분석 대상으로 삼으며 자기 권리를 주장하는 수사학이 부활할 만한 자연스런 환경을 만들어주고 있다.

수사학으로 말하면 지식의 창조는 자기 설득으로 시작해 다른 이의 설득으로 끝나는 일이다. 지식에 대한 이런 태도는 소크라테스에 의해 잘 알려진 초기의 철학적 상대주의, 곧 최초의 소피스트

학파에서 유래했다. 나의 주된 이론적 텍스트인 아리스토텔레스의 『수사학(Rhetoric)』도 그 정신으로 보면 역시 "그때그때 존재하는 설득의 수단을 찾아냄"을 목표로 삼는 소피스트적인 것이다.

그렇지만 아리스토텔레스는 어떤 정신을 지키고자 수사학의 영역을 그 지식이 자명하게 '설득'의 문제가 되는 그런 광장, 곧 정치적인 것(the political)과 사법적인 것(the judicial)으로 제한했다. 과학 텍스트를 수사학으로 분석하고자 한다면, 이런 아리스토텔레스의 제한은 벗어던져야 한다. 그리하여 최초의 소피스트 정신이 자유롭게 떠돌게 해야 한다.

과학 텍스트를 수사학으로 분석하고 난 뒤에도, 거기에 설득의 결과가 아닌 어떤 속박, 어떤 '자연적' 속박이 계속 남아 있을지는 잠시 열린 물음으로 남겨두자. 그런 상태에서 수사학의 분석을 늦추지 않고 진행하면 과학은 확실한 지식에 이르는 특권의 길이 아니라 또 하나의 지적 활동이자 특권의 길에서 옆으로 비켜나 있는 활동임을 점차 알게 된다. 뿐만 아니라 과학은 철학, 문학비평, 역사 그리고 수사학 자체의 모습으로 드러날 것이다.

과학에 대한 수사학의 관점은 '자연의 원초적 사실들(the brute facts of nature)'을 부정하지는 않는다. 그 '사실들'이 무엇이든 간에 그것들이 과학 자체, 지식 자체는 아니라는 점을 확인할 뿐이다. 과학 지식은 세 가지 물음에 대한 현재의 답, 곧 전문가적 대화가 만들어낸 답들로 구성된다. '원초적 사실들'은 어느 범위까지 탐구할 가치를 지니는가? 이 범위는 어떻게 탐구돼야 하는가? 탐구의 결과는 어떤 의미를 지니는가? '원초적 사실들'이 무엇이든간에 그 자체는 아무런 의미를 지니지 않는다. 오직 진술만이 의미를 지니며 우리는 진술의 참에 대해 설득돼야 한다. 문제가 선택되고 결과가 해석되는 과정은 본질적으로 수사학적이다. 곧 설득을 통해서만 중요성과 의미가 구축된다. 수사학자로서 우리는 의미를 만들어내는 과학의 세계를 연구하는 것이다.

30년 전 인문주의 학제들은 지금보다 더 수월하게 정의될 수 있었다. 과학사 학자들은 일차 사료를 사건의 연대기적 양식으로 표현했고, 과학철학 학자들은 과학 이론을 명제들의 체제로 분석했다. 그리고 과학사회학 학자들은 집단의 영향력을 보여주는 진술들을 꼼꼼히 살폈다(Markus 1987, p. 43). 그렇지만 지난 20년 동안 인문학은 클리퍼드 기어츠가 말한 대로, '흐릿한 장르들(a blurring of genres)'에 지배됐다. 그 결과 "학자들을 이런저런 지적 집단으로 묶는 계통 분류는……오늘날 아주 이상한 어떤 방향으로 내달리고 있다"(1983, pp. 23-24).

데이비드 콘, 샌드라 허버트 그리고 길리언 비어의 다윈 연구는 지식의 역사를 기술하거나 문학비평을 하고 있는 것일까? 중력렌즈에 관한 연구에서 이언 해킹은 철학이나 사회학을 하고 있는 것일까? 아서 파인은 아인슈타인에 대한 연구에서, 철학이나 지성사를 논하고 있는 것일까? 스티브 울가와 카린 크노르-세티나는 사회학이나 수사학적 비평의 관점에서 과학 논문을 연구하고 있는 것일까? 베이컨의 인식론에 관한 이블린 켈러의 연구는 인식론인가, 심리학 또는 문학비평인가? 마이클 린치가 실험실의 직업 용어를 분석할 때 그는 민족학 방법론이나 과학수사학을 하고 있는 것은 아닐까?

이런 지적 활동은 방법론에서 단 하나의 전제조건을 공유하고 있는데, 바르트의 말에 의하면, 모두 그 텍스트를 '주인공'으로 삼고 있다. 모두가 기어츠의 말처럼 "발견에 이르는 길은······ 힘들을 가정하고 측정하는 것으로 통하기보다는 표현에 주목하여 그것을 면밀히 살피는 것으로 통한다"고 생각한다(1983, p. 34). 파인은 아인슈타인의 철학을 설명하기 위해 역사학자가 되었다. 라투르와 울가는 철학적 분석이 아니라 실험실에 대한 민족학 방법론의 연구를 통해 과학 지식의 구조를 발견했다. 켈러는 베이컨의 논증을 재구성하는 게 아니라 은유를 분석하여 그의 인식론에 접근했다. 그리고 비어는 다윈의 『종의 기원』을 논증이 아니라 조지 엘리어트나 토머스 하디의 소설처럼 다루었다.

수사학의 분석은 이런 과학학자들 모두가 현재 하고 있는 것이 무엇인지 설명한다. 그것은 비어와 울가의 차이만큼이나 겉모습과 교육 훈련의 측면에서 연구자들의 서로 다른 지적 활동을 규정하는 특징이 된다.[1] 그런 학자들이 보기에, 과학의 추론적 지식은 실천적 지식의 한 가지 형태이며, 실천적 추론의 매개수단(vehicle)이다. 그 특징은 이렇다. "구하려는 바가 직접 작용에서 멀리 떨어져 존재할 때에, 직접 작용을 계산함으로써 구하려는 바를 얻거나 행하거나 보증할 수 있다"(Anscombe 1957, p. 79). 확실히 『종의 기원』은 추론적 지식이다. 하지만 수사학의 관점에서 보면, 그것은 실천적 지식이다. 또한 그 지식은 다윈이 동료 생물학자들한테 연구 분야를 재구성하고, 그들의 행위 성향을 바꾸도록 설득하는 데 이용한 수단이기도 하다.

그러므로 이런 지적 활동들을 과학수사학이라고 부른다는 것은 이미 주장되고 발굴된 권리를 다만 등록하는 것일 뿐이다. 또한 분명히 구분되는 이런 활동을 수사학으로 간주하는 것은 어떤 일관된 전통, 곧 잘 쓰이고 있는 지적 도구들을 모두가 쓸 수 있게 하는 것일 뿐이다.

문학과 과학은 그 자신의 텍스트를 '주인공'으로 삼는 연구 분야라는 점에서 과학수사학과는 다르다. 문학과 과학이 특권적 지위를 부여하는 텍스트는 전통적으로 문헌적이다. 한 시대의 과학이 연구 대상이 되는 것은 그것이 그 시대의 문헌적 산물에 해석의 빛을 던져줄 수 있기 때문이다. 예컨대 캐서린 해일즈의『우주라는 거미집(The Cosmic Web)』은 과학적 장이론의 개념을, 이 이론의 영향을 받은 당대의 소설들에서 다루고 있다. 반면에 과학수사학은 과학을 지적, 사회적 풍조의 한 요소로서 그리고 그 자체로서 바라보는 우리의 이해를 수사학적 분석을 통해 증진시킬 것을 제안한다. 이런 시각에서 볼 때 빅토리아시대의 지적 생활에 끼친 다윈의 영향을 연구하는 비어는 문학과 과학을 행하는 것이 아니라 과학수사학을 행하고 있는 것이다.

과학수사학이 그 텍스트를 설득을 위해 고안된 수사학적 대상으로 바라본다고 해서 과학에 미적 차원이 존재함을 부정하는 것은 아니다. 그렇지만 수사학의 관점에서 보면 그런 차원은 그 자체로 목적이 될 수 없다. 그것은 언제나 설득을 위한 수단이며 과학자한테 어떤 특정 과학이 옳다는 신념을 주는 방식이다. 과학에서 미(美)는 충분하지 않다. 즉 데카르트 물리학은 지금도 아름답지만 지금은 물리학이 아니다.

과학 텍스트에 응용되는 수사학 |

고전수사학의 분석 도구는 분명 네오-아리스토텔레스주의 과학수사학에서 일반적으로 응용될 수 있다. 또 확실히 고전적이면서도 동시에 과학 텍스트의 구성 이론이 되는 어떤 정식화도 개발될 수 있다. 그러나 그렇다고 해서 문체(style), 논거배열(arrangement), 논거발명(invention) 등 고전적 개념들의 지도가 이런 텍스트들 위에 일대일 대응으로 그려질 수 있다는 것은 아니다. 과학이 웅변술이라는 것이 아니라, 웅변술처럼 과학도 설득에 중심을 두는 수사학적 기획이라는 것으로 인식돼야 한다. 과학 텍스트와 고전수사학 개념 사이의 정확한 대응을 좇는 대신에, 우리는 계속 나아가면서 고전수사학의 범주가 과학 텍스트의 주목할 만한 특징들을 설명할 수 있다는 식의 일반적인 의미를 성취해야 한다.

수사학과 수사학적 분석이라는 오랜 전통이 존재하기에 이런 과제는 더욱 수월해진다. 고전수사학은 결코 한 가지 체계가 아니었으며, 수사학의 전통은 그 역사를 통틀어 단일화되지도 않았다. 아리스토텔레스, 키케로, 퀸틸리안이 다르고, 켐벨, 와틀리, 블레어가 달랐다. 더 많은 텍스트들이 지금까지 남아 있었다면, 고전 저자들 사이에 훨씬 더 큰 불일치가 분명하게 드러났을 것이다.

그러나 매우 놀라운 것은 수사학의 이런 전통에 중세와 근대의 수사학을 관통해 보편적으로 존속하는 연속성이 존재한다는 것이다. 작가들은 고전적 웅변가들이 논증을 찾았던 바로 그곳에서 여전히 자신의 논증을 찾는다. 조직적 글쓰기는 지금도 고전적 논거배열의 관념에 기대고 있다. 여전히 수사학자들은 문체를 대체로 고전적 의미로 생각한다. 젊은이들이 글쓰기를 배울 때 그들은 여전히 퀸틸리안의 가르침을 따른다.

고대 세계에서는 과학과 수사학이 긴밀히 연결돼 있었다는 점 때문에 과학의 수사학적 분석은 더욱 설득력을 얻는다. 물질 세계에 관해 초기 그리스 사상은 극심한 변화를 겪었다. 탈레스한테 근본 물질은 물이었고, 아낙시메네스한테는 공기였다. 헤라클리투스한테 모든 것은 흐름이었으며, 파르메니데스한테 변화는 허상이었다. 이런 주체 못할 풍요(embarras de richesses)에 대해 두 가지 반작용이 있었다. 하나는 지식의 확실성을 확보하려는 것으로, 플라톤과 아리스토텔레스의 방식이었다. 다른 하나는 지식을 인간적이며 변화할 수 있는 수사학적인 것으로 여기는 소피스트의 방법이었다.

그러므로 과학수사학이 다루는 문제는 서구 지식 역사에서 초기에 확립됐다. 그리하여 수사학적 분석은 과학의 문체와 논거 배열뿐 아니라, 보통 수사적이지 않은 것으로 여겨지는 특징들(수사가 아니라 과학적 사실과 이론의 발견으로 해석되는 특징들)까지도 포함한다. 수사학의 관점에서 보면, 과학의 발견은 마땅히 발명으로 묘사된다.

왜 발견을 발명이라고 다시 말하는 것일까? 발견이란 이미 그곳에 있는 것을 찾아낸다는 뜻이다. 하지만 발견은 과학자가 실제 행하는 바에 대한 설명이 아니며, 과학 지식의 확실성 문제를 회피하는 감춰진 은유다. 발견된 지식은 아메리카 대륙처럼 언제나 그곳에 존재하기 때문에 확실하다. 그러므로 과학 이론을 발명이라고 부른다면 그것은 과학의 지적 특권과 권위에 대한 도전이 된다.

발견은 경의를 표하는 말이지 그저 기술하는 말은 아니다. 어떤 의미에서 그 말은 과학사(대부분이 잘못된 이론의 역사다)와는 어울리지 않는다. 그리고 최근의 관행, 곧 오류와 오도의 기록도 대체로 어울리지 않으면서 이 말은 쓰이고 있다. 다른 한편으로, 발명이라는 말은 모든 과학적 주장들, 심지어 가장 성공한 주장에도 담긴 역사적 우연성과 근본적 불확실성을 포착한다. 만일 과학 이론이 발견이라면, 과학 이론들이 언제나 어김없이 쇠퇴했다는 사실을 설명하기는 쉽지 않다. 그러나 과학 이론을 수사학적 발명으로 본다면, 그 근본적 취약성을 설명할 필요는 사라진다.[2]

평형 지점(스타시스)

언제 어떤 과학에서든, 과학자는 설명할 필요가 있는 것이 무엇인지, 또 설명을 구성하는 것은 무엇인지, 그리고 그런 설명에서 어떤 것이 증거로 간주되어야 할지에 관해 결정해야 한다. 이처럼 과학자가 설명의 문제에 관해 생각한다면, 그들은 과학을 행한다는 것이 어떠해야 하는지를 결정하고 있는 셈이다. 수사학의 용어로 말하면 그들은 이미 논거 발명의 일부로 구축된 평형지점 이론(Stasis theory : 경쟁하는 논증들에서 쟁점이 평형을 이루어 정지하는 공통 지점에 대한 분석이론. 스타시스는 현대에서 '논점(issue)'으로 풀이되기도 한다.- 옮긴이)을 이용하고 있는 것이다. 평형 지점이란 어떤 물음의 집합을 말하는데, 우리는 이 물음들을 통해 설득이 요청되는 상황에 스스로 맞추게 된다. 법정의 논증에서, 우리는 어떤 행위가 저질러졌는지(an sit), 그것이 범죄인지(quid sit), 그 범죄는 일정한 방법으로 정당화될 수 있는지(quale sit)를 숙고한다. 법률 분석에서 이런 평형 지점들은 중심의 구실을 한다. 마찬가지로 과학 분석에서도 그것의 중심 구실은 분명하다.

1. 사실인가(An Sit) 과학에서 어떤 실체는 정말 존재하는가? 플로기스톤(근대화학 이전까지 연소의 원인으로 알려졌던 가상의 비물질적 원리–옮긴이)이 실재하는가? 쿼크가 존재하는가? 브라운 운동에 관한 아인슈타인의 논문들이 발표되기 전만 해도 원자의 존재는 의문시되었다. 그러나 이후 원자의 존재는 여러 실험을 통해 확증되었다.

2. 무엇인가(Quid Sit) 어떤 실체가 존재한다면 정확히 그 특징은 무엇인가? 고대부터 빛은 끊임없는 과학 탐구의 주제였다. 빛은 아리스토텔레스가 말한 매질 속의 변화인가, 데카르트가 말한 압력인가, 뉴턴이 말한 입자인가, 영이 말한 파동(매질 속의 또 다른 변화)인가, 아니면 양자 전기역학의 질량 없는 입자인가?

3. 어떤 것인가(Quale Sit) 어떤 실체나 현상의 특성이 대체로 똑같다 해도, 그것을 지배하는 법칙은 근본에서 다를 수 있다. 예를 들어 뉴턴에게 굴절 법칙은 미세한 입자들에 작용하는 결정론적인 힘의 결과이지만 그 동일한 법칙이 파인만한테는 질량 없는 입자들에 작용하는 확률론적 힘의 산물이다.

특정한 과학 텍스트는 특정한 평형지점을 강조한다. 아인슈타인이 브라운 운동에서 우연히 원자의 물리적 존재를 확증했다 해도, 그가 주로 관심을 기울인 문제는 브라운 운동의 어떤 것인가였다. 새로운 종을 확립하는 진화분류학의 논문들은 존재의 무엇인가를 지지하면서도 또한 진화 이론의 어떤 것인가에도 관심을 기울인다. 모든 경우에 평형 지점들은 과학자의 관심을 앞에 놓인 문제의 어떤 측면 쪽으로 쏠리게 한다. 예컨대 뉴턴과 데카르트는 모두 빛의 본성, 곧 무엇인가에 관심을 기울였다.

수사학과 과학 모두에 적용할 수 있는 최종의 평형 지점이 있다. 어떤 법정이 사법권을 지니는가의 문제다. 어떤 것이 과학 이론인지 아닌지는 누가 판단을 내리는가에 달려 있게 된다. 빛의 이론에 대한 뉴턴의 정식화는 그의 생애 내내 변함이 없었다. 처음에 그것이 거부되다가 나중에 받아들여진 것은 이론이 바뀌어서가 아니라 사법권의 변화 덕분이다. 첫 번째 여론 법정에서 뉴턴은 다른 이들이 구성한 기존 규칙에 따라 판단됐다. 최종 법정에서 그 판단의 규칙들은 뉴턴 자신이 만든 것이었다.

사법권은 또한 과학과 사회의 관계를 판결하는 데 중요하다. 어떤 대목에서 판단은 과학 내적 판단이 되기를 중단하는가? 중세의 종교재판은 갈릴레오의 과학 이론을 포함해 모든 지식의 적절한 중재자로서 구실을 했다. 근대에 이르러 이런 결정은 정당하게도 대개 과학자 집단에 의해 내려졌다. 그러나 지금은 미국 법원이 재조합 DNA 연구가 사회에 끼치는 영향에 대해서 적절한 재판관 구실을 하고 있다.

언제 어떤 과학에서든, 앞서 말한 세 가지 평형 지점에 반응하는 데에는 적절한 방식과 부적절한 방식이 있다. 예컨대 아리스토텔레스한테 설명이 필요한 현상은 자연스럽게 나타나는 현상들이다. 사람이 손으로 던진 돌의 운동을 무엇으로 설명할 수 있겠는가? 그 운동은 물체에 힘을 가하는 작용인(efficient cause)이 질료인(material cause)인 중력을 넘어서는 강제 운동의 사례다. 직접 접촉 없이는 강제 운동도 없다. 허공에 던져진 돌은 사람 손을 벗어난 뒤에도 오로지 바로 뒤에 있는 공기의 추동력 때문에 운동을 지속한다. 돌의 애초 궤적은 이런 강제 운동의 형상인(formal cause)이 된다. 그 궤

적의 정점에서는 자연 운동이 지배한다. 그러고 나서 돌의 목적인
(final cause)인 자연적 위치를 찾아 떨어지기 시작한다. 물질인은
다시 돌의 중력이며 형상인은 아래로 향하는 궤적 자체가 되며, 운
동인은 자연적 위치로부터 떨어진 거리가 된다. 아리스토텔레스한
테, 과학적 설명은 본질적으로 이런 네 가지 원인에 따르는 정성적
인 것이다. 이때 수학은 물리학에 들어설 자리가 없다.

『프린키피아(Principia)』에서 뉴턴은 아리스토텔레스의 사실인가
(an sit)를 벗어난다. 그는 운동의 전통적 주제를 더 이상 피설명항
(explanandum)으로 생각하지 않는다. 뉴턴한테 설명이 필요한 것
은 운동이 아니라 운동의 변화다. 직관으로 보아 자연의 수수께끼
인 운동 자체는 과학의 왕국에서 더 이상 피설명항이 아니다. 게다
가 뉴턴의 설명은 네 가지 원인 모두를 열거하지 않고서도 여전히
과학적일 수 있다. 운동 변화의 물질인은 대체로 생략되고 목적인
은 신학의 몫으로 돌려진다. 운동인과 형상인은 특권을 얻어 형상
인은 수학적 해석을 갖춘다. 즉 운동의 변화는 힘과 질량같이 관찰
할 수 없는 것들 사이의 엄격한 수학적 관계에 의해 설명된다. 이런
관계들은 물리학의 문제를 푸는 정량적 해법을 가능하게 한다. 가
능한 곳이면 어디에서든 이런 문제들은 실험으로 구현할 수 있다.
사실 그렇지는 않지만 원칙적으로 보면 뉴턴이라면 실험의 제약 아
래에서 관찰할 수 있거나 통제된 관찰로부터 직접 추론할 수 있는
것만을 주장할 것이다.

아리스토텔레스와 뉴턴의 전제들이 상반되기 때문에, 그리고 증
거와 설명에 대한 그들의 인식이 크게 다르기 때문에, 그들이 만드
는 과학은 근본부터 달랐다. 다르게 해석되는 평형 지점들은 근본

적으로 다른 과학 개념에 이르게 될 것이며, 사실상 그렇게 되었다. 평형 지점은 과학에 앞서기 때문에 이런 해석의 영역이 과학일 수는 없다. 그들의 적절한 영역은 수사학이다.

로고스

비교와 원인, 정의라는 공통의 화제들(topics)은 고전수사학의 논거 발명에서 주된 요소를 이루며, 전통적 지위를 누리고 있다. 수사학자들은 어떤 화제가 주어져도 그 논증을 이런 화제들에서 찾을 수 있다. 이런 공통 화제들은 과학에서도 논증을 위한 중요한 원천이 된다. 뉴턴의 사례에서도 그렇다. 『광학(Opticks)』에서 뉴턴은 두 차례에 걸쳐 광선을 정의한다. 이 저술의 앞부분에서 그는 그것을 관찰할 수 있는 것들로 정의하는데, 빛은 마치 작은 미세한 입자들로 이뤄진 것처럼 움직인다고 말한다. 나중에 뉴턴은 가설로서 정의하는데, 빛은 사실상 작은 입자로 **구성되어 있을 것**이라고 말한다. 이런 두 가지 정의의 차이는 설득의 목적에 변화가 일어났음을 보여준다.

뉴턴은 첫 번째 정의를 통해 회의적인 과학자들을 대상으로 빛에 관한 자신의 분석이 참이라고 설득하고자 한다. 과학자가 여기에 동의하는 데 반드시 뉴턴의 추정적 원자론에 찬성할 필요는 없다. 두 번째 정의에서 뉴턴은 그 과학자가 원자론을 과학적 가설로서 진지하게 받아들이기를 기대한다.

뉴턴의 광학 저술들에서 공통 화제들은 설득에 이용되며 발견에 도움을 주는 데 이용된다. 뉴턴은 비교라는 화제를 통해 데카르트의 색채 분석을 공격하는데, 그는 논쟁의 여지없는 실험 결과들과 데카르트의 이론을 대비한다. 빛의 물질 구성에 관해서는 '원인'이라는 화제를 다루는데, 빛의 지각은 미세한 빛 입자들이 눈의 망막에 충돌할 때 일어난다고 그는 추론한다. 빛의 직진성을 가정할 때에 그는 '권위'라는 화제에 의존하는데, 이는 아리스토텔레스 이후에 모든 이들이 빛의 직진성을 진리로 받아들이고 있기 때문이다.

각 경우에 우리는 뉴턴이 과학적 정의를 내리고 과학적 비교를 하고 있다고 말할 수 있다. 그러나 이런 사례들 가운데 어디에서도 공통 화제들에 대한 수사학적 의미와는 질적으로 구분되는 과학적 의미를 정의하기는 불가능하다. 결국에 논증을 위한 이런 원천들은 과학과 수사학에서 본질적으로 다르지 않다.

모든 논증에 어울리는 공통 화제에 더해 연설의 세 가지 장르인 법정연설(forensic), 토론연설(deliberative), 칭송연설(epideictic) 각각에 논증의 원천을 제공하는 특수 화제들이 있다. 법정 텍스트는 과거의 사실을 입증하는데, 그 전형이 법률 소송이어서 그런 이름이 붙었다. 거기에서 특수 화제는 정의와 불의다. 칭송 텍스트는 중요한 사건이나 사람을 찬양하거나 비방하는데, 장례식의 애도사와 공격성 연설이 대표적인 예이다. 그때의 특수 화제는 미덕과 악덕이다. 토론 텍스트는 미래의 정책을 세운다. 그 대표적인 예는 정치연설이며 특수 화제는 이익과 불이익, 그리고 가치와 무가치다.

과학 텍스트는 이런 장르들 가운데 하나에 관여한다. 과학 보고서는 자신의 주장을 가장 잘 지지할 만한 방법으로 과거의 과학을 재구성하기 때문에 법정형이다. 또 미래 연구의 방향을 안내하기에 토론형이며, 적합한 방법론에 찬사를 보내기 때문에 칭송형이다. 이와 비슷하게, 과학 교과서들은 쓸모 있는 과거의 과학을 모두 담아내려고 노력하며, 미래 연구의 방향을 결정하고 인정된 방법을 추천하려고 애를 쓴다. 그러나 과학은 또한 자신의 논증을 위하여 자신만의 고유한 원천을 지니고 있다. 정확한 관찰과 예측은 실험 과학의 특수 화제들이다. 수학화는 이론과학의 특정 화제다. 그러나 상당한 상호작용도 존재한다. 수학화는 실험과학에서도 화제가 되며 그것은 가장 높은 지위의 논증을 제공한다. 이론과학에서도, 최소한 암시적이라 하더라도, 수학을 통한 논증은 예측과 관찰이라는 특정 화제들에 고착된다.

그러나 관찰, 예측, 그리고 수학화를 화제라고 할 수 있을까? 과학은 주로 이론과 원초적 사실의 들어맞음에 헌신하는 활동이다. 둘이 잘 들어맞을수록 더 좋은 과학이다. 확실히 관찰과 예측, 수학화는 화제가 아니라 목적을 위한 수단일 뿐이다. 예측에서, 이론과 원초적 사실 간의 대치는 매우 극적이다. 아인슈타인의 일반상대성이론은 이전에 전혀 관찰된 적이 없는 중력장 안 빛의 굴절을 예측했다. 또 크릭의 유전 암호 이론은 다른 식으로 그럴듯한 형태인 'UUU 코돈(codon, 3개의 염기로 이루어진 유전 암호의 단위—옮긴이)'이 결코 나타나지 않을 것이라고 예측했다. 두 예측은 모두 사람이 아니라 자연만이 논증에 결말을 지을 수 있을 것이라며, 자연의 참여를 역설했다. 아인슈타인의 이론은 개기일식 동안에 계측된 별빛의 굴절 현상으로 입증됐다. 크릭의 이론은 UUU 코돈이 발견되면서 사실이 아닌 것으로 반증됐다. 우리는 두 사례에서 수사학은 뒤로 남겨두었던 것 같다. 일반 상대성 이론이 참인지 아닌지를 판단하는 잣대로서 별의 사진이 이용되었고, UUU 코돈 이론을 판단하기 위해서는 실험 기기의 기록 같은 원초적 사실들이 이용되었기

◪

때문이다.

하지만 이런 식의 논증은 잘못된 것이다. 즉 어떤 경우에도 원초적 사실이 흔들림 없이 특정한 이론의 방향으로 나아가지는 않는다. 사실상 어떤 과학의 사례에서도, 해석되지 않은 원초적 사실들(별의 위치, 시험관 잔류물) 자체가 이론을 입증하거나 반증하지는 않는다. 과학의 원초적 사실들은 어떤 설명 아래에 놓인 별의 위치이거나 시험관 잔류물이다. 그리고 과학에서 의미를 구성하는 것이 바로 이런 설명들이다. 특정 이론을 분명하게 뒷받침하는 원초적 사실들은 존재하며, 어떤 대목에서 이론과 그 이론이 정확히 그리는 꾸밈없는 실재 사이에 결정적 만남이 이뤄진다는 것은 과학적 신념이 아니라 수사학적 신념이다. 칭송연설가한테 미덕이 논증의 원천인 것과 마찬가지로, 과학에서는 관찰, 예측, 계측, 그리고 그것의 수학화가 논증의 원천이다.

논증의 구조 아리스토텔레스한테 과학의 연역법은 본래 수사학의 연역법과 다르다. 사실 둘은 모두 사유의 '법칙들'에 따라 행해진다. 그러나 수사학의 연역법은 두 가지 이유에서 열등하다. 그것은 불확실한 전제에서 출발하며 생략 삼단 논법(enthymeme: 삼단 논법에서 하나의 명제가 생략되는 논증 방법- 옮긴이)이다. 그래서 그것은 누락된 전제와 결론을 보완하기 위해 청중에 의존해야만 한다. 결론이 전제보다 더 확실할 수는 없으므로, 그리고 청중의 참여에 의존해 완성되는 어떤 논증도 완전할 수 없으므로, 수사학의 연역법은 기껏해야 그럴듯한 결론만을 만들어낼 수 있다. 마찬가지로 아리스토텔레스는 사례들에서 추론하는 수사학의 귀납법도, 그 일반화의 확실성을 보증할 수 없기 때문에 과학의 귀납법에 비하여 열등한 것으로 규정한다. 사례들은 증명하기보다는 보여주는 것이기 때문이다.

아리스토텔레스의 규정에도 불구하고, 수사학과 과학의 추론은 본질에서 다른 게 아니라 정도에서만 다르다. 엄격한 수준에서는 어떤 귀납도 정당화될 수 없으며 모든 귀납은 후속 결과를 단언할 때 오류를 범한다. 그 결과로서 실험의 일반화는 모두 사례에 의한 추론을 보여줄 뿐이다. 연역의 확실성도 마찬가지로 환상이다. 그러려면 사유 법칙의 단일한 적용이 가능한 모든 세계에서 통해야 하며, 확실한 전제들을 이용할 수 있어야 하며, 연역적 연쇄사슬을 완전하게 나열할 수 있어야 한다. 그러나 논리의 어떤 규칙도 심지어 모순의 법칙마저도, 우리는 그것이 가능한 모든 세계에 적용된다고 말할 수는 없다. 더욱이 그런 보편적 규칙들이 유효하다 해도, 그것들은 확실한 전제 위에서 성립하는 게 아니라, 조건들과 귀납적 일반화 위에서 성립하는 것이다. 이에 더해 모든 연역 체제는 생략삼단논법이다. 수사학의 연역은 과학적 연역의 불완전성과 비교할 때 본질에서 다른 게 아니라 정도에서만 다를 뿐이다. 어떤 연역 논리도 그 모든 전제를 미리 약정할 수 있는 닫힌 체제는 아니다. 모든 연역의 사슬은 유한한 수의 단계로 이뤄져 있지만 각 단계들 사이에는 무한한 수가 끼어들 수 있다(Davis and Hersh 1986, pp. 57-73). 과학과 수사의 논리학은 단지 정도에서만 다르기에, 둘은 수사학의 적절한 분석 대상이 된다.

에토스와 파토스

과학자들은 로고스만으로 설득되지는 않는다. 권위와 에토스

(ethos)가 설득에 큰 영향을 끼친다는 규칙에서 과학도 예외는 아니다. 권위주의에 반대하고, 일탈을 떠받드는 갈릴레오의 신화 때문에 과학 신념의 원천으로서 권위를 실은 에토스가 널리 퍼져 있음을 보지 못해서는 안 된다. 사실, 과학의 진보라는 것도 과학자들의 교육 훈련 과정에서 쌓이고 사회적 승인에 의해 강화되는 권위와 과학자들한테 보상의 필수 요건인 혁신적 독창성 사이에서 벌어지는 변증법적 경쟁이라고 여길 수 있다.

혁신은 과학 논문이 존재하는 이유다. 그러나 과학적 권위의 구조는 과학 논문에서 가장 명쾌하게 드러난다. 과학 논문의 도입부는 옛 결과물의 권위를 불러냄으로써 현재의 연구가 지닌 중요성과 관련성을 논증한다. 연구자인 과학자의 신뢰성은 과거 과정들의 권위를 인용함으로써 성립된다. 더욱이 모든 과학 논문들은 권위의 관계라는 연결망 안에 묻혀 있다. 논문은 저명한 과학 저널에 발표된다. 이때 논문 발표 이면에 이런저런 연구 기금들이 저명한 연구 기관과 연계된 과학자들한테 제공되며, 매우 중요하게 진행되는 연구 프로그램의 최신 결과로서 그 논문을 빛낼 만한 인용문이 논문에 열거된다. 이런 권위주의의 발판이 없다면, 이 논문들의 혁신적 핵심인 '결과' 부분과 '논의' 부분은 의미를 잃을 것이다.

때때로 과학적 권위는 어리석은 결과를 낳을 수도 있다. 집단적 지식의 관성은 100년 넘게 태양중심설의 천문학이 수용되는 것을 가로막았다. 뉴턴의 권위는 뉴턴 사후에도 빛의 파동설이 다시 등장하는 것을 방해했다. 그러나 권위와 혁신은 아마도 더 자주 유익하게 상호작용을 한다. 코페르니쿠스와 케플러의 태양중심설 천문학, 데카르트와 뉴턴의 빛 이론, 다윈의 초기 사상에 나타난 진화의 개념을 생각해보라. 이런 사례들에서 우리는 권위와 혁신 사이에 벌어지는 변증법적 경쟁의 긍정적 결과를 볼 수 있다. 이런 사례들은 창의와 순종 사이에는 반드시 갈등만이 존재하는 것은 아니라는 사실을 일깨워준다.

과학에서 권위가 던지는 설득력 있는 메시지들 가운데 하나는 권위를 능가하라는 요구다. 사실, 과학의 가장 귀중한 유산은 여러 결실을 낳으며 권위를 넘어설 수 있게 하는 수단들이다. "아버지한 테 물려받았다 하여 네 것이 아니니, 스스로 일하여 얻어야만 그것을 너의 것으로 진정 소유하게 되리라(Was du ererbt von deinen Vätern hast / Erwirb es, um es zu besitzen)"(Goethe, Freud 1949, p. 123에서 재인용).

과학 내부 권위의 뿌리에는 장인과 도제의 관계가 있다. 과학자가 된다는 것은 이미 과학자가 된 사람들 아래에서 일한다는 것이다. 또 과학의 권위자가 되어간다는 것은 오랜 기간에 걸쳐 기존의 권위자들을 따른다는 것이다. 이런 권위들은 가치있다고 여겨지는 모든 과거의 사상과 실천을 자신들의 저작과 사상 안에다 체현한다. 한편으로 권위자들은 현재 사상과 실천의 본보기다. 그들은 강연에서 언급돼야 할 것을 말하며, 실험실에서 행해져야 할 것을 행하고, 논문에서 쓰여야 할 것을 쓴다.

과학이 일종의 기교로서 오랜 도제 생활을 통해 교육되는 한, 지식에 이르는 그 길은 장인과 도제의 관계에서 영향을 받을 것이다. 태양중심설의 근대 역사는 주전원(epicycle: 행성들이 큰 원을 그리며 지구 둘레를 도는 동시에 또다른 작은 원 운동을 한다고 여기던 지구중심설의 행성 운동 궤도 - 옮긴이)에서 타원으로 나아가는 진보를 보여준다. 그러나 그 이론의 발전은 오로지 장인과 도제, 대부와 양자의 연쇄 사슬을 통해 실현됐다. 코페르니쿠스와 레티쿠스, 마에스틀린과 케플러가 그러했다. 이렇게 하여, 연구 전통이 세워졌으며 논증의 합리성을 결정하는 방법론과 인식론의 규범은 암묵적 지식처럼 승인됐다.

과학 내부 권위의 형식을 살펴보면 우리는 인식론과 방법론의 쟁점들은 그것들이 등장한 사회적 맥락과 분리될 수 없음을 알게 된다. 영국 왕립학회의 초창기 회원들은 과학이 어떤 것인지, 과학이 어떻게 성취될 수 있을지, 어떻게 유효성을 인정할지, 어떤 보상이 주어져야 할지 결정했다. 그러나 우리는 또한 과학과 사회 전체 사이에 놓인 또 다른 권위 관계를 상기할 필요가 있다. 과학은 더 큰 사회적 관심들과 완전히 절연할 때에야 사회를 가장 이롭게 한다는 것이 초창기 과학의 역설적 전제였다. 그렇지만 이런 이데올로기적 교의는 원자력과 유전자 재조합의 시대에 와서 정당화되기 어려워졌다. 과학이 자신의 특정한 이해 관계를 보호하려고 일반적 이해 관계를 희생하면서 자신만의 특별한 위엄을 정치적 도구로 사용할 때, 특히나 그런 정당화는 어렵다. DNA 재조합 논쟁이 바로 그런 사례다.

사회적 상호작용에는 감정의 호소가 분명히 존재하며, 과학도 그런 상호작용의 산물이다. 사실, 과학을 살펴보면 그런 상호작용의 호소를 눈에 띄게 활용하고 있음이 드러난다. 예컨대 동료 심사의 절차와 우선권 논쟁에는 감정이 여지없이 개입된다. 노여움과 분개는 특정한 주장의 이해관계에 얽힌다. 그것들은 설득 기제의 부분을 이룬다. 논쟁적 분야의 연구 사례들에서 과학이 공격을 받을 때 감정적 호소는 중심이 된다. 유전자 조작 분야의 연구들은 과학이 공공 정책의 쟁점에 근본적으로 개입하고 있으며, 과학자들이 특정한 사회 이데올로기에 깊숙이 참여하고 있음을 보여주는 좋은 사례다.

이에 더해, 과학 산문이 일반적으로 감정의 호소에서 자유롭다고 말하는 것은 '중립성'으로 이해될 것이 아니라 '신중한 절제' 같은 어떤 가치의 주장으로 이해돼야 한다. 과학 산문의 객관성은 세심하고 정교하게 이뤄진 수사학적 발명이며, 이성의 권위를 향한 비합리적 호소다. 또 과학 보고서는, 이성은 분명하게 감정을 복종시킨다는 좋은 신화를 구현하는 활동의 매력에 이끌려 고안된 언어 선택의 산물이다. 그러나 과학에서 감정의 거부는 훈련을 거쳐 이뤄지는데 이런 훈련된 거부는 우리가 과학의 방법과 목표에 열정을 바치고 있다는 헌사일 뿐이다.

어쨌든 감정적 호소의 거부는 과학 텍스트 자체에서도 불완전하게나마 반영되고 있다. 동료 심사의 문건과 우선권 분쟁에서 몹시 두드러지는 감정은 이에 못잖게 과학 논문에서도 끊임없이 등장한다. 왓슨과 크릭은 첫 논문에서 DNA 모형에 관해 언급하면서, 그것이 "생물학적으로 상당히 흥미로운 진기한 특징들을 지니고 있다"고 했다(1953b, p. 737). 질량과 에너지의 상호변환 가능성에 대한 논문에서 아인슈타인은 이렇게 말한다. "에너지 용량이 매우 가변적인 물체들(예컨대 라듐 염)을 가지고서는 이론이 성공적으로 검증받기가 불가능하다"(1952, pp. 67-71). 이 문장들에 쓰인 주요 단어와 구절들인 '진기한', '흥미', '성공적으로', '검증받기'는 평범한 의미를 지니는 것이다. 더욱이 왓슨과 크릭의 논문에서 '상당히'는 명백히 줄잡아 말한 표현이다. 그 화제가 모든 생명 유기체의 유전적 운명을 조절하는 분자의 구조에 대한 발견이라는 점에서 그렇다.

우리의 과학은 겨우 3세기를 지난, 유럽 고유의 산물이다. 그것은 우리의 일반적 관심과 가치의 초점을 재조정함으로써 등장할 수 있었다. 과학은 자연 질서의 사건들이 주로 의존하는 것은 초자연이나 인간의 개입이 아니라 흔들리지 않는 법칙들의 작용이라는 폭넓은 신념을 바탕으로 생겨났다. 그 법칙들과 어울리는 발견과 정당화의 길은 정량화된 감각적 경험이었다. 이런 인식론의 선택이 가져온 존재론적 결과는 자연의 본질을 다시 규정했고 법칙의 이해를 통해 자연을 통제한다는 서구의 중심적 과업을 마련했다. '보편주의'와 '조직적 회의'라는 머튼의 규범 같은 과학의 특수한 가치들은 이런 과업에 도구적으로 종속된다. 마찬가지로 이론을 선택할 때에 의존하는 가치들, 곧 단순함(simplicity), 우아함(elegance), 강력함(power) 같은 가치들도 역시 여기에서 종속적이다. 그런 관점에서 보면, 에토스, 파토스 그리고 로고스는 과학 텍스트에서 자연스럽게 나타난다. 과학은 그 참여자들 쪽에 있는 설득적 선택들의 모든 영역을 제약할 수는 있지만 없앨 수는 없다. 과학 역시 완전히 인간적 활동이기 때문이다.

논거 배열

과학에서 논증의 배열은 진지하게 다뤄지지 않는다. 누구도 그것을 거의 인식하지도 않고, 결코 교육하지도 않는다. 그러나 논거배열은 근대 과학에서 언제나 중요하다. 뉴턴은 그 강력한 효과를 깨달아 자신의 물리학을 정리하고 광학을 유클리드 형식으로 재창조했다. 사실, 근대 과학의 3세기 동안에 논거 배열은 더욱더 중요해졌으며, 더욱더 엄격해졌다. 요즈음, 형식은 너무도 중요한 요소이기 때문에 어떤 논문도 형식 규칙을 단단히 고수하지 않고서는 출판될 수 없다. 사실상 과학 논문의 논거배열은 너무 유연하지 못해 심지어 노련한 과학자들조차도 때때로 구속적인 원칙들 때문에 화를 내기도 한다. 이 절에서는 결과를 배열하고, 저 절에는 논의를 배열해야 한다는 식이다. 하지만 폭넓은 영향력을 갖춘 과학자, 메더워가 논의 절을 논문 앞쪽에 두자는 온건한 개혁을 자신의 노벨상 수상보다 더 앞세웠을 때에도 그의 주장은 메아리 없이 무시됐다(1964, pp. 42-43).

과학 논문의 형식보다 더 인공적인 것도 없다. 예컨대 실험 논문은 실험 보고뿐만 아니라 실험과학이 지닌 이데올로기적 규범을 보여준다. 실험실에서 얻은 결과에서 출발해 자연 세계의 과정에 아무 문제없이 도달하는 그런 규범 말이다. 이런 방식에 아무런 문제가 없는 것은 결코 아니다. 과학적 방법을 이렇게 해석하는 철학의 기초는 오래 전부터 위협받아왔다. 하지만 그런 사실도 기존의 질서에는 아무런 영향을 끼치지 못한다. 실험 보고서에서 배열은 신성한 기정사실로 간주되고 있다.

과학의 작동에 훨씬 더 중요하게 작용하는, 논거 배열의 또 다른 측면이 있다. 논리와 수학의 증명에 특권적 지위를 부여하고, 그것을 수사학의 영역에서 제외시킨 아리스토텔레스의 결정은 그 자체가 수사적이다. 그것은 특정한 논거 배열의 편에 선 결정이었으며 그런 배열이 사유의 법칙과 일치한다는 생각에서 비롯된 선택이었다. 논리적이며 수학적인 증명은 순수하게 구문론과 형식에 관한 문제이며, 필연성이라는 인상을 불러내는 양식의 힘에 바치는 엄숙한 찬사로 본 것은 자명한 이치였다.

모든 A는 B이다.
모든 C는 A이다.
모든 C는 B이다.

모든 삼단 논법과 마찬가지로, 이런 모범적인 과학의 삼단 논법은 오로지 그 형식, 곧 논거 배열 덕분에 견실해진다. 그러나 논리학의 형식은 너무도 모범적으로 절대 신념을 담아왔으며 논리적 필연성은 너무도 구속적인 듯이 보여, 그 위세는 자연과학, 그리고 인문과학에서도 논증의 속성이 되었다. 그리하여 우리는 '물리적 필연성'과 '도덕적 필연성'에 관해 말하면서도 마치 그것들이 논리적 필연성과 정확하게 닮은꼴인 것처럼 이야기한다(Perelman and Obrechts-Tyteca 1971, pp. 193-260).

문체

근대 과학에서 문체의 선택은 처음부터 의도적으로 사소한 문제로 다뤄져왔다. 최초의 근대 과학사학자인 스프랫 주교의 말을 빌리면, "사람들이 같은 수의 단어로 매우 많은 것들을 말할 때," 과학의 의사소통은 "원시적 순수와 간결함으로 되돌아가야" 한다(Sprat 1667, Ⅱ, pp. XX). 그런 프로그램에서는 고전 수사학의 틀과 수사비유(trope)는 엄격히 회피해야 한다. 명사는 자연의 종류를 나타내고, 술어는 자연의 과정을 나타내며, 문장의 구조인 구문은 단지 실재, 곧 자연 구조의 반영일 뿐이다.

과학의 문체는 그 핵심에서 보면 여전히 모순어법적이다. 말의 밑천이라는 측면에서는 온건하지만, 실재를 있는 그대로 묘사한다는 목표에서는 대담무쌍하다. 이에 따라 반어와 과장의 수사비유는 제외된다. 반어와 과장은 관심을 자연의 작용에서 동떨어지게 하기 때문이다. 은유와 유비 같은 문체의 장치들도 마찬가지로 용납되지 않는다. 언어와 물질 간의 일치라는 의미론을 잘라내기 때문이다. 과학 산문은 능동태를 선호해야 하는가 아니면 수동태를 선호해야 하는가? 과학적 문장의 고유한 표면 주제, 곧 틀에 관한 이런 논쟁은 논쟁자들 사이에서 이룬 핵심적 동의를 가려버린다. 표면적 특징들과는 상관없이, 의미론과 구문론의 가장 깊숙한 수준에서 과학 산문은 유일한 진짜 주체인 자연 자체에 앞서 수동적 주체를 요구한다. 양식과 원칙이 된 언어를 선택함으로써, 과학은 존재론의 물음을 회피한다. 문체를 통해 과학 산문은 과학이 언어 형식과 무관하게 실재를 묘사하고 있다는 우리의 관념을 창출하는 것이다.

이런 비판이 있는데도, 반어와 과장의 수사비유는 과학 보고서에 통상적으로 등장해 보고서 텍스트들이 갖춰야 하는 보고의 본질을 저버리면서도 진실과 설득이라는 목적을 강화한다. 은유와 유비는 오직 발견을 돕는 기능만을 하며, 이론이 발전하면서 사소한 것으로 사그러든다는 것이 공인된 견해이다. 하지만, 수사비유는 과학 활동에 주요하며 결코 모두 사라지지는 않는다.

예를 들어 『종의 기원』에서 중심적 논증은 육종과 자연선택 사이의 유비다. 이런 유비는 이론이 성숙하면서도 포기되지 않았다. 오히려 그것은 이론을 지금까지 유지하고 확장하는 수단이었다. 유비는 또한 실험과학의 전체 활동에서도 중요하다. 오로지 실험실의 사건들과 자연 속의 과정 사이에 분명한 유사성이 존재할 때에만, 실험실의 실험들은 과학적으로 신뢰할 수 있다.

요컨대, 과학에서 논거 배열은 인식론의 과제를 지니며, 문체는 존재론의 과제를 안고 있다.

새로운 아리스토텔레스 수사학 |

과학의 수사학이란, 과학 텍스트를 해석할 때 『수사학』을 주된 길잡이로 삼는다는 것이다. 이런 과제를 효과적으로 수행하려면 아리스토텔레스의 『수사학』은 새로워져야 한다. 수사학의 전통 안에 있었던 바로 그 사람들의 업적은 네오-아리스토텔레스주의의 과학수사학으로 통합하는 데 가장 손쉬운 후보들이다. 물론 이 가운데 카임 페렐만의 저작은 거의 중심적이다. 그의 대표작 『신 수사학』(The New Rhetoric)은 올브레크츠-티테카와 공동연구로 저술됐는데, 이 책의 전략적 목표는 수사학을 학문 분야로 재건하려는 것이다. 이렇게 재건된 학문의 과제는 인문학과 인문사회과학 안의 설득을 분석하는 것이다. 비록 페렐만이 자연과학을 다루지는 않았지만, 그의 이론 범위를 그럴듯하게 연장하면 자연히 자연과학의 분석에도 이른다.

과학을 분석하는 데 쓸모 있는 '새로운 수사학'의 중심 개념들 가운데 하나는 '보편청중(universal audience)'이다. 이들은 비이성적이라는 소리를 듣더라도 웅변가의 결론을 거부할 수 있는 가상적 집단이다. 비록 보편청중이 존재론의 범주로 여겨져 공격의 대상이 되었다 해도, 그 존재를 가정함이 효과적 수사학의 기교에 도움을 준다는 데에 이견은 없다(Johnstone 1978, pp. 101-106). 사실, 그것은 과학에서 없어서는 안 될 기교다. 분류학과 이론물리학 분야의 논문들에 대한 현실의 청중은 전문성에서 서로 아주 다른 전제들을 지닌다. 그렇지만 모든 과학자들은 보편적이라고 여겨지는 판단의 표준이 가상의 동료들한테 존재한다고 생각한다. 모든 사람이 그런 표준에 따라 판단한다는 의미가 아니라 과학교육을 받은 사람이라면 누구나 그런 표준을 당연한 것으로 전제할 것이 틀림없다는 의미에서 그러하다.

『신 수사학』에 대한 더욱 철저하고 더욱 뚜렷한 비판이 있다. 페렐만과 올브레크츠-티테카가 철학적 의무를 심각하게 포기했다는 비난이다. "저자들이 수사학을 주로 기교로 생각하는지, 주로 진리의 양식으로 생각하고 있는지는 결코 누구도 확실히 알 수 없다. 혹자는 저자들이 이 책 자체의 위상을 어떻게 생각하는지에 대해서도 의문을 품는다"(Johnstone 1978, p. 99). 이런 비평은 우리 모두한테 우리 자신이 연구하는 바가 어떤 존재론적 위상을 지니는지에 대해 확실한 태도를 지녀야 한다는 점을 일깨운다. 페렐만과 올브레크츠-티테카가 설명한 유비 같은 그런 수사의 기교는, 과학을 비롯한 모든 탐구양식이 스스로 진리의 양식임을 설득하는 데 쓰이는 수단이라고 나는 생각한다.

네오-아리스토텔레스주의의 수사학 이론은 또한 관련된 현대 사상가들의 결과물을 통합해야 한다. 이들은 뚜렷하게 고유한 언어 습성들을 한데 묶는 지속적인 질적 양식들을 규명하고자 했던 사상가들이다. 수사학에서 아리스토텔레스는 세 가지의 설득 호소들,

곧 수사학적 분석의 세 가지 수준을 발견했다. 비슷하게, 러시아 형식주의자 블라디미르 프로프는 요정설화의 등장인물들이 일곱 가지의 행위영역에서 서른한 가지의 구실을 한다는 점을 찾아냈다. 프로이트는 마음의 작용을 자아(ego), 초자아(superego) 그리고 원자아(id)로 나누어 살폈다. 위르겐 하버마스는 언술행위가 타당성 주장과 의사소통의 기능, 그리고 실재와 어떤 관계를 이루는지를 중심으로 언술행위를 분석한다.

프로프, 프로이트와 하버마스 같은 다른 견해들을 네오-아리스토텔레스주의의 과학수사학 안으로 통합하게 되면 필연적으로 강한 존재론의 주장들은 포기할 수밖에 없다. 아리스토텔레스의 심리학과 프로이트의 심리학은 하나의 일관된 이론 안에 통합될 수 없다. 게다가 우리가 많은 것을 축적해 이룬 어떤 설명의 양식은, 부수적 현상일 수 있으며 더욱 근본적인 과정들의 작동 징후일 뿐인지도 모른다. 프로프의 양식이라는 것도 프로이트적 명령의 결과물일 수도 있다. 또 프로이트적 명령은 그와 함께 오스트리아 빈에서 동시대를 살았던 중상층 유대인들의 사회적 역학에서 비롯한 결과물일 수도 있다. 그러므로 이런 양식들 가운데에서 우리의 선택은 양식들의 상대적 진실성이나 우리가 내릴 수도 없는 판단에 바탕을 두어서는 안 된다. 대신에 수사학의 과정이 과학을 구성하는 방식들을 이해하는 데 양식들 하나하나가 기여하는 바의 총합에 바탕을 두어야 한다.

에드문트 후설은 그의 저작 『유럽 학문의 위기』(Crisis of European Sciences)에서 자연과학의 성공을 조명한다. 그 성공은 모든 인류가 공유하는 도덕적, 정신적, 사회적, 물리적 공간인 일상세계를 향상 시킨다는 과제에서 이성이 보여주었던 전반적 실패와는 대비되는 것이다. 후설은 데카르트의 이원론이 일으킨 불화에서 이런 실패를 찾아낸다. 그 근원이 무엇이든 간에, 과학 세계와 우리 인간 세계 사이의 결렬은 충분히 현실이다. 그리고 이 둘 사이의 화해는 당시 후설한테 그러했듯이 오늘날에도 긴급한 문제다. 과학수사학은 과학을 전적으로 인간 상호작용의 산물로 바라보기에 그것은 그런 화해의 방향으로 나아가는 몸짓이며, 과학과 인간의 필요 사이에 있어야 할 영구적 결속을 위한 논증이다.

수사학적 분석이 이처럼 엄청난 과제에 적합하고 그것을 감당할 수 있을지의 물음은, 어떤 영원한 진리나 이성적 논증의 결과로서 생겨난 게 아니다. 그것은 오로지 플라톤 이후, 수사학 연구에 대한 점진적 제한과 평가절하의 결과로서 나타난 것이다. 수사학을 진리에서 떼어낸 것은 소피스트에 대한 플라톤의 성공적 공격 덕분이었다. 수사학을 법정과 칭송의 형식으로 제한한 것은 로마제국 시대의 기나긴 권위주의의 겨울 덕분이었다. 수사학을 문체의 문제로 축소한 것은 라무스가 행한 무익한 지적 재정식화 덕분이었다. 이런 축소가 퇴화와 마찬가지였다는 점은 '단지 수사적인' 또는 '공허한 수사' 같은 말에서 찾아볼 수 있다.

이제 이런 과거에 등을 돌림으로써, 가장 사회적으로 특권화한 커뮤니케이션, 그리고 과학지식을 창조하고 퍼뜨리는 주요한 매개 수단인 텍스트를 체계적으로 살펴볼 수 있을 것이다. 과학지식은 특별한 것이 아니라 사회적인 것이며, 계시의 결과가 아니라 설득의 결과라고 논증할 수 있겠다. 이리하여 우리는 과학을 후설이 말한 생활세계(lifeworld)의 영속적 구성요소로서 바라볼 수 있다. 과학은 생활세계에서 기원하며 그 모든 목적을 거기에서 획득하는 게 분명하다.

2

과학의 유비

카임 페렐만은 과학이 "모든 사람들한테 강제할 만한, 동의하지 않을 수 없는 필연적 명제들의 체계를 정교화한 것"으로 이해됨에 주목한다(1971. p. 2). 이런 과학의 모습은 아리스토텔레스의 전통에 쉽게 융화되는데 이때에 과학적인 것(the scientist)은 "논증의 설득과는 대비되는 증명(proof)"으로 이해된다(1960b. p. 519). 아리스토텔레스 전통의 관점을 지닌 사람들한테 과학 지식은 확고한 토대 위에, 즉 현상세계 저변의 실재라는 기반 위에 놓여 있기 때문에 특권적이다. 이토록 확고한 신념도 20세기 물리학의 모호한 태도와 20세기 철학의 엄격함을 거치며 살아남기는 힘들 것이다.

사실, 과학적 진리에 대한 절대주의적 관점은 이제 대안을 마련하고 있다. 그것은 진리란 실재의 토대에 일치하느냐에 달려 있는 게 아니라, 주요한 인물들이 동의하느냐에 달려 있다는 세련된 상대주의다. 과학에서 어떠한 수사학의 이론도 전반적으로 그럴듯한 이런 과학의 상대주의를 외면할 수 없다. 모든 진리는 상호 주관적이기에, 설득적 담론과 마찬가지로 과학도 그 주장의 진리성을 우리한테 확신시켜야 한다.

수사학의 관점에서 보면, 과학에 바쳐지는 지고한 경의 덕분에 과학의 의사소통에는 특히나 강력한 에토스가 자리잡게 된다. 지만은 과학이 "굉장한 수사학적 능력……압도적 설득력"(1968, p. 31)을 지닌다고 말한다. 더글러스는 과학을 "오늘날 가장 강력한 수사학"이라고 부른다(1971, p. 57. Weigert 1970, Overington 1977, Brummett 1976, Kelso 1980도 보라). 이 장에서 나는 정치 웅변술, 학문적 논증, 과학 보고서의 의사소통 전략에 나타나는 차이들, 그리고 이런 분야 영역들이 유비(analogy)를 사용하는 방식의 차이들에 초점을 맞춤으로써 과학의 수사학이 지닌 특별한 힘을 밝히고자 한다.

나는 유비를 탐구 대상으로 선택했는데, 그것은 널리 쓰이면서 계시적인 성격을 지니기 때문이다. 전통적으로 유비는 수사학적 증명에서 중심 장치다. 현대 웅변술에 나타나는 그 불변의 중요성은 처칠의 명언에도 잘 드러난다. 처칠은 "적절한 유비는 웅변가가 지닌 가장 가공할 무기 가운데 하나"(Montalbo 1978, p. 6에서 재인용)라고 말했다. 유비에 관한 페렐만의 긴 글이 우리한테 말해주듯이, 이런 논증 방법은 철학에도 널리 퍼져 있다(pp. 371-459). 마지막으로, 유비는 과학에서도 오랜 역사를 지닌다. 그것은 아리스토텔레스의 과학적 글쓰기에서 중요한 장치였고, 오늘날에도 여전히 널리 쓰이고 있다. 예컨대 유전 암호의 개념은 과학의 유비다.[1] 나는 웅변술, 과학, 그리고 학술이라는 각 영역이 유비를 다르게 쓰고 있으며, 이런 차이는 영역마다 추구하고 획득하려는 상호 주관적 동의들이 다르기 때문이라는 것을 보여주고자 한다. 또한 각 영역이 자신만의 특징과 '진리성'을 지니고 있으며, 과학이 획득한 인상적 토론종결이 인식론의 승리일 뿐만 아니라 수사학의 승리라는 점을 보여주고자 한다.

정치 웅변술의 유비 |

정치 웅변술에서 유비의 활용을 보여주는 좋은 사례는 루스벨트 대통령의 연설문이다. 1933년 3월 4일, 루스벨트는 대공황에 허덕이고 있는 국민을 향해 첫 번째 취임 연설을 했다. 이 연설에서는 한 가지 유비가 지배하고 있다.

행로(tenor)	매개수단(vehicle)
대통령	군사령관
대공황	외국의 침공

루스벨트는 이런 군사적 유비를 도입해 "퇴각을 진격으로 바꾸는 데 필요한 노력을 무력화시키는 공포"에 관해 말한다. 그런 뒤에 그는 해야 할 과업을 언급하며 '전시 비상사태'를 앞세운다. 미국 국민은 "공동의 질서를 위해 기꺼이 희생하는 훈련되고 충성스런 군대처럼 움직여야 한다"고 그는 말한다. 그리고는 "지금까지 무력 충돌 때에만 일깨웠던 단일한 의무"를 요구한다.

저는 헌법이 정한 임무에 따라, 타격을 받은 세계 속에서 고통에 짓눌린 우리 국민이 필요로 하는 여러 법안을 권고할 용의가 있습니다.

이러한 여러 가지 법안들과 의회가 그 경험과 지혜에 의해 안출하는 기타의 여러 법안에 대해서, 저는 헌법이 허용하는 권한 내에서 신속히 그것을 채택할 것입니다.

그러나 의회가 이러한 두 가지 방도 가운데 어느것도 채택하지 않을 경우, 또 국가의 비상사태가 위기를 벗어나지 못했을 경우에도 저에게 부과된 명백한 책무를 회피하려 하지 않을 것입니다.

저는 이 위기에 대처하기 위하여 남아 있는 유일한 수단을 의회에 요구할 것입니다. 즉, 긴급사태에 대응하기 위하여 우리가 외적의 침략을 받았을 경우에 제게 부여되는 권한과 동일한 강력하고도 광범한 행정권을 요구할 것입니다.(1963, p. 198)

그의 아내 엘리노어 루스벨트가 눈치 채고는 어찌할 바 몰라했듯이, 그의 첫 취임 연설에서 이성적 호소는 확실히 최소로 축소되어 있었다. 엘리노어는 취임 연설이 위협적이라고 생각했다. "왜냐하면 프랭클린이 연설에서 전시 대통령한테 통상적으로 허용되는 권한을 취할 필요가 있다고 말하는 부분에 이르렀을 때 그는 자신을 최대로 과시하고 있었기 때문이다." 이날 청중들이 확실히 루스벨트의 강한 지도력에 호감을 느꼈다는 것은, 연설 직후에 백악관에 쏟아져 들어온 거의 50만 통에 달하는 편지들을 보아도 알 수 있다(Schlesinger 1959, p. 1).

이성의 호소를 최소화했음은 나흘 뒤에 열린 루스벨트의 첫 번째 기자회견에서도 확실히 나타났다. 루스벨트는, 비록 강력한 지도력을 명백히 요구하고 있었지만, 그 진행계획은 사실 모호했다는 점을 보여준다.

> 질의 | 취임 연설에서, 대통령께서는 문제를 단지 건드리기만 하셨는데요, 대통령 말씀으로는 지지한다고 하신 부분이 건전하고 충분한 (통화량) ……
>
> 대통령 | 저는 그 문제를 다르게 표현했습니다. "충분하지만 건전한"이라고 했죠.
>
> 질의 | 이제는 시간 여유도 있으시니, 그 말이 무슨 뜻인지 분명히 말씀해주실 수 있는지요?
>
> 대통령 | 아니요. (웃음) 이건 '오프 더 레코드' (보도하지 않는다는 조건 – 옮긴이)로 해야겠는데, 여러분은 그걸 이쪽이다 저쪽이다 해서 너무 한쪽에만 가깝게 규정할 수는 없다는 겁니다.

한 의원의 푸념처럼 "대통령은 건전한 통화를 지지한다, 하지만 많은 통화량을 지지한다" (Leuchtenburg 1972, p. 42에서 재인용).

지적 분석에 대한 이런 태도는 연설문 전체에 나타난다. 루스벨트의 목표는 '동의된 견해에 대한 참된 이해'에 바탕을 둔 이성적 동의가 아니라 감정적 약속이었다(Johnstone 1963, p. 92). 그의 연설을 듣는 청중들은 사회 현실을 다시 이해하고, 완전히 군사적 매개수단으로 민간의 행로를 바라보며, 프랭클린의 권위주의적 태도를 분명하게 선호하도록 요구받는다.

왜 이런 유비가 설득적일까? 일반적인 경우에 "등가의 의미를 머릿속에 떠올리게 만드는 솜씨가 좋을수록 그 효과는 커진다." 그

러나 그 솜씨는 이해력에 달려 있고, "[유비의 매개수단에 대한] 이해
는……기존 문화에서 매개수단이 차지하는 지위를 적절히 알고 있
어야만 가능하다"(Oakeshott 1962, p. 235; Perelman 1971, p. 391).
루스벨트의 유비에서 군사적 매개수단의 효과를 이해한다는 것은,
오직 노인들만이 내전 경험을 기억하는 그런 인구 집단에서 자연스
럽게 일어나는 외국 침공에 대한 공포를 인식하게 된다는 뜻이다.
또한 그 효과는 다른 종류의 침공에 대한 두려움, 즉 '고통에 짓눌
린'이라는 단어가 연상시키는 감염적 공포 덕을 보기도 한다. 행로
와 매개수단 사이, 즉 대공황과 외국의 침공 사이를 이어주는 다리
가 만들어지는데, 유비는 루스벨트가 대통령이자 최고사령관이라
는 이중의 헌법적 지위를 지니고 있음을 받아들일 것을 가정하기
때문이다.

　미국인의 반응을 두고 비이성적이라고 한다면, 그건 잘못일 것
이다. 감정적 반응을 세심하게 고려하는 것이 좀처럼 쉽지 않기에,
우리는 그것을 비이성적이고 혼란스러운 것으로 여기는 경향이 있
다. 그렇지만 이런 반응을 특별한 종류의 판단, 그러니까 대체로 자
존심을 최대화하는 데 목적을 두는 판단으로 바라본다면, 우리는
경험에 대해 좀더 진술해질 수 있다. 강렬한 감정적 반응을 혼란스
러움으로 인식하는 것은 여전히 옳다. 그러나 이제 이런 인식은 강
렬한 감정을 직접 일으키는 비상한 위급상황, 곧 일상적 반응의 레
퍼토리 용량을 초과하는 위급상황에서만 생긴다. 이렇게 보면, 감
정은 이성적이고 의도적인 것이 되며 윤리적 행동의 한 측면이자
학습의 활동무대가 된다(Solomon 1980, p. 270; pp. 251-52).

　이런 감정 분석은 루스벨트의 첫 취임 연설에 대한 미국인의 반

응을 설명하는 데 도움을 준다. 요청되는 반응은 동의였으며, 그것이 참된 이해에 바탕을 두고 있는지 아닌지는 상관이 없었다. 그러나 그 반응은 다른 점에서 이성적이었다. 그것은 위기에 대한 감정의 반작용이었고, 자존심은 높이지만 후속결과에 대해서는 완전한 책임을 인정할 필요가 없는 반작용이었다. 유비는 이런 설득의 수단이었다. 유비는 사회 현실을 대대적으로 개조할 목적으로 강렬한 감정을 동원하였으며, 옛것보다 더욱 고상한 생존가치를 지닌 새로운 신념체제의 전조였다. 이런 변형의 결과인 군사적 매개수단은, 민간의 행로와 융합하여 새로운 주제, 즉 루스벨트 취임 직후 100일 동안 연방정부 활동을 특징짓는 강력한 집행 조처들에 대해 대중의 지지를 얻으려는 **공동화제**(topos)를 만들어냈다.

학술 논증의 유비 I

칼 포퍼 경과 토마스 쿤은 과학의 연속성과 과학의 점진성이 지닌 의미를 두고 서로 오랜 논쟁을 벌여왔다. 쿤은 코페르니쿠스 천문학 같은 과학혁명들은 과학자가 세계를 파악하고 문제를 정식화하는 방식에 거대한 변화를 초래한다고 믿는다. 그리하여 비록 "[앞선] 성과물의 최소한 일부는 불변이라고 증명된다"(1962, p. 25) 해도, 과학의 성장은 불연속적이지 점진적인 것은 아니다. 반면에 포퍼는 "과학에서 (그리고 오로지 과학에서만) 우리는 진정한 진보를 이루었고, 그러니까 우리는 지금 이전보다 더 많은 지식을 지닌다고 말할 수 있다"(1970, p. 57)라는 믿음을 갖고 있다.

포퍼의 평론들에서 발췌한 글을 보면, 그는 유비를 사용해 프톨레마이오스와 코페르니쿠스 천문학과 같은 그런 경쟁적 주류과학의 체계들 사이에 의미 있는 소통이 가능하다고 주장한다. 또 그는 이런 가능성이 없다면 과학의 진보는 있을 수 없을 것이라고 믿는다. "서로 다른 체계들은 서로 번역할 수 없는 언어와 마찬가지라는 것은 위험한 도그마일 뿐이다. 사실 영어, 호피어, 그리고 중국어처럼 완전히 다른 언어들도 번역할 수 있으며, 영어를 배우는 호피족이나 중국인들도 많다"(1970, p. 56).

쿤은 포퍼의 유비를 받아들이면서도, 다른 언어를 배우는 능력과 한 언어를 다른 언어로 번역하는 능력 사이에서 결정적 차이를 끄집어낸다. 이런 반박 방식은 "유비의 취약함과 독단적 성격을 강조"하는 한 효과적이다(Perelman 1971, p. 387).

나는 언어들의 평행적 유사성이 지닌 유익함, 그리고 그 중요성을 인정한다. 그렇기에 나는 잠시 언어의 평행적 유사성 문제를 생각하고자 한다. 추측컨대 칼 경도 그 개념을 쓰고 있기에 그 역시 언어의 평행적 유사성을 인정할 것이다. 만일 그렇다면 그는 체계와 언어는 마찬가지라는 도그마에 반대하는 게 아니라, 언어는 번역될 수 없다는 도그마에 반대하는 것이다. 그러나 누가 언어는 번역될 수 없다고 믿었던 적이 있는가! 사람들이 믿어왔던 바는, 그리고 언어의 평행적 유사성이 중요한 문제가 되는 이유는 제2언어 학습이 어렵다 해도 번역과는 다르고 번역의 어려움에 비하면 별 문젯거리도 되지 않는다는 점이다. 누군가가 번역을 위해 두 언어를 알아야 한다 해도, 그리하여 번역이 언제나 어느 정도까지는 이뤄질 수 있다 해도, 번역은 가장 숙달된 이중언어 사용자한테조차도 심각한 어려움이 될 수 있다. 그는 양립할 수 없는 대상물들 사이에서 가장 유효한 타협을 찾아야만 한다. 뉘앙스는 유지되어야 하지만, 커뮤니케이션이 와해되는 정도로 문장을 희생해서는 안 된다. 축자적 해석은 바람직하지만, 용어해설이나 부록을 두어 별도로 논할 정도로 너무 많은 외국어를 도입해야 한다면 바람직하지 않다. 정확성과 솜씨 있는 표현 모두에 깊숙이 헌신하고자 사람들은 번역의 고통스러움을 알지만 일부는 전혀 그럴 수조차 없을 것이다. (1970, p. 267)

언어들과 마찬가지로 경쟁적 과학 이론들은, 그것들이 "서로 다른 방식으로 세계를 재단하기" 때문에 번역될 수 없다. 다른 언어들이 색채 스펙트럼을 다르게 구분하는 것처럼(예컨대, 힌두어는 오렌지색과 빨간색을 한 단어로 말한다) 화학 같은 과학에서도 주요 용어들의 의미는 과학혁명 이후에 변화했다. "합금은 돌턴 이전에는 화합물이었고, 이후에는 혼합물이었다"(1970, p. 269).

포퍼와 쿤의 공방에서, 유비는 지적 탐구의 대행자이며 증명의 매개수단이다. 발견에 도움을 주는 구실로서 유비는 능동적이며, 가설의 창조를 돕는다. 유비는 또한 시험의 목적에도 기여한다. 루스벨트의 군사 유비가 그 논증의 일부인 것과 마찬가지로, 포퍼와 쿤의 번역 유비는 그들 논증의 일부이다. 그렇지만 루스벨트의 유비 사례에서 성공을 판단하는 주된 기준은 이해와는 무관한 동의, 주로 군사 유비가 지닌 감정의 힘으로 얻은 동의인 반면에, 포퍼와 쿤의 유비는 오로지 그 힘이 이성적일 때에만 성공적이다. 유비가 보증하는 동의는 전적으로 유비가 만드는 이해에 달려 있다. 이런 목적의 차이는 번역 유비가 지닌 감정의 중립성 때문에 생겨나는 데, 이는 루스벨트가 쓰는 감정이 담긴 유비와는 본성부터 다른 것이다.

학술 담론에는 감정의 기운이 없다는 얘기는 아니다. 칼 경의 산문은 "도그마 — 위험한 도그마"에서 그런 것처럼 경고조의 말투를 담고 있다. 쿤은 "그러나 누가 그렇게 믿었던 적이 있는가!"라는 말에서 격분을 드러낸다. 그렇지만 이런 말투 중 어떤 것도 논증에서 중심은 아니다. 하지만 감정이 그들의 논증에서 주변적이라 해도, 학자들 개인의 인물은 주변적이지 않다. 사실, 인문학과 사회과학에서는 개인의 지적 총명성에 프리미엄이 얹혀진다는 점과, 상대적으로 볼 때 만장일치와 진보가 존재하지 않는다는 점은 서로 무관하지 않다. 물리학도 개인의 총명함이나 의견 불일치를 배제하지 않지만, 물리학자들은 인문학자들이 추론하지 않는 바를 추론한다. 그들이 집중하는 문제들은 서로 긴밀히 연결되어 있기에 그들 공동의 문제풀이 지식을 심화한다.

과학철학에서 이런 분위기는 다르다. 포퍼와 쿤은 과학철학의 담론 수준을 새로운 경지로 높였다. 그렇지만 어떤 학문의 통일과 진보는 개인의 지적 성취의 깊이에 따라 달라지는 게 아니라, 그 학문 분야 전문가들의 상당한 동의에 달려 있다. 그것은 포퍼 지지자와 쿤 지지자들이 뚜렷한 이론적 차이들을 녹여 없앨 만한 판단기준에 관해 동의해야 가능하다. 포퍼와 쿤은 아마도 계속 의견일치를 이루지 않을 것이며, 한쪽이 제시한 증거가 다른 쪽에 의해 보잘것없는 것으로 전락하리라는 것은 누구나 안다. 그 결과, 과학철학의 지적 작업은 반대자의 논증을 반박하거나 자신의 논증을 유지할 필요성에 의해, 그리고 승리를 획득하고 제자들을 늘리거나 이론의

◘

개종을 이끌어낼 필요성에 의해 서둘러 이루어진다.

포퍼가 사용한 유비의 맥락 안에서 이뤄진, 포퍼에 대한 쿤의 반박은 학술 논증에서 동의 가능성의 한계를 보여준다. 그런 논증들은 모든 사람한테 열려 있지 않다. 그것들은 특정한 필요조건을 갖춘 소집단 안에서만 나타난다. 예를 들어, 어떤 학문 분야의 복잡한 에티켓 안에서 교육훈련을 받고, 그 추론의 스타일에 편안함을 느끼며, 당면문제를 지적 수호자들이 유익하다고 여기는 방식으로 해결할 능력을 갖춘 사람들 사이에서 말이다. 이런 의미에서 보면, 포퍼와 쿤은 일치를 이루었다고 말할 수도 있다. 왜냐하면 자신들의 입장에서 나오는 동의 또는 부동의가 그 입장에 대한 '진정한 이해'에 바탕을 두고 있지 않다면, 그들의 싸움은 지적 의미를 지니지 못할 것이기 때문이다(Johnstone 1963, p 92).

그렇지만 유비 논증을 세밀히 따져보려는 이런 노력에 의해, 과학보다는 학술 영역들에서 유의미한 동의의 한계가 좀더 명확하게 드러난다. 학술에서는 그렇지 못하지만, 과학에서 이런 노력은 합의된 정량적 방법들, 즉 전체적으로 이론 논쟁을 해결하는 데 판단 잣대로 작용하는 방법들에 의해 보완된다. 결과적으로, 인문학이나 사회과학과는 대조적으로 과학에서는 유의미한 동의가 신뢰할 만한 수준에 이를 수 있게 된다.

과학 보고서의 유비 |

17세기 스위스의 수학자 자크 베르누이는 최선을 다했지만 제곱 무한수열의 합을 구할 수 없었다.

$$1 + 1/4 + 1/9 + 1/16 + 1/25 + 1/36 + 1/49 + \cdots = ?$$

이 수열의 수는 점진적으로 작아지기 때문에, 그 근사치는 쉽게 구할 수 있다. 사실, 다음 세기의 다른 수학자 레온하르트 오일러가 일곱 자리까지 해답을 찾았다. 이런 근사치에 만족하지 못한 스위스 수학자 오일러는 유비를 통하여 과감한 도약을 이루었다. 그는 유한수학을 위해 고안된 대수를 이용해 비대수 방정식을 풀었는데, 이는 "유한수를 위해 만들어진 규칙을 무한수에 적용한" 것이다. 유비에 의한 이런 해법과 이에 수반되는 $\pi^2/6$이라는 답은 결코 증명이 아니다. 결국에 많은 노력 끝에 오일러는 "비밀스럽고도 독창적인〔증명에 의해 얻어진〕자크 베르누이의 수열에 대해 $\pi^2/6$이라는 값이 정확함을……입증하는 데 성공했다"(Polya 1954, p. 21). 이런 사례가 보여주듯이 유비는 수학에서 일정한 구실을 하는데, 그것은 증명은 아니지만 발견에 도움을 준다.

　'유전 암호'도 발견에 도움을 주는 유비의 구실을 보여주는 또 하나의 사례다. 20세기의 두 번째 4반세기에 과학자들은 식물과 동물의 유전 형질과, 염색체 안 유전자의 정밀한 구조와 염기서열 사이에 엄격한 관련성이 존재한다고 거듭 주장했다. 이런 관련성에 관한 가장 유명한 진술은 유비였다. 노벨물리학상 수상자인 어윈 슈뢰딩거는 그의 추론적 강연을 모아 출간한 『생명이란 무엇인가』 (What is Life?)에서 다음과 같은 주장을 편다. "분자 수준의 유전자 그림을 보면, 작은 암호 하나가 고도로 복잡하고 특화된 어떤 발생 계획과 정확히 일치하고, 그 계획을 작동시키는 수단을 어떻게든 간직하고 있으리라는 상상을 할 수 있다"(1967, p. 66). 다른 말로 하면, 다음과 같은 유비가 성립한다. 암호 하나가 어떤 정보를 한 사람에서 다른 사람으로 전달하는 것과 마찬가지로, 유전 암호 하나는 유전 정보를 유전 물질에서 생체를 이루는 단백질로 전이시킨다는 것이다.

당시에 관찰과 실험의 증거는 사실상 없었기 때문에, 주장된 암호는 물론 그것의 전달 메커니즘은 사실로 밝혀질 수 없었으며 슈뢰딩거의 진술 같은 것은 과학이 아니라 추측으로 분류돼야 했다. 1953년이 되어서야 비로소 슈뢰딩거의 유전 암호 유비는 그 유용성이 분명하게 입증되었다. 그 해에 제임스 왓슨과 프랜시스 크릭은 노벨상 수상의 영예를 안겨준 유전 물질, 현재 DNA로 밝혀진 물질의 구조를 발견했다. 그것은 "하나의 축 둘레를 돌면서 서로 꼬인 두 개의 나선형 사슬", 연속적 염기쌍들이 두 사슬을 결합시키는 구조였다. "만일 아데닌[A]이 둘 중 어느 사슬에서든 그 쌍의 한 쪽이 되면, 이런 가정에서 다른 쪽은 티민[T]이 되어야만 한다. 구아닌 [G]과 시토신[C]도 마찬가지다. 한 사슬의 염기서열은 전혀 제한되는 것처럼 보이지는 않는다. 그렇지만 특정 염기쌍들을 구성할 수 있기만 하다면, 한쪽의 염기서열에 따라 다른 쪽의 염기서열은 자동적으로 결정된다"(1953b, p. 738). 왓슨과 크릭은 "우리가 가정했던 특정한 짝짓기는 곧바로 유전 물질에 대한 복제 메커니즘의 존재 가능성을 암시한다"는 결론을 내렸다(1953b, p. 738). 이런 '복제 메커니즘'의 본성은 규명해야 할 문제로 남았다.

DNA와 밀접히 관련된 RNA가 유전 암호를 규명하는 데 중심적이라는 사실이 곧 드러났다. RNA에서는 티민[T]이 아니라 우라실 [U]이 네 번째 염기, 네 번째 '암호문자' 다. 암호 해독 과정 안에서

DNA는 유전 메시지를 RNA에 전사한다. 복잡한 일련의 중개 과정을 거쳐 RNA는 적절한 단백질에 그 메시지를 번역해 전하는데, 메시지는 '코돈'이라는 단위들로 기입되어 있다.

각 코돈, 곧 '암호말'은 염기 세 개의 길이를 지닌다. 유전 메커니즘이 제대로 기능하려면 코돈 하나하나를 정확하게 '읽어야' 한다. 정확한 읽기는 '콤마 없는' 유전 암호일 때에 확보된다. 콤마 없는 암호를 정확하게 읽기는 출발점과는 무관하게 가능해진다. 콤마 없는 삼중코드에 해당하는 스무 가지의 코돈 목록은 다음과 같다 (빗금은 오로지 설명의 편의를 위한 것이다).

ACA/ACG/ACG/ACU/AGA/AGG/AGU/UCA/UCC/UCG/U
CU/AUA/AUU/UGA/UGG/UGU/GCA/GCC/GCG/GCU.
(Woese 1967, pp. 23-29)

암호의 콤마 없는 본성을 보여주기 위하여, 다음과 같은 가상의 짧은 사슬을 예로 들어보자.

A U U U G A A U U U C A
1 2 3 4 5 6 7 8 9 10 11 12

위의 목록을 보면, 이 사슬에서는 네 개의 코돈만이 존재한다. 첫 번째, 네 번째, 일곱 번째, 그리고 열 번째 자리만이 정당한 출발점이 된다. 예컨대 두 번째 자리에서 출발하면 '의미 없는 코드'인 UUU를 읽게 된다.

❑

크릭과 동료들은 유전 암호는 콤마가 없는 것이라고 주장했다. 그러나 암호화 유비의 이론적 간결함과 독창적 해석에도 불구하고, 콤마 없는 암호는 늘어나는 반대증거를 견디지 못했다. 훗날 노벨상을 수상한 마셜 니렌버그과 그의 공동연구자 하인리히 마타이가 최후의 타격을 가했다. 그들은 "폴리우리딜산(우라실(U)의 중합체 - 옮긴이)을 [안정적인 무세포 시스템에] 넣으니⋯⋯특정한 반응으로 L-페닐알라닌은 폴리-L-페닐알라닌을 닮은 단백질이 됐다"(1961, p. 1601). 즉 "염기가 모두 같은 코돈의 최소한 하나가 하나의 아미노산으로 지정되었다"(Woese 1967, p. 27). 이것은 (콤마 없는 규칙에 따르면) '불합리한' 코돈 'UUU' 였다. 실험 결과는 유전 물질의 정확한 해독은 콤마 없는 암호에 의해서가 아니라, 개시와 정지 지점을 정확하게 알리는 신호들에 의하여 완수됨을 뜻했다.

이런 역사적인 사례는 과학에서 증명보다는 유비가 발견에 도움을 주는 구실을 하였음을 분명하게 보여준다.[2] 크릭이 DNA의 구조를 정확하게 해석할 수 있게 만든 유비는, 다른 한편으로 그가 유전 암호를 읽는 방식을 잘못된 정식화로 나아가게 이끌기도 했다. 하지만 똑같은 유비를 가지고 연구했던 니렌버그와 마타이는 올바른 정식화를 발견했다.

과학 보고서와 학술 논증은 유비의 발견적 기능에 대하여, 그리고 그것들이 생산하는 유비와 가설을 검증하는 데 동원되는 추론과 증거의 규칙에 대해 비슷한 가치를 부여한다. 그러나 과학 보고서가 의존하는 도구는 하나 더 있다. 과학자들이 공유하는, 입증 절차에서 중심적인 정량적 방법론이 그것이다. 예컨대 니렌버그와 마타이의 분리기술(초원심분리와 전기영동)과 투사기술(종이 크로마토그래피와 방사선 동위원소)은 잘 구축된 기술절차들로서, 그 결과는 수십 개 분야의 과학자 수천 명이 이룬 수십 년의 연구결과들에 의문을 제기할 때에만 도전받을 수 있는 것이다. 블랙이 말하듯이 "〔과학〕 모형의 좋고 나쁨을 평가할 때에, 우리는 풍성한 발견의 결실을 낼 수 있는지에 대하여 완전히 실용적인 검증에 매달릴 필요는 없다. 우리는 최소한 원칙적으로 모형들이 들어맞으면 훌륭하다고 판단할 수 있을 뿐이다"(1962, p. 238).

물론 정량적 해석을 가지고서 타당한 과학적 추론으로 도약하는 일이 자동으로 이뤄지지는 않는다. 사실, 이런 연결의 의문스런 특성 때문에 니렌버그와 마타이는 조심스럽게 말한다.[3] 그들은 자신들이 만들어낸 그 알려지지 않은 물질이 "진정한 폴리-L-페닐알라닌"과는 네 가지의 핵심적 특징을 공유한다는 점을 보이고는, 단지 "폴리우리딜산은 폴리-L-페닐알라닌의 특징을 여럿 지닌 단백질의 합성에 필요한 정보를 지니고 있다"고만 결론을 내린다. 유전 암호 발견의 사례는 그런 입증 방법들의 수사학적 힘을 다시 한번 보여주는 것이다.

크릭은 니렌버그와 마타이가 모스크바에서 열린 한 생화학회의에서 자신의 콤마 없는 시스템을 통렬히 비판했다는 얘기를 전해들었다. 그는 이렇게 썼다. "심포지엄의 청중은 니렌버그의 발표를 듣고 놀랐다. 그는 자신과 마타이가 폴리우리딜산(즉, 우라실 염기만으로 이뤄진 RNA)을 단백질 합성 무세포 반응계에 넣어 폴리페닐알라닌(즉, 모든 잔류물이 페닐알라닌인 폴리펩타이드)을 생성해냈다고 발표했다. 이것은 우라실 염기들의 서열이 페닐알라닌의 암호라는 것을 의미한다"(Crick 등, 1961, p. 1232). 이 발견으로 인하여 크릭은

"한 번에 세 개(또는 네 개, 또는 몇 개이든)로 이뤄진 염기서열을 따라 어떤 고정된 지점에서 개시함으로써 선택은 정확히 이뤄진다"는 대안의 가설에 찬성하고 자신의 콤마 없는 정식화는 버려야만 했다. 이처럼 기꺼운 동의는 동료적 감정이라기보다는 합의된 절차들에 바탕을 둔 입증에 대한 불가피한 동의를 보여주는 것이다.

이런 효과가 수사학적이라는 점을 카임 페렐만이 개념의 분리를 논하며 설명한다. 그는 '현상–실재(appearance-reality)의 쌍'에 관해 이렇게 말한다.

현상   또는 일반적인,   용어 I

실재   용어 II

페렐만한테 "용어 I 은 겉모양에 해당한다." 반면에 "용어 II 는 판단기준을 제공하는데…… 그것은 용어 I 의 다중적 측면들을 어떤 위계질서 안에서 분류하는 규칙이다. 이 때문에 **실재**〔원저자 강조〕가 제공하는 규칙과 일치하지 않는 것들은…… 틀린 것…… 될 수 있다." 이런 분리를 유전 암호의 사례에 적용하면, 유비는 용어 I 이 되고 입증 방법들은 용어 II 가 된다(이들은 아마도 '발견의 맥락'과 '정당화의 맥락'이라는 말로 더 잘 알려져 있다). 사실, 용어 II 의 특징들에 대한 페렐만의 통찰은 유전 암호의 발견에 대한 나의 설명에 직접 적용된다. 즉 "용어 II 는 용어 I 의 여러 측면들이 지닌 다중성과 불일치성과 대비되어, 그 단일성과 일관성에서 이점을 지니고 있다. 용어 I 의 여러 측면들 가운데 일부는 실격 판정을 받고서 궁극적으로 소멸의 딱지를 붙이게 될 것이다"(1971, pp. 416-417). 과학의 설득적인 효과는 마치 현상에서 실재로 이동하는 것처럼, 용어 I 에서 용어 II 로 이동하는 능력에 달려 있는 것이다.

정치 웅변술, 학술 논증, 과학 보고서 각각에서 유비의 기능은 다르다. 정치 웅변술에서 동의에 이르는 길은 일차적으로 감정적 실행을 통한다. 학술 논증이나 과학 보고서에서는 이성적 실행이 우선이다. 하지만 과학에서 실행은 논증을 넘어 궁극적으로는 합의된 절차에 안착한다. 모든 과학에 적용되는 과학적 방법이나 보편적 전략은 아마도 존재하지 않겠지만, 합의된 절차들의 집합으로서 과학적 방법은 존재한다. 결국 과학 분야의 보고서를 정치 담론이나 학술 담론과 차별화하는 것은 바로 이런 절차들의 필요성에 대한 합의이다. 비록 각각의 과학 절차가 의심할 바 없이 논증에 바탕을 두고 있다 해도, 우리는 오로지 과거의 과학들을 열심히 탐구함으로써 이런 사실을 발견할 수 있다. 그렇지만 과학자들한테 과학은 과거를 지니지 않는 그런 것이다. 아니, 현재 과학의 목적에 전적으로 어울리지 않는 과거를 지니지는 않는다. 과학의 결과물은 주장에 의존하지 않으며, 오직 자연 자체에만 의존한다고 믿는 것은 과학자들의 유용한 착시인데 이런 착시가 가능한 이유는 바로 과거의 부재 때문이다.

3

분류학의 언어

과학수사학이 완전하다면 다음과 같은 비판, 즉 '수사학의 분석이다 끝난 뒤에도 수사가 아닌, 견고한 **과학적 핵심**은 여전히 존재한다'는 비판을 피할 수 있어야 한다. 이 장에서 나는 진화이론에 맞춰 동식물 종을 분류하는 과학, 곧 진화분류학에 맞서 그 완전성의 가설을 검증하고자 한다. 만일 진화분류학에 대한 수사학의 분석이 가능하다면, 우리는 진화분류학의 중심개념인 종을 수사학적으로 남김없이 재구성할 수 있어야 한다. 그러나 이런 목표로 가는 길은 에둘러 가야 한다. 우리는 종의 개념을 수사학의 용어로 직접 번역할 수 없다. 왜냐하면 이렇게 번역되는 것은 과학적이지 않은 것이라는 주장을 피해야 하고, 수사학의 분석이 끝난 뒤에도 여전히 번역할 수 없는 과학적 의미의 본질적 핵심은 존재한다는 주장을 무효로 만들어야 하기 때문이다.

이런 주장을 무효화하려면 우리는 진화분류학의 종을 이성적으로 재구성해야 한다. 그렇게 함으로써 그 결과물이 진화분류학 같은 특정한 과학의 개념, 그리고 "수리에 기반을 둔 현대 자연과학을 지배하는 …… 방법론의 전형"(Gadamer 1975, p. 414)이 어떤 것인지 인식하도록 보여줄 수 있기를 바란다. 그래서 우리는 "이성적 단계들로 구성되는 어떤 가상의 절차들, 실제의 〔역사적 또는〕 심리적 과정과 본질적으로 똑같은 결과에 이르게 되는 그런 가상의 절차들을 도식적으로 설명하는 일에 나서야 한다"(Carnap 1963, p. 16). 진화분류학의 종을 이성적으로 재구성하면, 어떤 종의 분류학상 소속을 판정하고 정의하고 또 재정의하는 단계들이 거론될 때에, 그 단계들은 역사적 또는 심리적 사건이 아니라 분석의 범주로서 나타나게 된다. 나는 바로 이런 종에 대한 이성적 재구성을 수사학적 용어로 남김 없이 번역하고자 한다.

무수히 많은 이성적 재구성이 가능하며, 진화분류학자들은 내가 시도한 이성적 재구성의 세부내용에 대하여 그들의 주장을 펼칠 것이고, 심지어 내가 잘못된 이성적 재구성을 시도한다는 태도를 취할 수도 있다는 점을 나는 부정하지 않는다. 그러나 과학자들이 실제 경험에서 방법을 뽑아내는 데에는 이성적 재구성 자체가 그릇된 접근법이라는 태도를 취한다면, 그건 진화분류학이 과학이라는 것을 부정하는 게 된다고 나는 주장한다. 그것이 바로 내가 말하려는 요점이다. 진화분류학자들한테 우리 세계는 진화하는 종이 물려준 세계인 것이 분명하다. 최소한 원칙적으로 어떤 중심적 과정, 곧 무작위의 유전적 변이에 대한 자연선택의 작용이라는 과정은 각각의 종에 적용할 수 있으며 또한 거기에서 추론할 수 있다. 게다가 관찰과 이론 사이에 있는 이런 상호관계는 객관성을 전제로 삼는다. 진화분류학은 세계를 설명하지만 상당한 정도로 세계는 그런 설명과는 무관하게 존재한다는 것이다.

다른 한편으로, 수사학적 재구성은 이성적 재구성의 각 측면을 수사학으로 번역하는 방식으로 진화적 종을 다시 설명한다. 우리가 과학이라고 설명하는 그 어떤 측면도 수사학적 상대물 없이는 더 이상 존재하지 않는다. 진화분류학은 수사학적 재구성을 통해 서로 얽힌 설득구조들의 집합으로 변형된다. 수사학의 상(相) 아래에 발견은 없으며 창조만이 존재한다. 식물과 동물에 생명을 불어넣어 그들을 분류학적 집단의 일원으로 불러낸다. 그리고 이로써 진화이론이 예증되며 생성된다. 만일 이성적 재구성이 이성적으로 설명하는 측면들을 수사학의 재구성이 모두 수사학적으로 설명한다면, 완전한 과학수사학은 가능하게 된다.

종의 이성적 재구성 : 동정 I

현대 생물학에서, 종은 속(genus)과 종차에 의해 고전적으로 정의될 수 없다. 비트겐슈타인의 신랄한 어법을 빌리자면, 그런 노력은 "솜엉겅퀴의 이파리 껍질을 벗겨내면서 그 속에서 진짜 솜엉겅퀴를 찾으려는 [시도]"와 닮은꼴이다. 그보다는 종은 유기체들 사이의 '가족 유사성(family resemblaces)'을 묘사하고 설명하는 방식으로 정의되어야 한다(1965, p. 125). 다윈은 일찍이 『종의 기원』(Origin of Species)에서 이 개념을 분류학의 맥락 안에 두었다. "그 연속의 반대쪽 두 끝에는 공통 특징을 거의 지니지 않는 갑각류 동물들이 있다. 그러나 두 끝에 있는 종들은 다른 종들 그리고 다른 종들에 속한 것들 등등과도 동류로 분류되지는 않기에 명확하게 여기에 속하는 것으로 인정되며, 다른 어떤 체절동물에 속하지 않는 것으로 인정될 수 있다"(1859, p. 419).

가족 유사성

종과 같은 보편적 용어를 가족 유사성에 따라 정의하면, 자연세계에 적용될 정도로 그럴싸한 고전적 정의의 정밀함은 포기된다. 그렇더라도 가족 유사성에 의한 정의는 제멋대로 나누지 않은 어떤 부류를 구별해준다는 점에서 실재적이다.

내가 어떤 새를 새로운 벌새 종이라고 명명한다 해도 그것을 절대적으로 구별하는 규칙이 내게는 없다. 따라서 나는 어떤 생물체가 그 종에 속하는지 그렇지 않은지를 두고 쩔쩔매겠지만, 거기에다 예컨대 독수리 같은 어떤 것을 집어넣을 수는 없다. 더욱이 열린 분류는 두 가지 점에서 훌륭한 보편 용어다. 왜냐하면 내가 빠뜨렸던 어떤 일원을 거기에서 보게 될 가능성이 늘 존재하며, 또 최소한 멸종하지 않은 생명체에게는 진정하게 새로운 일원이 될 기회가 늘 존재하기 때문이다. 결국, 보편 용어의 적용은 배운 대로 되는 게 아니다. 즉 학습자는 스승의 가르침과 무관하게 그 용어를 적용할 수 있다(Bambrough 1966).

잠재적 종

진화분류학의 전형적 논문인 「페루 지역 벌새의 새로운 종」(Fitzpatrick, Willard, and Terborgh 1979)에서는, 가족 유사성의 증거 토대를 제시하는 장황한 설명과 묘사가 곳곳에 분명하게 드러난다. 예컨대 이 과학자들은 시각적 인상의 특성들을 무수히 기록한다. "넓고 핏기 없는 담황갈색 가슴띠를 중심으로 목 부위의 더 작은 점들과 가슴과 옆구리의 더 크고 더 많은 반점들이 나뉜다. 몇 개의 견본에서 가슴띠는 몸 뒤쪽에서 반점들이 넓게 퍼져 이루는 줄과 완전히 경계를 이룬다. 모든 견본에서, 배에는 검은 점이 없다. 부드러운 털이 많은 항문 부위는 수컷의 경우에 흰색이다. 그리고 꼬리 아래쪽의 칼깃은 거무스름하고 그 끝은 황갈색이다"(1979, p. 178).

이런 시각적 인상들에 더하여, 피츠패트릭 연구팀은 그 습성을 기록함으로써 잠재적 종을 정의한다. 예를 들어 '수컷-암컷의 구애 행위'에 대한 상세한 설명이 이어진다. "처음에 〔새〕 한 쌍은 〔덩굴로 뒤덮인 구덩이의〕 벽면 주변과 그 둥근 가장자리를 따라 주변 수풀을 여기저기 뒤적인다. 수컷과 암컷 모두가 작은 뿌리 위에 앉아 있다가 날아다니는 작은 곤충들을 잡기 위해 자주 돌격하는 모습이 관찰됐다"(1979, p. 183).

이렇게 풍부한 정성적 정보들에 정량적 데이터가 덧붙여진다. 도, 분, 초 단위로 탐사 대상 지역의 지질학적 좌표들이 제시된다. 또 서식처의 해발 고도는 거의 10미터 단위로 표기되고, 견본 여섯의 크기가 지닌 평균, 범위, 표준편차는 0.1밀리미터 단위까지 제시되며, 접은 날개 길이에 대한 새의 윗부리 길이의 비율이 소수점 두 자리 수준으로 계산되고, 초 단위로 우짖는 소리의 길이가 측정된다.

그러나 종을 확립하려는 가장 인상적인 시도는 원래의 자리에 있는 두 마리의 새를 총천연색으로 그린 표제 삽화에서 볼 수 있다.

'동종이형'의 쌍을 이루는 암컷은 자신의 유별난 꼬리와 복부를 가장 극명하게 드러내는 각도로 횃대에 앉아 있고, 수컷은 자신의 특징인 깊게 갈라진 꼬리와 어두운 색깔을 띠고 있으며 공중에서 길게 뻗어 재빠르게 움직이는 날갯짓을 보여준다. 더욱이 이 새의 먹이 습성도 나타난다. "[이 새가 가장 즐겨먹는 꽃의] 진한 자줏빛 꽃잎은 수직으로 매달린 관 모양의 꽃부리를 이루어……먹이를 찾는 새는 화밀을 얻기 위해서 그 바로 아래에 공중 정지해 부리를 수직으로 위로 향하도록 해야 한다"(Fitzpatrick, Willard, and Terborgh 1979, p. 182).

잠재적 종은 가족 유사성으로 설명되고 묘사될 뿐 아니라, 비교와 대조에 의해 가깝게 동류를 이루는 종과 섬세하게 차별화된다. 종의 지위를 확립하는 이런 과정에서, 특징은 관찰의 최소단위가 된다. 특징이란, 어떤 유기체를 같은 속의 일원으로 가장 명료하게 입증하는, 또는 분리된 종으로 차별화하는 유기체의 부분 또는 그 행동의 측면들이다(Mayr 1982, pp. 19-32). 어떤 특징이 동류화나 차별화에 더욱 강하게 기능할수록, 그 가치는 더욱 커지고 더욱 중요하게 평가된다.[2]

자신들이 다루는 잠재적 종을 어떤 속의 일원으로 확립하면서, 피츠패트릭과 동료들은 "부리의 상대적 길이, 콧구멍 깃털 모양, 그리고 윤곽이 잘 드러나는 코의 숨문 덮개[눈꺼풀 같은 덮개]"를 강조한다. 잠재적 종 그리고 같은 속의 새들 사이에 차이점을 입증할 때에, 그들은 "기다랗고, 깊숙하게 갈라진, 완전히 진주빛의, 금속 같은 파란 꼬리가 양면에서 마찬가지로 빛을 내면서, 엷은 가슴띠 부위에서 끝나는 담황갈색 복부와 이어지는" 암컷의 특징적 겉모습을

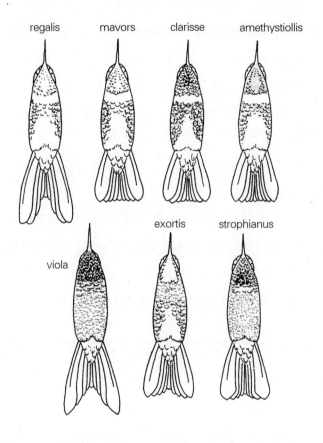

그림1 레갈리스 종을 포함한 헬리안젤루스 속 암컷들의 복부 유형과 꼬리 형태. H. micrastur 암컷은 겉모습이 exortis와 비슷하고 H. spencei는 amethysticollis와 닮았다. regalis와 mavers의 유사성을 주목하라. (Fitzpatrick, Willard, and Terborgh 1979, p. 180. 윌슨 블레틴 출판사의 허락을 받아 재인용)

강조한다(1979, pp. 177, 181).

표제 삽화뿐 아니라 이 논문 곳곳에서, 그림들은 글과 결합하여 비슷함과 다름을 명확하게 보여주면서 잠재적인 새로운 종의 존재를 강화한다. 예컨대 〈그림1〉에서, 설명 없이 한데 어울려 제시된 일곱 개의 그림은 속의 동일성을 보여주는 데 결정적인 가족 유사성과, 속 안의 차이를 보여주는 데 필수적인 대비적 특징들을 모두 강조하고 있다.

분류학의 종과 진화적 종

통계적 추론을 통해, 이런 비상한 상세설명에는 분류학의 의미가 부여된다. 이런 방식으로 피츠패트릭과 동료들은 자신들이 새로운 종, 즉 다른 모든 실체들과 비교했을 때 새로운 생물 실체를 발견했다고 단호하게 주장한다. 열여섯의 표본이 수집됐다.

	성숙체	미성숙체
수컷	5	5
암컷	5	1

모범적 표본이라고 가정하여, 논문 저자들은 견본들에 대한 설명으로 종을 설명한다. 그리하여 평균, 범위 그리고 표준편차가 주어지면, 예컨대 접은 날개의 길이에 대한 그런 값들이 주어지면 그것들은 수집된 견본뿐 아니라 종에 대한 값이 된다. 설명, 비교 그리고 통계적 추론이 제 몫을 한다면, 종은 명명에 의하여 새로운 종으로 공식인증을 받는다. 즉 그것은 헬리안젤루스(*Heliangelus*) 속, 레갈

리스(*regalis*) 종의 벌새인 '로열 선에인절'이라는 이름을 얻는다.

그러나 분류학의 동정(identification)이 최종 단계는 아니다. 분류학의 종은 진화적 의미로 다시 정의되어야 한다. 다윈주의 가설은 빠진 채 일단 규정된 종의 특징은 이제 종의 기원에 관한 이론의 의미로 다시 규명돼야 한다. 그 이론은 무작위의 변이들에 대한 자연선택의 작용에서 모든 것이 비롯하며, 일부 변이들은 그런 변이를 지닌 개체의 생존율을 증진하기에 살아남는다는 것이다.

분류학의 연구에서 진화이론은 최소한 두 가지 목적에 기여한다. 즉 진화이론은 동정 과정에서 생기는 의문스런 관찰을 해명한다. 또 그것은 예측을 할 수 있게 한다. 새로운 벌새 종을 동정하는 과정에서, 피츠패트릭과 동료들은 다음과 같은 의문스런 관찰을 한다. 레갈리스가 가장 가까운 친족관계를 이루는 듯한 헬리안젤루스 속의 종 가운데, 수컷 레갈리스의 단색 깃털은 거의 드문 경우이다. 이런 불규칙성을 설명하기 위하여, 연구자들은 수렴현상(유전이 아니라 환경적 속박 때문에 생긴 종의 유사성)이라는 개념을 적용한다.

그리하여 레갈리스가, 암컷의 겉모습이 보여주는 바와 같이, 이 종에 사실상 가장 가깝다면, 수컷은 훨씬 더 먼 친척뻘 되는 몇몇 종들에 수렴되는 극적 변이를 겪었다는 것이다. 레갈리스 암수 모두에 나타나는 길고 가늘며 금속 느낌의 파란 꼬리는 양면에서 마찬가지로 진줏빛을 띠는데, 이것은 오로지 H. 스트로피아누스(H. strophianus : 암수 모두 비슷함)와 비올라(viola : 매우 큰 몸집에 짙은 녹색을 띤 암컷에는 가슴띠 없음)에서만 제시된다(1979, p. 181).

그러나 진화이론은 설명 이상의 구실을 한다. 그것은 예측을 한다. 물론 진화생물학의 예측은 종종 미래 사건들을 놀랄 만한 정량적 정확성으로 예상하는 고전물리학의 예측과 같지는 않다. 진화생물학에서, 예측은 잘 정의되고 예측의 바탕이 되는 증거와 일치될 필요가 있지만, 그 예측에서 측정의 정밀성은 당연하게 다양할 수 있다.

예를 들어, 개체군 생태학자들은 연구 대상인 유기체 개체군 크기의 증감을 한 자리 수의 규모로 설명하는 것에 보통 만족한다. 이런 목적이라면 순수 생식률과 사망률만으로 대체로 충분하다. 그렇지만 수렵과 어로 관리를 위해서라면 개체군의 변화는 10~20%의 정확도로 예측해야 할 것이다. 이런 목적에는 완벽한 나이별 사망률과 생식율의 표가 필요하다. 마지막으로 인구통계학자는 인구 규모를 1%보다 더 나은 정확도로 기획할 필요가 있고, 그러려면 나이별, 성별, 사회경제 계층별, 학력별, 지역별 등에 따른 생식률과 사망률 숫자가 필요하다 (Lewontin, 1988, pp. 7-8).

르원틴의 법칙은 리클레와 볼트의 보고서에 녹아들어 있다. 이 연구자들은 "아마도 가장 중요한 캅토르히니드(*captorhinid*)[선사시대 원시 파충류]의 특징"의 기원과 본성을 탐구한다. 그들은 파충류의 생김새 특성이 진화한 역사가 규명되면 나중에 그것이 분류학에 적절히 활용될 것으로 생각하고 있다. 턱의 성장과 이빨의 대체 같은 것이 그렇다(1983, p. 7).[3] 그들의 예측이 비록 정확성과는 거리가 멀다 해도, 그들의 판단기준은 잘 정의되고 일관되게 적용되기에 정당한 것이다. 이 과학자들은 눈으로 확인할 수 있는 해부학적 특징을 바탕으로, 턱의 성장과 이빨의 대체에 관한 예비 모형을 창조했다. 이들은 자신들의 예측을 입증하기 위해, 맨눈으로 확인할 수 없는 턱의 성장과 이빨의 대체 모형의 효과들과 대조하여 예측들을 점검한다. 그 과정의 동역학이 현재 남아 있는 화석에 어떤 흔적을 남길 것이며, 또한 그 모형이 정확하다면 맨눈으로 확인할 수 있는 효과가 둘 내지 여섯 개의 확대도에서 나타나는 효과들과 일치할 것임은 당연하다.

내가 살펴본 진화생물학의 논문들 가운데에는 예측만큼이나 반증가능성이 자주 언급된다. 반증가능성은 예측의 자기 책임을 말한다. 즉 그것은 예측의 반복적 실패에 의해 이론이 손상될 수 있음을 보여준다.

이 개념의 대표자로서 가장 잘 알려진 이가 칼 포퍼 경이다(1965, 1968; Medawar 1984도 보라). 포퍼가 보기에, 모든 건실한 과학의 뿌리에는 반증가능성의 가능성이 언제나 존재한다. 건실한 과학은 '경험에 의해 반박당할' 가능성을 열어두고 있다. 다른 말로 하자면, 반대되는 사실을 가지고 이론을 반박할 수 있다는 점이 바로 과학의 본질이다.

단일 진술의 참에서 보편 진술의 거짓으로 [연구 대상의 텍스트들로 보자면, '관찰'에서 '가설'이나 '모형'으로] 나아가는 논증은 (고전논리학의 부정식[modus tollens, 후건(後件)을 부정함으로써 전건(前件)을 부정하는 추론 형식—옮긴이]의 도움을 받는) 순수 연역 추론에 의해 가능하다. 보편 진술의 거짓에 대한 그런 논증은, 말하자면 '귀납의 방향'으로 나아가는, 즉 단일 진술에서 보편 진술로 나아가는 추론의 엄밀하게 연역적인 성격이다.

이론이 경험주의의 공격을 받으면 "임시방편의 보조 가설을 도입함으로써, 또는 정의를 임시방편으로 바꿈으로써" 언제나 살아남을 수도 있음을 포퍼는 인정한다. 그래서 그의 해법은 "검증 대상인 체제를 생각할 수 있는 모든 방법으로 반대증명에 노출하는 식"의 "경험주의적 방법"이다(Popper 1968, pp. 41-42).

내가 표본으로 삼은 두 논문은 자신들이 반증가능성에 열려 있다고 주장한다. 칩멍크(다람쥐의 일종 - 옮긴이) 개체군의 확산에 관한 글에서, 패터슨은 자신의 이론모형에 절대 필요한 가설이 [칩멍크 종인] 쿠아드리비타투스(*E. quadrivittatus*)가 아니라 카니페스(*E. canipes*)가 갈리나스 산맥에 존재한다면 분명하게 반박된다"고 말한다. 이 모형에 따르면 "작은 산악지역이 [종의 발상지인] 지역 고유의 중심에서 떨어져 분리되었다면 남하하는 생물군의 식민지가 됐어야 하는데", 그런 생물군 가운데 하나가 E. 쿠아드리비타투스라는 것이다(1982, pp. 393-394).

리클레와 볼트는 논문에서 "여러 세대에 걸쳐 연속으로 동일한 위치에 이빨이 존재했다는 증거만 있다면, [우리의] 이 모형이 잘못된 것임이 입증될 것"이라고 주장한다. 이들이 말하는 파충류의 턱 성장과 이빨 대체의 모형은 "여러 줄이 난 부위에서 이빨의 특정 위치는 단지 한 번만 사용됐다"는 점을 의미한다(1983, p. 22). 애리조나와 뉴멕시코의 지질 특성으로 인하여 갈리나스 산맥에 카니페스가 이례적으로 존재할 수 있었기에, 패터슨의 가설은 살아남는다. 또한 이빨이 같은 위치에 났음이 입증되지 않았기 때문에, 리클레와 볼트의 결론은 여전히 확고한 토대 위에 있다.

　진화분류학의 전형적 논문들을 분석하여 종의 개념을 이성적으로 재구성하는 일은 믿을 수 있는 지식, 곧 반증가능성에 늘 열려 있으면서도 지금까지 그에 저항해온 지식을 향하여 과학이 귀납적 전진을 해왔다는 견해를 지지한다. 이런 지식이 생겨나는 원천인 귀납의 원재료는 관찰이며, 관찰은 관찰을 설명해주는 진화이론으로부터 분명히 자유롭다는 것이다.

　예컨대 진화이론 이전의 시대에도 피츠패트릭과 동료 연구자들이 비슷하게 생긴 열여섯 마리의 새를 수집했을 것이며, 그런 시대에서는 직감만으로도 그 새들이 새로운 집단을 형성했을 것이다. 당연하게도, 일단 그 집단이 사실상 분류되면 분류학적으로도 정의될 수 있다. 그리고 그렇게 정의되면 그것은 진화이론에 따라 다시 정의될 수 있다. 그러므로 진화이론은 자연계의 사건과 개체를 설명하고 예측하는 데뿐 아니라 화석 기록에 담긴 사건과 개체를 과거로 되돌아가 서술하는 데에도 이용될 수 있다.

종의 수사학적 재구성 : 창조 l

페렐만과 올브레크츠-티테카의 『신 수사학』이 자연과학의 논증에 대하여 확장된 논의를 담고 있지는 않지만(자연과학의 사례는 전혀 나오지 않는다), 거기에는 자연과학을 수사학의 영역에서 배제하려는 의도도 존재하지 않는다. 저자들은 과학자들이 일반적으로 매우 작은 규모를 이루는 매우 특화한 청중한테 말을 하고 있으며, 이때 청중은 "동일한 교육훈련과 자질과 정보를 갖춘 사람들이라면 모두 동일한 결론에 이를 것이다'라는 의미에서 '보편적 청중'이 된다 (1971, p. 34; Johnstone 1978, p. 91과 비교하라). 바로 이런 보편적인 청중을 통하여, 자연과학은 수사학의 영역 안으로 들어선다. "자신의 견해 쪽으로 끌어들이려는 보편적인 청중에 대하여〔진화분류학자가〕품는 이미지의……특징"을 찾는다면, 수사학적 재구성의 목적에 도움이 될 것이다. 그 이미지의 특징을 규명하기 위해서는, 앞서 제시한 이성적 재구성의 단계들에 해당하는 수사학적 단계들을 찾아야 한다. 즉, 과학자들이 수사학의 상 아래에서 동료들을 설득시키는 존재론, 즉 식물과 동물이 생명력을 얻어 분류학적 집단의 일원이 되고 진화이론을 예증하며 산출하게 하는 그런 존재론을 어떻게 창조하는지를 우리는 보여주어야 한다.

잠재적 종

첫 번째 단계인 잠재적 종의 창조는 '현존(presence)'이라는 '신 수사학'의 개념으로 가장 훌륭하게 설명된다. 현존을 통하여, 작가들은 '주의를 집중하고자 하는' 담론 안에, 〔독자들〕의식의 전면'에 '일정한 요소들'을 배치한다. 그러므로 애초부터 현존은 "심리적 현상"이다. 마음과 감각이 머무르는 곳인 현존은 "바로 그런 상황 때문에 과대평가된다"(Perelman and Olbrechts-Tyteca 1971, pp. 142, 116-117; Gadamer 1975, p. 103과 비교하라).

현존에 대한 이런 해석은 '게슈탈트의 원리'와 일치한다. 이 원리에 따르면, 감각은 스스로 조직화하여 온전한 것이 되며, 어떤 감각의 조합이 저절로 두드러져 보이게 된다. 이런 조합들을 우리는 형상도 없고 상대적으로 실체도 없는 배경과 대비됨으로써 윤곽이

드러나는 형상과 실체로 바라본다. 게슈탈트 현상은 다른 감각보다도 시각과 청각에서 분명히 드러난다. 속성상, 그것은 경험들뿐 아니라 생각과 관념들에도 적용될 수 있다(Köhler 1947). 이렇게 해석한다면 현존은 지각의 특별한 사례가 된다.

현존은 이렇게 여겨지므로 손쉽게 조작될 수 있다. 통상적으로 우리는 연필처럼 생긴 어떤 물체를 바라본다. 그러고 나서 그것을 손에 쥐고 글을 쓰면서 우리는 처음의 인상을 확인한다. 그러나 우리의 지각과 세계 사이에서 이뤄지는 이런 단순한 확인, 즉 순진한 실재론을 고무시키는 이런 확인조차도 극적으로 재조정될 수 있다.

착시와 보호색은 널리 알려진 사례들이다. 이보다는 덜 극적이지만, "어떤 분야에 관한 특별한 태도를 받아들임으로써 그 내용의 일부는 강조되는 반면에 다른 일부는 어느 정도 가려질 수 있다(Köhler 1947, p. 99). 시각의 영역에서, 예컨대 조작은 정상적 지각은 물론이고 눈속임을 모두 가능하게 한다.

잠재적 종에 대한 진화분류학의 설명과 묘사에서, 현존은 두 가지 장치에 의해 창조된다. 곧 과도한 묘사와 다중 감각의 관점이 그것들이다. 먼저 과도한 묘사는 독자의 통상적 기대를 훨씬 크게 뛰어넘을 정도로 상세하게 감각 대상물의 특징을 드러낸다. 과학에서 과도한 묘사가 만들어내는 현존의 수사학적 효과는 스티븐 셰이핀에 의하여 분석된 바 있다. 그는 로버트 보일의 실험 논문에 나타나는 과도한 묘사는 '가상 목격'을 만들어내려는, 즉 실험을 통한 증명의 실제 경험에 대하여 독자의 대리자로서 상세한 상황을 활용하려는 의도적 시도라는 점을 밝힌 바 있다. 진화분류학에서도 과도한 묘사는 비슷한 목적으로 쓰인다. 글과 그림은 스스로 잠재적 종에 생명을 불어넣는다.

그들의 존재론적 목적을 추구하여, 진화분류학자들은 또한 다중 감각의 관점을 활용한다. 예컨대 피츠패트릭과 동료들은 본질적 차이를 찾는 그런 순수주의자는 아니다. 현존을 증대시키고 개별화하기 위하여 묘사할 수 있는 모든 특징들이 소집된다. 이런 관점의 다중성은 각각에 대해 이뤄지는 비상한 상세 묘사와 결합하여 현존을 매우 효과적으로 창출한다. 왜냐하면 그것은 평범한 대상물의 실재에 대한 우리의 일상적 인상을 확인시켜주는 방법을 모방하는 것이기 때문이다. 우리는 시각 데이터를, 다른 각도와 거리에서 얻은 더 많은 시각 데이터들로 보완한다. 한 가지의 감각 데이터를 또 다른 감각 데이터로 보완한다. 성질에 관한 감각 데이터는 정량적 측정으로 보완한다. 그리하여 종의 현존은 논문이 진전하면서 증가하게 된다. '의식의 전체 영역'은 이 생물체로 가득 차게 된다. "그리하여 말하자면 〔독자의〕 정신세계 전체로부터 그것은 분리된다" (Perelman and Olbrechts-Tyteca 1971, p. 118).

문학적인 글쓰기와는 다르게, 과학적인 글쓰기에서 현존을 창출하는 언어의 원천은 단연 제한적이다. 과학적인 글쓰기는 그 언어가 지각 주체와는 무관하게 존재하는 실재의 세계를 아무런 문제없이 지시한다는 인상을 주려 하기 때문에, 그것은 묘사의 주관적 차원, 곧 감정이 실린 말이나 반어법의 사용을 배제한다. 똑같은 이유에서, 과학적인 글쓰기는 언어가 만들어내는 세계에서 그 자원인 언어 자체로 독자의 관심이 이동하는 장치를 일반적으로 배제한다. 이런 제한들 때문에 『신 수사학』에서 논의되는 현존의 여러 기교들을 이용할 수 없게 된다. 의성어는 그런 배제의 사례 가운데 하나일 뿐이다.

그러나 그토록 제약된 언어라 해도 수사학의 효과에서 자유롭기는 어렵다. 바르트가 강하게 말했듯이, "0도는……의미 있는 없음이며……수사학적 기표(signifiers)의 부재는 이제 문체적 기표를 구성한다." "외연은……최후의 내포이며……그것은 텍스트가……언어의 본성으로, 본성적 언어로 회귀하려는 데 이용하는 우월한 신화이다"(원저자 강조; 1968, pp. 77-78; 1974, p. 9). 과학에서 현존의 창조는 아무런 문제없이 실재의 세계를 지시한다고 얘기되는 언어의 장치들에 한정돼 있다. 따라서 그런 종류의 현존에는 어떤 특정한 이름을 붙이는 게 마땅해 보인다. 그것을 '지시적 현존(referential presence)'이라 부르자.

분류학의 종

우리는 수사학의 상 아래에서 지시적 현존을 설명할 수 있다. 그러나 그것의 분류학적 변형도 마찬가지로 설명할 수 있을까? 만일 통계적 추론, 명명, 그리고 예술적 연출이 지시적 현존을 분류학의 종으로 변형하는 설득의 구조를 어떻게 창조하는지 보여줄 수만 있다면 그런 설명은 가능할 것이다.

진화분류학에서, 통계적 추론은 독자들한테 종의 분류가 수학의 일반적 속성인 확실성과 함께하고 있다는 믿음을 심어주려는 목적을 지니고 있다. 자주 쓰이며 일상적으로 앞세워지는 이런 일단의 기법들이 진화분류학에서 중요하다는 것은 의문의 여지가 없다. 그러나 그렇다고 해서 통계적 추론이 새로운 분류군을 확립하는 실재적 기초라고 분명하게 말할 수는 없다. 그런 추론이 타당한지는 표본 추출 과정의 효율에 달려 있다. 즉 어떤 표본의 일반화는 한정된 개체군에서 이뤄지는 무작위 수집의 기초 위에서만 가능한 것이다. 현실에서는 시간과 연구기금의 제약으로 합리적인 절충을 할 수밖에 없다. 그러나 피츠패트릭과 동료들은 불과 열여섯 마리의 새를 이용해 헬리안젤루스 레갈리스의 종을 규명했다. 그들은 어떻게 이것들이 대표성을 지닌다고 주장할 수 있는가? 이런 비체계적 표본 추출은 분류학의 일반 수준처럼 보이기도 하는데(Sokal and Crovello 1984, pp. 544, 558), 그것은 분류학적 변형이 지닌 수사학적 본성을 이해하는 단서를 제공한다.

사실을 말하자면, 분류학의 종 분류는 통계적 추론에 의존하기보다는 종이 자연 질서 안에 존재한다는 근본적 가정에 더 의존한다. 이들 종은 반드시 "그들 사이에 상당한 거리들 둔 불연속의 집단들"로 여겨져야 한다. 분류학의 종 분류는 절대적으로 "그것들 사이에 빈 공간을 두면서 데이터의 무리짓기를 할 수 있는지에 달려 있다"(Kuhn 1977, p. 312와 주석). 이런 종 내부의 연속성과 종과 종 사이의 불연속성은 완벽하게도 게슈탈트 심리학과 조화를 이룬다. 즉 게슈탈트 현상 사이에는 "눈에 보이는 형상 바깥쪽에는 단순한 연장(extension)이나 배경……에 해당하는 '죽은' 간격"이 존재한다 (Köhler 1947, p. 111). 그러나 이런 가정은, 종이 통계적으로 추론되는 규칙성에 기초해서만 확립된다는 믿음과는 조화를 이루지 않는 것이다.[4]

종은 본질적 본성을 지닌다는 가정의 효력을 보여주는 가장 대표적인 사례는, 내가 살핀 논문들 가운데에서 보자면, 트라켈비크시스 데카라디아투스(*Trachelyichthys decaradiatus*)에 관한 것이다. 이것은 그린필드와 글로덱이 단 하나의 견본을 바탕으로 동정하고 기술한 메기의 새로운 속, 새로운 종이다. 통계적 추론이 연구자들에 의하여 일어나지만, 또 다른 정반대의 과정도 실제로 쓰이고 있다. 그린필드와 글로벡은 단 하나의 생물체가 자동적으로 분류학의 연결망인 자연의 질서를 환기하고 있다는 점에서 바로 제유법을 취하고 있다. 이런 상상의 도약에 비추어볼 때, 견본 그대로 종에 전이될 수 있는지, 그 정당성에 대하여 누구라도 의문을 제기할 수 있다.

예술적 연출에 의해서도 분류학적 정체성이 생긴다. 벌새들에 관한 피츠패트릭, 윌러드, 테보르의 논문에서, 자연에 있는 레갈리스의 총천연색 그림은 순진한 관람자들에게 숨김없는 한 장면이라는 강한 인상을 심어줄지도 모른다. 그러나 이 그림은 명백히 연출된 것이다. 그림은 이 새들의 단순한 특징이 아니라 다른 비슷한 새들과 가장 잘 구분되는 특징들만을 보여주려는 목적에 맞춘 것이다. 앞에서 나온 〈그림1〉에서 재현된 그림의 경우에, 시각적 수사학의 한 형식인 '의도적 단순화'는 분류학적 동정이라는 목적에 도움을 준다.

마지막으로, 명명이 분류학적 정체성을 가져다준다. 은뎀부 족(Ndembu)에 대해서 빅토르 터너가 논증했고(1981, pp. 85-86, 180) 분류학에서 데이비드 헐이 보여주었듯이(1984, p. 638), 명명은 정체성 부여라는 목적을 지닌, 조심스럽게 수호되는 문화적 자원이다. 분류학의 이름은 분류학적 정체성을 가져다준다. 분류학의 명명에 의해 발견은 과학자의 전속물인 것처럼 설득된다 해도, 사실은 그 반대다. "언어와 사람이 있는 곳이면 어디에서든지, 세계의 압박에서 벗어나는 자유로움만이 존재하는 것이 아니다. 〈창세기〉의 심오한 설명에서 언급되었듯이 서식환경에서 벗어난 이런 자유로움은 우리가 사물에 부여하는 이름과 관련한 자유이기도 하다. 〈창세기〉에 따르면 아담은 생물체에 이름을 지어줄 권한을 하나님에게서 받았다"(Gadamer 1975, p. 402). 벌새에 대한 언어 묘사는 여기저기 흩어진 상세한 설명들로 구성된다. 이미 분류학적 공간을 마련한 새로운 생물체에 대해 이처럼 산만하게 흩어진 상세 설명들을 서로 어울리게 해야 하는 역설을 해결하는 것이 바로 명명이다(Barthes 1974, pp. 60-63, 94-95, 209-210).

진화적 종

진화적 종은 최소한 두 가지의 의미 연결망, 즉 진화이론에 관한 두 가지 해석의 일부이다. 첫 번째인 '강한 해석'에서, 수학적으로 표현되는 물리 법칙에서 직접 추론되는 사건들, 시공간의 사건들을 정량적으로 정밀하게 예측하고자 하는 공식화에서 종은 없어서는 안 될 부분이다. 두 번째로 '약한 해석'에서, 이와 같은 개념은 단일한 개념에 의지하여 공통점이 없을 것 같은 자연 세계의 수많은 현상들을 한데 아우르는 공식화에서 없어선 안 될 부분이다.

다윈 자신이 이런 진화이론의 두 해석을 낳은 원천이다. 고전물리학의 설명 모형에서 단서를 얻은 그는 『종의 기원』에서 강한 해석을 지지하여 말한다. "한줌의 깃털을 던져라, 그러면 명확한 법칙에 따라 모두가 바닥에 떨어질 것이다. 각각의 깃털이 어디에 떨어질 것인지의 문제는 얼마나 단순한가! 인도의 옛 폐허에 지금도 자라는 나무들의 비례적 개체수와 종류를 수세기에 걸쳐 결정해온 무수한 식물과 동물의 작용과 반작용의 문제에 비한다면 말이다"(1872, p. 86). 그는 또 다른 편지에서 이와 비슷하게 자신의 이론을 중력과 빛의 파동이론과 비교한다(1972, Ⅰ, 150; 1959, Ⅱ, 80, 83-84).

그렇지만 다윈은 진화이론에 대한 설명의 목표를 훨씬 덜 엄격하게 지니고 있는 듯이 보이는 이런 말을 하기도 한다. "가설은 오로지 풍부한 사실들을 설명함으로써 이론으로 발전한다". 가설은 "이해할 수 있는 관점으로 [이런 사실들을 연결한다]." 라이엘한테 보낸 편지에서, 다윈은 화석 기록과 관련해 약한 예측을 시도하면서 그가 '예언'이라고 불렀던 강한 예측을 특별히 대놓고 버린다(1959, Ⅱ, 80; p. 210; pp. 9-10). 사실 전체적으로 『종의 기원』은 진화이론의 약한 해석을 보여주는 사례다. 그런데 이런 약한 해석을 채택하는 것은 이론 정식화의 적합성을 판단하는 잣대인 반증가능성을 저버리는 것이다.

현대 분류학자들은 강한 이론을 지지하는가, 또는 약한 이론을 지지하는가? 다윈이 그랬던 것처럼 현대 분류학에서는 진화이론의 약한 해석이 지배적이다. 새로운 벌새 종에 관한 연구에서 피츠패트릭과 동료들은 전형적으로 예외적 특징들을 설명하기 위하여 수렴현상이라는 개념을 사용한다. 그러면서 그들은 "풍부한 사실들을……이해할 수 있는 관점으로" 연결하기 위해 진화이론을 이용하고 있다. 그렇지만 내가 살펴본 논문들에서, 리클레와 볼트, 그리고 패터슨은 그들의 정식화가 이론적으로 적합한지에 대한 주요한 판단기준으로서 반증가능성을 분명하게 인정한다. 그러면서 그들은 진화적 종을 강한 이론의 일부로서 받아들이는 듯하다. 하지만 그렇게 보일 뿐이다. 포퍼는 반증가능성을 분석하면서 위험 요소는 최대화되어야 한다고 주장한다. "심지어 (그리고 특별히) 그것이 곧 틀린 것으로 드러나더라도, 관심 대상인 문제를 대담한 추정에 의하여 해결하려는 시도"가 있어야 한다는 것이다(1965, p. 231: 원저자 강조). 처음 언뜻 보기에 리클레와 볼트의 진술이 이런 포퍼주의에 가깝게 보이지만, 주의 깊게 살펴보면 그들 주장의 과장된 본성이 드러난다. 이들 논문에서 저자들의 이론은 심각한 위험에 처해 있지 않다. 더욱이 진화이론은 결코 위험한 상황에 놓여 있지 않다.

사실, 리클레와 볼트 그리고 패터슨은 반증가능성에 뒤따르는 위험을 취하지는 않으면서도 반증가능성을 열어둠으로써 생기는 강한 인상의 이점을 취하고 있는 것이다.[5] 심지어 리클레와 볼트가 반증 가능하다고 말하는 바는 그들의 논증에서 중심적이지도 않다. 그것은 단지 예비 모형일 뿐이며, 그들 방법의 인공적 산물에 지나지 않는다. 그들은 뚜렷이 눈에 보이는 해부학적 특징들로 모형을 만들고 맨눈에는 보이지 않는 해부학적 특징들을 수단으로 삼아 이를 교정하는 길을 택했다. 쉽게 인정하듯이, 그들은 거의 맨눈에 보이는 특징들에서 직접적으로, 그리고 전적으로 최종적 모형을 구축할 수도 있었을 것이다. 만일 그렇게 했다면, 잠재적인 반증가능성은 사라져 버렸을 것이다. 왜냐하면 "몇 세대에 걸쳐 이빨이 연속적으로 동일 지점을 점유하고 있다는 [거의 육안으로 보이는] 증거"는 처음부터 명백하게 존재하지 않을 것이기 때문이다(Ricqlès와 Bolt 1983, p. 22).

패터슨이 리클레와 볼트보다 더 포퍼에 가깝지는 않다. 그의 모형은 정말이지 어떤 서투른 증거로도 위협받을 수 있기 때문에, 기술적으로 반증 가능하다. 그러나 이런 상황을 회피하기 위해 패터

◻

슨은 포퍼가 특별히 금했던 임시방편의 가설에 호소한다. "융기된 이동통로는……화이트 산맥에서 뻗어 나와 북쪽으로 갈리나스 지역에 이른다. E. 쿠아드리비타투스가 도달하기 이전에 **분명히**[나의 강조] 칩멍크가 먼저 이 통로를 통하여 갈리나스에 이주할 수 있었다"(1982, p. 395). 누구라도 이런 두 사례에서 특정 분류학의 주장이 설득적이라는 잘못된 인상을 심어주기 위하여 반증가능성이 동원된다는 결론만을 내릴 수 있을 것이다.[6]

차이점이 있기는 하지만 진화이론의 약한 해석은 중요한 점에서 강한 해석과 비슷하다. 둘 모두에서 자연선택은 자연과 화석기록에서 관찰되는 혈통의 계보인 계통발생론(phylogeny)을 만들어내며, 둘 모두에서 진화는 진행 이론이며 혈통의 이론이다. 분류학자들이 둘 중 어떤 해석을 취하더라도 그것을 완벽하게 확실하며 전적으로 믿을 만한 지적 토대 구축의 원천으로서, 또 그들이 관찰한 바를 해명하고 확장하기 위하여 믿음직하게 의지할 수 있는 관념적 설명으로서 이용할 수 있는 것은 바로 진화이론이라는 공유된 이론적 자원 때문이다. 진화이론에 바탕하여 진화생물학이 세워졌으므로, 당연히 진화이론은 공리와 같은 지위를 지닌다. 모든 논문에서, 종의 동정에 진화이론의 적합함은 확고한 것으로 받아들여질 수 있게 된다.

그러나 진화이론은 전혀 확고한 것이 아니다. 소칼과 크로벨로가 "될수록 현재의 상황과 가장 가깝게 맞아떨어져야 하는 이론적 이상"(1984, p. 540)인 진화적 종이 없더라도 분류학은 아주 훌륭하게 진행될 수 있다고 주장할 때, 그들은 혼자가 아니었다. 또한 그들의 대안적 접근인 표현론(phenetics)에 지지자가 없는 것도 아니었다. 그리고 표현론적 분류가 유일한 대안도 아니다. '변형된 분지론(cladistics)'의 지지자는 "신 다윈주의 또는 통합이론으로 이뤄지는 오늘날 자연에 대한 설명의 상당부분은 공허한 수사학일 수도 있다"고 믿는다(C. Patterson 1982, p. 119).

이런 문제의 핵심에는 진화이론을 확언하는 분류학의 고유한 패러독스가 존재한다. 진화이론이 옳다면, 종은 자연적 본성이 될 수 없으며 쿼크나 전자처럼 시간과는 무관한 정체성을 지닌 실체들일 수 없게 된다. 중간적 변이들에 관한 모든 지식은 종이 전적으로 역사적인 본성이라는 점을 보여준다. 에른스트 마이어의 고전적 저작 『계통분류학과 종의 기원(Systematics and the Origin of Species)』에 관하여, 닐스 엘드리지는 이렇게 말한다. "그가 전체적으로 문제를 다루는 방식은, 만일 누군가가 너무 멀리 나아가 자연선택과 적응의 원리를 진화의 모든 것인 양 끌어안는다면 계통분류학자〔분류학자〕한테는 더 이상 설명해야 할 것이 남지 않게 된다는 인식을 보여준다"(1982, p. xix). 다른 말로 말하자면, 진화이론에 대한 어떤 해석도 결국에는 종이 정당한 자연적 본성은 아니라는 것에 이른다. 진화적 종은 수사학의 구성이며, 종의 존재가 의지하는 그 이론의 완전한 의미를 피해야만 만들어지는 모순어법이다.

경쟁적 재구성 |

인식론의 문제 조지프 거스필드는 수사학의 분석은 보조적 지위를 지닌다고 강하게 주장한다. "이론적……적절성을 얻고자 하는 저작이라면 수사학의 구성요소는 피할 수 없을 듯하다. 그러므로 과학 저작의 분석은……그 경험적 요소뿐 아니라 수사학적 요소도 포함해야 한다"(1976, p. 31; 원저자 강조). 거스필드의 주장은, 수사학은 뒤로 밀어두고 과학에는 특권을 부여하는 과학과 수사학의 차별화에 의지하고 있다. 이런 관점은 분명하고도 유서 깊은 발원지를 갖고 있다. 아리스토텔레스는 수사학이 고유의 주제를 지니지 않기 때문에 하나의 영역이 되지 않는다고 역설한다. 더욱이 "누군가가 변증법이나 수사학을 기교가 아니라 과학으로 구성하려고 시도한다면, 그것들을 재구성하려고 시도하는 과정에서 단순한 논증의 과학이 아니라 일정한 주제의 과학으로 건너가게 됨으로써, 그는 무의식적으로 변증법과 수사학의 본질을 파괴하게 될 것이다"(Ross 1971, p. 272). 이렇게 경고하는 점에서, 아리스토텔레스와 거스필드는 법칙론의 분야가 해석학의 분야보다 인식론에서 더 우월하다는 관점을 공유하고 있다.

이런 관점에서 벗어날 때에, 수사학의 학문적 지위를 인식할 수 있는 길이 열린다. 수사학은 자신을 포함하여 모든 영역의 설득적 구조를 그 연구주제로 삼는다. 과학의 수사학적 구조들에 대한 연구로서, 과학수사학은 학제적 담론의 모든 구성요소들이 설명할 수 있는 범위 안에 존재한다고 가정한다. 거기에는 경험이나 이론의 핵이 존재하지 않으며, 수사학으로 분석된 요소들을 무시해야 훨씬 더 스스로 명확해지는 그런 본질적 과학은 존재하지 않는다. 학제로서 수사학은 고전물리학과는 다르게 작용하리라 기대될 것이다. 누구도 수사학의 법칙이나 수사학적 예측을 기대하지는 않는다. 그렇지만 수사학이 학제의 지위를 지녀야 한다는 주장은 근본적인 문제이다. 그렇지 않은 과학수사학은 어떤 한 영역이 아니라 여러 영역들에 부속되는 일단의 기교일 뿐이기 때문이다.

아리스토텔레스주의의 편견을 무시하면, 손쉽게 수사학을 역사, 성경해석, 그리고 문학비평과 같은 해석학의 학문들 곁에 둘 수 있다. 사실, 수사학의 학문적 지위는 훨씬 더 오래됐다. 수사학이 해석학 연구의 최초 조직체인 '원형의 인문학'(ur-Geisteswissenschaft)이라는 주장도 가능할 것이다. 수사학은 그 오랜 이력을 거치며 처음에는 철학에 의하여, 그리고 그 다음에는 과학에 의하여 빛을 잃었다. 철학과 과학 모두가 수사학의 범위를 제한했으며, 그 유용성을 사소한 것으로 만들었다. 그러나 그런 제한과 사소함은 수사학 이론의 본성 내부에 고유하게 존재하는 것이 아니다. 오히려 확실한 지식의 가능성을 위한 공간을 개척하고자 했던 서구문명화의 끊임없는 요구가 가져온 산물이다.

과학의 수사학을 옹호하는 학문적 주장은 지식의 영토에 대한 근본적 연방주의를 그 원천으로 삼는다. 수사학은 이 연방주의와 조화를 이루어 평등한 주권을 지니는 지식의 자치주들과 연합 활동을 하는 여러 학제들 가운데 하나이다. 여기에서 중심의 권위는 의도적으로 배제된다. 그런 권위의 주장(전통적인 철학과 신학의 주장들)은 아무런 이점을 지니지 않는다. 어떤 학문도 더 특권적이지 않거나 특권일 수 없다. 이 장에서는 그런 특권이 존재하지 않음을 예증하고자 진화분류학을 동등하게 유효한 두 가지의 방식으로 재구성했다.

이성적 재구성을 따르면 진화분류학은 진화적 종을 중심에 두는 학문이다. 사실, 그런 종이 실재한다는 믿음은 진화분류학자가 되려는 데에 필수 불가결한 것이다. 과학의 이성적 재구성은 과학 자체를 정당화하며 과학과 공존한다. 다른 한편으로, 과학의 수사학자들한테는 진화적 종의 실재성은 본질적으로 텍스트일 뿐이다. 수사학자들은 이렇게 주장한다. 과학자들은 "실재를 구축한다. 실재는 보편적 청중이란 말과 마찬가지로 가설적 구성물이다"(Karon 1976, p. 103).

이성적 재구성과 수사학적 재구성은 근본적 동기 부여에서 다르다. 이성적 재구성은 "객관화된 절차를 기술적으로 통제하려는 데 대한 인식론적 관심" 아래에 명확하게 포섭된다(Habermas 1971, p. 309; p. 212도 보라). 반면에 수사학적 재구성은 "생활양식의 상호이해를 지향하는" 실천적 이해관계를 분명히 보여준다. 이런 이해관계는 "다양한 실제 생활형식들의 초월적 구조를 향해 있는데, 실재는 그 각각의 실제 생활형식들 안에서 세계관과 행위의 특정한 문법에 따라 해석된다"(Habermas 1971, pp. 311, 195). 진화분류학의 설득 구조는 그런 문법의 일부이다.

진화분류학의 두 가지 재구성은 모두 동등하게 정당하다. 더 큰 관점에서 보면 불완전할지라도 각자는 그 자체로서 완전하다. 이런 자율성은 매우 근본적이어서 인식론의 문제를 낳는다. 그래서 기술적 관심과 실천적 관심은 각각 그에 걸맞은 인식론, 적절한 분석 기술들을 지닌다. 이 장은 둘을 대비하여 보여주느라고 이론화의 정당성을 담지는 못했다. 도대체 어떤 이유로 진화분류학이 재구성되며, 그런 두 가지 재구성이 비교되고 그 존재론적 균형이 추론되는가?

인식론의 해법 전통적으로 학제들을 초월하는 객관성은, 학제적 지식의 '작은' 왕국이 협애한 관점들에서 벗어나 '위로 솟아오르는' 능력에 달려 있다. 또 학제들이 '한정하는' 경계들 밖으로 나아가는 능력, 그들의 '지역적' 관심사를 초월하려는 능력에 달려 있다.

그런 객관성이 이 장의 이론적 핵심에 놓인 진술들을 가능하게 한다. 그러나 진화분류학에 대한 나의 분석은, 객관성이 여러 지식 자치주의 법률들(비트겐슈타인의 용어로 말하자면 이런저런 생활형식들)을 따르는 삶 속에 존재한다는 비트겐슈타인의 확립된 관점을 확인하는 것처럼 보인다. 이들 바깥에는 확실히 아무것도 존재하지 않으며 판단기준으로 활용할 수 있는 실재의 세계도 존재하지 않는다.

비트겐슈타인을 이토록 엄격하게 해석하는 것은 확실히 그럴듯하다. 여러 과학 분야들에서는, 중심 개념들의 존재론적 지위와 객관성이 오직 기술적 관심이라는 단일한 영역 안에서만 증대한다는 공통의 경험이 존재한다. 브라운 운동에 관한 아인슈타인의 논문이 원자의 실재성에 관한 온갖 의심을 잠재우지 않았던가? 왓슨과 크릭의 DNA 구조 발견은 유전 과정에 대한 기능적 설명에 확고한 물리적 의미를 제공하지 않았던가? 그러나 과학사를 조금만 더 들춰보면 이런 관점이 불완전하다는 것이 드러난다. 지구중심설에 맞선 갈릴레오의 싸움, 빛의 입자설과 싸운 영의 투쟁, 신의 설계를 따르는 논증에 반대했던 다윈 등, 각각의 사례들에서 중심 개념, 곧 과학적 '사실'(지구중심설, 입자설, 설계)은 기술적 관심뿐만 아니라 실천적 관심과 전통, 그리고 당대의 폭넓은 용도에 뿌리를 두고 있는 전제였음이 드러났다.

그리하여 비트겐슈타인을 엄격하게 해석하는 것은 과학을 '전적으로 이성적인 추구'로 오해하는 데 이른다. 사실, 이성적인 것과 수사학적인 것은 결코 정반대가 아니다. 매우 깊숙하게 우리 지적 유산의 일부가 된 둘의 대립은 주장되었을 뿐이지 증명되지는 않았다. 지식은 수사학적으로 구성된다는 소피스트의 교의를 무너뜨리기 위해, 플라톤과 아리스토텔레스는 아무런 선이 존재하지 않는 곳에다 확고한 선을 그었다. 그들은 개인 이상의 특권이 결코 주어지지 않는 독사(doxa : 주관적 견해나 인식 - 옮긴이)보다도 진정한 앎인 에피스테메(episteme: 학문 또는 과학 - 옮긴이), 곧 독립적 실재의 정확한 묘사를 더 높은 곳에 두었다.

서구 사상 안에서 여전히 강한 영향력을 행사하는, 플라톤과 아리스토텔레스 같은 명망가들의 이런 보증이 없었다면, 독사와 에피스테메의 부등성만을 바라보는 지금과는 달리 우리가 그 유사성도 바라보지는 않았을까? 속과 차이라는 **공동화제**가 없다면 가족 유사성에 의한 정의가 어디에 존재할 수 있겠는가? 분류는 비교라는 공동화제와 무관하게 존재할 수 있는가? 과학적 설명과 수사학적 설명 사이에 **본질적** 차이는 있는가? 또 과학적 정의와 수사학적 정의 사이에도 그런 차이가 있는가? 진화이론을 적용한다는 것은 선행과 후속이라는 공동화제의 체계적 활용은 아닌가? 이성적인 것과 수사학적인 것 사이의 갈등은 단지 내전이 아닐까?

이런 갈등의 휴전 협상을 위해서는, 어떤 학제의 의미보다 객관성과 합리성이라는 더 넓은 의미에 의존할 필요가 있다. 이런 넓은 의미는 하버마스가 말한 세 가지의 인간적 관심사 가운데 가장 중요한 세 번째 관심, 곧 해방적 관심에서 생겨난다. 해방적 관심의 목적 가운데 하나는 "[과학이 장려하는] 객관주의의 환상을 [파괴하는 것이며], 이는 그것이 감추는 지식과 관심의 연관성을 입증함으로써 이뤄진다"(Habermas 1971, pp. 316-317). 이런 해방적 관심을 실어나르는 매개수단이 비평, 곧 담론에 관한 담론이며 그것은 변증법적 양식에다 반어적 방식을 지닌다. 진화분류학을 매우 다른 두 방식으로 재구성하고서 이런 재구성을 비교하는 것은 바로 비평을 통해 이뤄진다.

내가 비평과 동일시하려는 바는 다름 아니라 더 넓고 초학제적인 수사학의 의미이며, 진화분류학의 텍스트에 아리스토텔레스『수사학』의 개념체계를 적용해 일찍이 보여주었던 것과는 다른 의미다. 이런 점에서 수사학은 학제가 아니라 시각(perspective)이며, 그 본질적 성격은 반성적이며 반어적이다.

적절한 정치적 은유를 동원하여, 케니스 버크는 수사학이 지닌 이런 시각의 의미를 포착했다. "말이 규율 바르고 의회에 어울릴 만한 발전에 참여하도록 장려되는 한, 이런 참여의 변증법은 [어떤 참여자 하나의 관점이 아니라 모든 말의 참여라는 관점에서 전체를 고려하는 관찰자 안에] 다른 성질의 '결과적 확실성'을 만들어내는데, 그것은 필연적으로 반어적이다. 왜냐하면 그것(전체 차원의 결과적 확실성—옮긴이)은 하위 확실성들이 모두 참도 거짓도 아니지만 무언가 **도움이 되는 것**으로 여겨지도록 만들기 때문이다"(1962, p. 513). 이는 정확하게 옳은 것처럼 보인다. 비평으로서 수사학의 관점에서 보자면, 과학의 합리성은 그 정당한 재구성들 사이에서 이뤄지는 끊임없는 변증법에 있다. 하나하나의 재구성은 견문을 갖춘 어떤 해석 집단의 동의를 대신하는 구실을 한다. 비슷하게 과학의 객관성은 이런 재구성들이 배열되는 지형에 의하여 구성된다. 그래서 그 지형들은 반어적으로 고찰되어야만 한다. 오로지 반어법이 전제될 때에만 그 지형들은 불일치의 짐을 벗을 수 있기 때문이다.

그리하여 수사학은 하나의 학제이면서 여러 학제들을 바라보는 하나의 시각이다. 학제로서 수사학은 해석학의 과제를 지니며 지식을 만들어낸다. 또 시각으로서 수사학은 비판적이고 해방적인 과제를 지니며 새로운 관점들을 만들어낸다.

이 장의 중심 목표는 해석학적인 것이 아니라 비판적이며 해방적인 것이다. 따라서 나는 새로운 시각을 정교화하고 입증하며 정제해왔다. 수사학과 합리성의 선명한 구분이 이치에 닿지 않는다는 점, 그런 구분에는 지나치게 편협한 관점이 뒤따르게 된다는 점을 보여주었기를 나는 바란다. 결론적으로, 나는 진화분류학의 객관성이 합리성에 의존하는 만큼 수사학에도 의존한다는 점을 보여주고자 했다.

4

◻

DNA 이야기

그 범접하기 힘든 제목에도 불구하고, 왓슨과 크릭의 논문「디옥시리보 핵산의 구조」도 수사학 비평가들의 기세를 꺾지는 못했다 (Bazerman 1981; Carlisle c. 1983; Halloran 1980; Limon 1986을 보라). 정말 그랬다. 그만큼 이 짧은 논문의 설득 효과는 엄청났다. 논문이 발표된 지 10여 년 만에, 그들의 연구결과는 생물학 연구의 성격을 영원히 바꾸어놓았다.

이 장에서 나는 왓슨과 크릭이 과학자들한테 그 구조의 옳음을 확신시키기 위하여 여러 설득 장치들을 사용했다는 비평가들의 주장을 되풀이해 강조하지 않겠다. 나는 좀더 급진적인 주장을 펼치고자 한다. 곧 이런 구조의 분자가 정말 존재한다는 의미, 즉 그 실재성의 의미는 설득을 위해 사려분별 있게 사용된 말과 숫자, 그리고 그림들의 결과라는 주장이다.

◻

이처럼 좀더 근본적인 주장은 종종 과학 전반에 대하여 이뤄지면서도 아직 확고하게 자명함을 보여주지는 못하고 있다. 그것은 '약한' 과학 분야, 예컨대 사회 '과학'에나 적용되지 입체화학 같은 '강한' 과학 분야들에는 적용되지 않고 있다(Brummett 1976; Kelso 1980; Douglas 1971; Overington 1977을 보라). 그러나 그 근본 주장은 완벽하게 보편적이다.

우리는 늘 존재론의 언명(commitment)을 한다. 일상의 언술은 무엇의 존재에 관한 주장들로 가득 차 있다. 이런 주장의 신뢰도는 그 주장이 이전의 존재론적 언명들에 들어맞느냐에 달려 있다. 과학의 존재론적 언명들은 수학과 논리학에서 유래한 판단기준들이 더욱 더 엄격하게 적용된다는 점에서만 일상의 언명들과 구분된다. 입체화학은 이성적 언명에 필요한 들어맞음의 정밀성이라는 측면에서 일상생활과는 다르다. 그러나 정확한 들어맞음이란 정밀성을 높이려는 전략이지 언명 자체의 등급은 아니다. 수학과 논리학은 무엇의 존재에 관한 우리의 지각에 어느 것도 추가할 수 없는 형식의 학문이다(Quine 1961).

과학지식에 존재론적 특권이 없음을 보이기 위해, 또 과학지식은 인식론적 다원성을 지닌다고 주장하기 위해서 자서전, 역사, 문학비평처럼 지식에 이르는 다른 길과 과학이 본질적 특성들을 공유한다는 점을 보여줄 필요가 있다. DNA 구조 발견의 사례에서, 다행스럽게도 우리는 비교할 만한 두 가지의 해석, 모든 점에서 뚜렷이 달라 서로 비교할 만한 해석을 볼 수 있다. 크릭과 공저한 왓슨의 첫 번째 발표에 나타난 과학적 설명과 『이중나선(The Double Helix)』에 나타난 왓슨의 자전적 설명이 그러하다.

▫

이 장에서 나는 그 두 가지 설명 모두가 공통의 토대를 상당히 지님을 강조하고자 한다. 크릭과 왓슨의 과학적 논문 발표는 동료들한테 이중나선의 존재를 설득하는 데 성공한다. 왓슨의 자서전은 동료들한테 과학적 실천에 대한 자신의 관점이 본질적으로 옳았음을 성공적으로 확신시켰다. 두 경우에 신념의 근거는 같다. 즉 새롭게 제시된 관점과, 실재의 구성에 관해 선호되는 관점이 서로 들어맞는다는 것이다.

서사로서 『이중나선』 |

1953년에 무명의 두 과학자 왓슨과 크릭은 동료 과학자들의 전반적 동의를 받아 20세기 생물학에 혁명을 일으킬 한 편의 논문을 발표했다. 논문에서 그들은 이용할 수 있는 증거들에 탁월하게 들어맞는 DNA 구조를 제창했다. DNA는 이에 앞서 이미 오래전부터 유전을 이해하는 열쇠를 지닌 것으로 여겨졌는데, 왓슨과 크릭이 제안한 구조인 두 가닥의 꼬인 나선 구조는 분자 수준에서 일어날 법한 생식과 유전의 방식을 강하게 암시했다. 이 구조의 핵심은 꼬이지 않은 채 분리된 나선 쌍의 짝 하나는 새로운 짝을 생성하는 주형이나 틀로 작용할 수 있다는 것이다.

1967년, 왓슨은 공동 발견에 대한 자전적 회고록 『이중나선』을 출간했다. 일부 비평가들은 왓슨이 강조하는 듯한 '치열한 경쟁'이 실제로 있었는지에 이의를 제기했다. 하지만 권위 있는 많은 증언들로 보아 왓슨의 표현은 본질적으로 개인 특유의 것이 아니며, 그의 세계관은 바로 당대 과학계의 세계관이었음을 우리는 확신할 수 있다. 앙드레 르보프는 그 책의 진실성에 관해 이렇게 말한다. "매력적인 책이다. 과학에 대한 주요한 공헌의 모든 단계들과 상황들이 처음으로 정밀하고 정확하게 기술되었다(1968, p. 137)." 제러미 번스타인은 그 책의 인간적 특성을 말한다. "과학에 관한 독특한 저작이다. 위대한 발견에 관한 이 책은 발견자 가운데 한 명이 발견 직후에 썼기 때문에 과학 저작을 흡사 예술 작품처럼 만드는 모든 인간적 세부 묘사들이 살아 있다" (1968, p. 182). 제이콥 브로노브스키는 그 책의 본질에 관해 이렇게 말한다. "이전의 어떤 공식적 설명도 하지 못했던 방식으로 과학의 정신을 전하고 있다" (1968, p. 382).

왓슨의 『이중나선』에 대해 이렇게 입을 모은 찬사들은 지금 보아도 놀랍다. 왓슨의 설명이 '서사적 현존감(narrative presence)'을 지니는 것이라 해도,[1] 그의 이야기는 분명히 과학자들한테 솔직한 얘기처럼 비친다. 『이중나선』에 따르면, DNA 구조의 발견은 서툰 두 명의 과학자에 의해 이뤄졌다.

서툴기로는 왓슨이 더 했다. 인디애나 대학의 대학원생으로, 그는 '화학을 전혀 배우지' 않고서 유전자 문제를 풀고자 했다. 왓슨이 화학 교육 훈련을 받지 못한 것은 순전히 그의 화학적 자질 부족 때문이었다. "벤젠을 데우기 위해 분젠 가스버너를 쓴 일이 있고 난 뒤에 나는 더 정통한 화학에서는 밀려나버렸다." 마찬가지로 그는 결정학에도 서투르며, 결정학에 필수적인 수학에도 어두웠다. 결정학자들은 분자 구조를 푸는 데에 커다란 발걸음을 내딛어왔다. 사실, DNA의 왓슨-크릭 구조를 마침내 확인해준 것도 결정학적인 증거였다. 그러나 왓슨은 "모든 결정학의 개념 가운데 가장 기초적인 브래그의 법칙도 잘 모른다". 왓슨보다는 수학에 더 능한 크릭이 결정학에 대해 어느 정도 설명해줄 수 있었지만, 왓슨한테 "수학은 잘 이해하기 힘들었다". 왓슨이 결정학 연구의 중요성을 알았다 해도 그는 그 주제에 관한 "고전적 논문의 내용 대부분을 이해할 수는 없었다"(1966, pp. 21, 41, 77, 111).

이처럼 서툰 과학자와 그 동료 과학자에게는 영국의 로잘린드 프랭클린과 미국의 라이너스 폴링이라는 두 명의 중요한 경쟁자가 있었다. 프랭클린은 등 뒤에서 누군가가 자기를 '로지(Rosy)'라고 부르면, 적의를 띤 채 몹시 화를 내곤 했던 여자 과학자다. '신랄한 미소'를 띤 "그의 말투에는 따뜻함이나 경박함의 흔적은 전혀 없었다"(1966, pp. 148, 68). 그의 '날선 반박'을 두려워하여, 또 "제대로 알지도 못하는 주제에 대해 함부로 말하지 말라는 말을 여자한테 듣기"가 싫어, 남자 과학자들은 프랭클린을 꺼렸다.

프랭클린한테서 풍기는 적의는 단순한 말뿐이 아니었다. 한번은 왓슨과 프랭클린이 대립했을 때에, 왓슨은 "그가 불같이 화를 내어 나를 칠지도 모른다"는 두려움을 느꼈다고 말한다. 왓슨이 프랭클린의 실험실 감독자인 윌킨스한테서 "몇 달 전에 프랭클린한테 치인 적이 있다"는 말을 들었을 때 이런 두려움은 더욱 확실해졌다. "페미니스트한테 가장 좋은 집은 실험실이었다"(1966, pp. 70, 166, 167, 20)라고 말하는 태도는 도처에서 분명하게 나타난다.

이와 대조적으로 왓슨은 더욱 중요한 경쟁자인 라이너스 폴링에 대해서는 크나큰 존경을 보인다. 왓슨에 따르면, 폴링은 "화학자들 가운데 가장 위대한 인물"이며 "이온의 구조 화학에 관한 세계적 권위자"이다. 그의 저서 『화학 결합의 특성』(The Nature of the

Chemical Bond)은 "걸작품"이다(1966, pp. 18, 80, 101).

왓슨과 크릭이 이런 굉장한 경쟁자들에 대해 어느 정도는 알고 있었고, 사실 상황이 자신들에게 유리하지만은 않다는 것도 알고 있었다. 하지만, 왓슨과 크릭은 지속적으로 "노벨상을 향하여〔폴링과〕경쟁"을 벌였다(1966, pp. 163, 130, 184). 반면에 그들은 프랭클린의 업적에 대해서는 어리석게도 계속해서 잘못 이해했다. 이처럼 더듬거리며 나아갔지만 그들은 결국에 어떤 구조를 창조했으며 프랭클린을 포함한 일부 동료 과학자들을 초청해 이를 살펴보고 감탄하게 만들었다. 프랭클린도 그것을 보았다. 그러나 그는 견고한 과학적 근거에 바탕을 두어 그 모형에 반대했다. 프랭클린은 "자신이 제안한 DNA 표본들의 수분함량을 〔왓슨이〕잘못 사용하고 있을지 모른다는 당혹스러운 사실"을 밝혀냈다. "정확한 DNA 모형은 우리 모형에서 발견된 것보다 최소 10배 이상의 수분을 함유해야 한다는 난감한 진실은 분명해졌다." 프랭클린과 그의 보조연구원 고슬링, 그리고 윌킨스가 50마일을 달려온 것이 두 어릿광대 과학자들의 '미숙한 허튼소리' 때문이었음이 명확해진다(1966, pp. 94-95). 부분적으로 이런 대실패의 결과로 인해, 브래그는 왓슨과 크릭의 DNA 연구를 중지시켰다.

그렇지만 그들은 고집스럽게 나아갔고 결국 승리했다. 하지만 프랭클린은 잘못된 길을 걸어 나선구조에 반대하는 주장을 폈다. 그리고 폴링은 심하게 비틀거렸다. 폴링은 DNA 구조를 발표했지만 그의 논문은 기본에서 화학적 결함을 지니고 있었다. 그것은 분명히 지나치게 서둘렀기 때문에 나타난 결과였다. 왓슨은 자신이 그 구조를 푸는 데 어림잡아 6주가 걸렸다고 말한다. 놀랍게도 이 짧은 시간에 해법이 그의 손에 들어왔다. 사실 샤가프의 염기 비율이 없었다면, 케토형에 관한 도나휴의 권고가 없었다면, 프랭클린, 고슬링, 윌킨스의 연구가 없었다면, 라이너스 폴링의 아들 피터 폴링이 제공한 내부 정보가 없었다면, 저명한 결정학자이자 왓슨과 크릭이 속한 캐번디시 연구소의 소장인 로렌스 브래그의 다소 어리숙한 인내심이 없었다면, 그리고 마지막으로 왓슨과 크릭 가운데 한 명이 없었다면, 왓슨과 크릭 두 사람은 결코 성공하지 못했을 것이다. 그러나 성공이 찾아왔을 때, 그것은 확실히 달콤하고 음미할 만한 것이었다.

샤가프 법칙이 갑자기 DNA 이중나선 구조의 결과물로 부각되었다. 무엇보다 나를 흥분시켰던 사실은 이런 이중나선형이 내가 잠시 생각했던 '같은 꼴끼리의 짝짓기' 보다도 훨씬 더 만족스럽게 복제의 도식을 보여준다는 점이다. 아데닌은 늘 티민과 짝을 짓고, 구아닌은 시토신과 짝을 짓는다는 것은 서로 얽힌 두 가닥 사슬의 염기서열이 서로 상보적이라는 것을 의미했다. 한 가닥 사슬의 염기서열이 정해지면 상대편 사슬의 염기서열은 자동으로 결정되었다. 그 결과 개념적으로 상보적 서열을 지닌 사슬을 합성할 때 한 가닥의 사슬이 또 다른 사슬의 주형이 될 수 있다고 상상하기는 매우 쉬운 일이었다.

왓슨과 크릭의 연구 결과들은 '거의 믿기 어려운 일' 이었다. 그들은 '생물학의 혁명을 일으킬' 발견을 이루었다. 크릭은 '흥분의 정도가……날마다 고조되는 것' 을 느꼈다. 두 젊은 과학자들 주변의 사람들은 "다윈의 저작 이후 생물학에서 아마도 가장 유명한 사건에 참여하고 있는" 중이었다(1966, pp. 196, 198, 199, 214, 220-222).

이런 환호의 정당성은 라이너스 폴링과 로잘린드 프랭클린도 분명하게 인정했다. 프랭클린은 이들의 연구 결과에 동의했다. 벨기에에서 열린 솔베이 학술회의로 가는 길에 캐번디시 연구소를 방문한 폴링도 주저없이 항복했다. "모든 적절한 카드들은 우리(왓슨과 크릭—옮긴이) 손 안에 있었고, 그래서 그(폴링—옮긴이)는 우리가 해답을 갖고 있노라고 자기 견해를 품위 있게 밝혔다"(1966, p. 222).

수사로서 『이중나선』 I

『이중나선』에서 왓슨의 세부묘사는 대체로 적절했다. 사실 그는 세부묘사에 대해 적절히 조심성을 발휘해 혹독한 비평가들 가운데 한 명한테서 찬사를 듣기도 했다.[2] 그러나 다른 사람들의 내밀한 삶에 대한 그의 통찰은 종종 경계에서 멀리 벗어나 있었다. 그 이해력의 결점은 윌킨스와 샤가프가 자신들의 진의는 이렇다며 밝힌 바를 보면 분명해진다. 더욱이 프랭클린, 라이너스 폴링, 크릭, 그리고 왓슨 자신에 대한 인물 묘사는 심각하게 왜곡됐음을 보여주는 증거도 상당히 많이 있다.

왓슨은 로잘린드 프랭클린이 자신의 모형을 받아들였을 때 "몹시 놀랐다"(1966. p. 210). 하지만 그렇게 놀랄 이유는 없었다. 왜냐하면 사실 그와 프랭클린은 양립할 수 있는 길을 따라 사고하고 있었기 때문이다.[3] 폴링이 왓슨과 크릭의 모형을 받아들인 일에 대해 왓슨이 비아냥거리는 듯한 반응을 보인 것도 선뜻 이해되지 않는다. 그 유명한 화학자는 솔베이에서 관대하게도 "왓슨-크릭 구조는 본질적으로 옳을 가능성이 매우 크다" "그 구조의 정식화는……근래의 분자 유전체학 분야에서 가장 위대한 진전으로 판명될 것이다"라고 선언했다(1952, p. 113). 더욱이 폴링도 DNA 구조 문제를 서투르게나마 풀고 있었지만, 해법 찾기에서 그가 단지 6주의 시간만 뒤떨어져 있었던 것도 아니었다. 그는 회고조로 "만일 왓슨과 크릭이 지속적 노력을 기울이지 않았다면……이중나선의 발견은……아마도 몇 년 동안 늦춰졌을 것이다"라고 말했다(1976, p. 771).[4]

이런 정황으로 볼 때, 왓슨의 두려움은 스스로 나온 것이며, 그의 적들 또한 스스로 만든 것처럼 보인다. 그들은 단지 훌륭하고 야심적인 과학자들일 뿐이다. 또 자신을 서툴고 실수가 잦은 사람으로 일관되게 그리고 있는 왓슨 역시도 훌륭하고 야심적인 과학자다. 그의 교육훈련은 뛰어났다. 그의 스승이었던 루리아와 델브뤽은 모두 노벨상을 수상했다. 그의 실험실이 있는 캐번디시는 노벨상 수상자에 의해 운영되었으며 영국에서 가장 훌륭한 연구소 가운데 하나였다. 왓슨은 노벨상 수상 이후에 대체로 관리자의 길을 선택했지만, 세계적 명성을 지닌 그의 콜드 스프링 하버 연구소는 "최상의 학생들과 최상의 박사후연구원들을 확보하고 최상의 연구를 벌였다"(Zukerman 1977, p. 235에서 재인용).

물론 크릭은 발견 이후에 이와는 다른 과학 분야 경력을 갖춰나갔다. 그는 이제 프란시스 크릭 경이다. 『이중나선』이 출간되던 무렵에는 자신에 대한 왓슨의 인물 묘사에 불만이 너무도 많아 자신의 전 동료를 상대로 소송을 낼 것이라는 소문이 돌았다. 발견 후 21년이 지난 뒤에 당시를 회상해달라는 요청을 받자, 크릭은 『이중나선』에 필적하여 자신이 쓸지도 모를 자서전을 마음속에 그렸다. 그 책에는 『느슨한 나사(The Loose Screw)』라는 제목이 붙여질 것이며 책의 첫머리 문장은 왓슨의 책 첫머리를 짓궂게 패러디한 것이 될 것이라고 했다(1974, p. 768).

왓슨의 자서전에 나타난 왜곡은 일정한 패턴을 지닌다. 그는 일관되게 자신한테 요정설화의 막내아들 역할을 부여했다. 예를 들어 〈여왕벌〉이란 이야기에서 세 형제 가운데 막내인 멍청이('더믈링')는 세 가지 과제를 완수해 아름다운 공주의 손을 잡는다. 세 가지 과제 가운데 첫째는 숲속 여기저기에 뿌려진 1,000개의 진주를 줍는 것과 관련한 것이다. 막내 동생을 조롱했던 두 형들은 과제를 완수하지 못하고 실패해 돌로 변했다. 더믈링은 성공하는데, 그 성공은 형들 손에 붙잡힌 개미들의 생명을 구해준 뒤에 개미 집단의 도움을 받아 이뤄질 수 있었다. 이와 비슷하게 더믈링은 오리와 벌들의 도움을 받아 나머지 과제를 완수한다. 결국에 그는 "가장 젊고 매력적인 공주와 결혼하여 왕이 숨진 이후에는 왕위에 올랐다"(Grimm and Grimm 1980, p. 242: 저자 번역).

이 이야기에서나 〈황금새〉와 〈황금거위〉 이야기에서 구현된 주제에 따르면, 삶은 투쟁이며 그 투쟁의 최고 보상은 대체로 다른 동물들로 비유되는 다른 이들의 도움이 있어야만 얻을 수 있다는 것이다. 비록 덜떨어졌다는 평판을 들어도, 이런 도움이 있다면 주인공의 성공은 보장된다. 한 마디로, 이런 다양한 설화들은 모두 밑바탕에 하나의 근본적 서사 구조를 지니고 있다.

다양하게 변형된 줄거리의 민속설화에 관하여 프로프는 이렇게 말한다. "생물과 마찬가지로 설화는 자신을 닮은 형식만을 만들어낼 수 있다. 설화 유기체의 어떤 세포가 더 큰 설화 안의 작은 설화를 이루면, 그것은 모든 요정설화들과 마찬가지의 규칙에 따라……구축된다." 설화 이야기꾼의 입장에서 이런 규칙들이 창조성을 저해하지는 않는다. 규칙은 단지 "민담의 이야기꾼이 결코 창조하지 않는 영역과, 그가 어느 정도 자유롭게 창조하는 영역을 구분지을 뿐이다"(1984, pp. 78, p. 112).[5]

이처럼 밑바탕이 되는 서사 구조가 스스로 반복하며 설화에서 설화로 전해지는 것은 우연이 아니다. 왜냐하면 그 매력은 깊은 심리적 뿌리들을 지니고 있기 때문이다.

> 분명하게도, 이것은 성장에 대해 품는 아이들의 환상이다. 우리가 어릴 적에 어떻게 느꼈는지 회상해보자. 한 어린 아이가 있는데……그보다 나이 많은 형제들이 한때 자신을 내치거나 여러 일들을 자신보다 더 잘 해낼 때, 또는 어른들(최악의 경우에는 그의 부모)이 그 아이를 놀리거나 얕볼 때, 완전히 좌절한 그 아이가 어떻게 느낄지를 상상해보자. 우리는 아이가 종종 자신을 버림받은 '멍청이'처럼 느끼는 이유를 알게 될 것이다. 미래의 성취에 대한 과장된 희망과 환상만이 그런 저울들의 균형을 잡을 수 있기 때문에 아이들은 계속하여 살아가며 경쟁할 수 있는 것이다.(Bettelheim 1977, p. 125)

이런 식으로 읽자면, 폴링과 프랭클린은 위협적 어른이나 나이 많은 형제이며, 왓슨은 어린 바보가 된다. 폴링은 왓슨의 경외 대상이고, 프랭클린은 분노의 대상이다. 왓슨이 DNA 구조를 푸는 데 결국 직관으로 작용한 크릭의 도움, 윌킨스와 도나휴의 조력은 동물들의 도움과 비견된다. 노벨상은 아름다운 공주의 손, 그리고 왕국의 승계와 동의어다.

이런 독법은 나만의 새로운 것은 아니다. 도서평론가들, 특히 과학평론가들에 의해 이미 제시됐다. F. R. S.는 "로렌스 브래그는 이야기 전체에서 볼 때 나쁜 요정 계모"라고 했다(1968, p. 62). 그리고 제이콥 브로노브스키는 그 줄거리를 "우스꽝스런 불운에 잇달아 채이다가 결국에는 어쩔 수 없이 가장 흥미진진한 모험에 빠져드는 민담의 주인공 같지 않은 주인공, 마법에 걸린 일곱 번째 아들에 관한 고전적 우화"라고 부른다(1968, p. 381). 피터 메더워는 왓슨의 "어린이 같은 시선"을 지적했고(1968, p. 5), 우호적이지 않은 비평가인 로버트 신샤이머는 그 책은 "왜곡되고 무정한, 아이처럼 불안정한 인식으로 가득하다. 그것은 시기와 옹졸의 세계이며 경멸과 조롱의 세계다"라고 제대로 지적했다(1968, p. 4; Lwoff 1968, p. 137도 보라).

이런 요정설화 저변의 패턴을 왓슨이 선택하고 그것의 심리적 힘에 의지하는 것은 자기 감정의 소용돌이에 사로잡힌 젊은 과학자의 마음 상태를 재현하고 흥분된 시간의 강렬한 흐름을 다시 만들어내려는 계산된 전략이다. 그는 서문에서 이렇게 말한다. "나는 그 구조가 발견된 이후에 알게 된 많은 사실들을 고려한 사후 평가를 보여주기보다 오히려 관련된 사건과 인물들에 대해 당시에 내가 느낀 첫 인상들을 재현하고자 하였다. 비록 전자의 접근방식이 좀더 객관적일 수 있을지언정, 그것은 젊은이다운 오만과, 진실은 아름답고도 단순할 것이라는 믿음을 특징적으로 보여주는 모험 정신을 전하는 데에는 실패할 것이다"(1966, p. xi).

◻

왓슨이 말 그대로의 진실보다는 심리적 진실을 의도적으로 선택했음은 그 책의 구조에서도 드러난다. 『이중나선』에서 중심적 이야기의 틀을 짜는 것은 그 사건이 있은 지 3년 뒤로 설정된 제목 없는 프롤로그와 작가의 현재 시점으로 설정된 에필로그다. 그리고 이들 두 부분이 공유하는 기조는 책의 나머지 부분들과는 눈에 띄게 다르다. 프롤로그와 에필로그는 젊은 시절의 자아를 전체의 시야로 바라보기 위하여 왓슨이 이용한 문학적 장치들이다.

젊은 남자로서 왓슨은 로잘린드 프랭클린을 제대로 인식하지 못했다. 그래서 그는 에필로그에서 반성조로 "종종 여자는 진지한 사고와 어울리지 않는다고 여기는 과학계에서 인정받으려고, 그 지적인 여인이 마주한 투쟁들을 몇 해가 지나서야 너무도 뒤늦게 〔깨달았다〕"고 말한다(1966, p. 226).[6]

리처드 르원틴이 적절히 정식화했듯이, 『이중나선』은 "마음을 끌어당기는 그리고 때때로 흥분시키는 책이다. ……왜냐하면 그것은 친숙한 어휘들을 이용해 〔과학자들의〕 내밀한 꿈에 대해 말하기 때문이다"(1968, p. 2). 이것은 결정적인 특징이다. 왓슨의 문학적 재능 가운데 주된 요소를 이루는 서사적 현존감은 과학자들한테 설득적이다. 왜냐하면 그것은 특정한 인생관에 맞춰 채워지기 때문이다.

왓슨이 이 책에서 자신의 과거를 일부러 잘못 해석하는데도 다수 과학평론가들은 이에 열정적으로 반응했다. 그 책의 저변에 흐르는 서사 양식, 즉 역사의 정확성보다도 더 깊은 진실을 담는 데 뿌리를 두는 그런 양식을 발견하기 때문이다. 과학자들은 자신의 세계를 경쟁적인 것으로 바라보며, 그것이 젊은 시절에 명성을 얻으면 분분한 논쟁에 휩쓸려야 하는 세계라는 것을 알고 있었다. 그러나 왓슨과 더블링이 그러했던 것처럼, 그들은 이미 성공한 사람들이었다. 달리 말하여, 과학자들은 『이중나선』의 인생관이 그들 자신의 인생관과 너무도 가깝게 어울리기 때문에 『이중나선』이 설득적임을 알게 됐다. 왓슨이 제시한 관점과 그들 자신이 선호하는 현실의 관점 사이에 들어맞음이 존재하는 것이다.[7]

왓슨-크릭 논문의 수사학적 분석 |

『이중나선』에서 왓슨은 경쟁자인 폴링의 글을 읽은 일에 관해 말한다. 폴링의 논문은 단백질의 중요한 구조 요소인 다른 나선, 곧 '알파나선'을 설명한다. 왓슨은 이 논문에 대해 "그것은 특유의 문체로 작성됐다"고 말한다. 폴링의 후속 논문들에 대해 그는 "그 언어는 현혹적이고 수사적 기교들로 가득하다"고 말한다(1966, p. 35).

왓슨의 논평에 담긴 진의가 무엇이든 간에 바탕이 되는 그의 가정이 일반적으로 옳다는 것을 우리는 의심할 수 없다. 왜냐하면 과학자들은 누구나 동료한테 자신이 말하는 바가 옳고 중요하다고 설득하게 마련이기 때문이다. 과학계에서 '사상의 시장'은 너무도 붐벼 대부분의 과학 논문들은 무시된다. 그리고 이렇게 무시되면 "하찮은 것 또는 옳지 않은 것으로 여겨진다"(Gilbert 1976, p. 294). 예컨대 화학에서는 열 번 이상 인용되는 논문은 백 편 가운데 한 편뿐이며, 천 편 가운데 대략 한 편만이 예순여섯 번 안팎으로 인용될 뿐이다(Small 1978, p. 330).

폴링의 알파나선 논문의 수사학을 살펴보면, 우리는 그가 자기 홍보를 하고 있음을 알 수 있다. 논문의 서두에서 그는 자신의 예측을 "믿을 만한 것"이며 자신의 구성을 "합리적인 것"이라고 말한다. 그가 찾아낸 바는 "중요한" "발견"이었다(Pauling, Corey, Branson 1951, p. 205). 왓슨과 크릭은 DNA에 관한 첫 논문에서 이런 자기 선전의 정신을 흉내낸다. 서두에서 그들은 "디옥시리보핵산(D. N. A.)의 염기에 대한 구조를 제안하고자 한다. 이 구조는 생물학적으로 상당히 흥미로운 진기한 특징을 지닌다"고 말한다. 그들의 열변이 초점을 맞춘 것은 다름 아니라 바로 이런 생물학적 함의였다. "우리가 가정했던 특정한 짝짓기는 곧바로 유전물질에 대한 복제 메커니즘의 존재가능성을 암시한다는 것을 우리는 알아차렸다" (1953b, p. 737). 첫 번째 구절에서 '진기한' '상당히' 같은 과감한 함축은 '제안' 같은 짐짓 소심함과는 대비된다. 두 번째 구절에서, 이 소심한 어휘를 반복한 것은 들머리 구절에 나타나는 곡언법 (litotes)과 부사의 과장법(hyperbole)을 더욱 강화한다. 한마디로, 우리는 반어법(irony)을 접하게 되는 것이다.[8]

이런 반어법을 분석하기에 앞서, 우리는 인식에 나타날 수 있는 어떤 차이를 다룰 필요가 있다. 이 논문들의 수사는 우리한테 '현혹적'일 정도로 여겨지지 않을 수도 있다. 하지만 결국에 그것은 정도의 문제이다. 논문의 맥락에서 보면, '진기한' '상당히' 그리고 '곧바로' 같은 어휘들은 사실상 함축의 네트워크를 이루며, 그것은 '산성의 수소 원자' '음 전하를 띤 인산염' (1953b, p. 737) 같은 주변 언어가 지닌 정말이지 수평적이고 명시적인 면을 배경으로 삼아 크게 두드러지게 된다. 이런 대비를 사소하게 보는 사람들한테는 음악적 비유가 도움이 될듯하다. "상대적으로 매우 정적인 음정만을 쓰는 팔레스트리나 같은 스타일에서, 음정 긴장의 작은 차이들은 크나큰 음악적 중요성을 지니게 될 것이다. 그의 선율 흐름 대부분은 한 계단 한 계단씩 나아가기 때문에 한 번이라도 건너뛰면 상대적 긴장을 표현하게 된다"(Erickson 1957, p. 37).

적절한 과학적 현존감을 지니려면, 진기하다는 특징을 지닌 분자 모형은 그런 특징에 어울리는 방식으로 서술되어야 한다. 그런 어울림의 판단기준으로 정밀성을 확립하기 위해, 먼저 왓슨과 크릭은 기존의 설명들을 살펴본다. 폴링과 코리의 모형에 관하여, 그들은 반데발스의 거리와 같은 결정적 세부내용에 의문을 제기한다. 프레이저의 모형에 관해서는 그런 세부내용이 없음에 의문을 제기한다. 그리하여 동일한 판단기준 덕분에 왓슨과 크릭은 폴링과 코리 모형을 그 특정한 특징들이 기존의 화학지식과 조화하지 않는다고 비판할 수 있으며, 프레이저의 모형이 '다소 불명확' 하다는 이유로 그것을 당장 각하시킬 수 있다(1953b, p. 737). 다른 이들의 설명들에는 반어적인 찬사를 보냄으로써 왓슨과 크릭은 자신들의 문제가 중요함을 기정 사실화하는 동시에 그 해법을 위한 개념의 공간을 창출한다.

그들의 설명은 열린 방식으로 기획되어 반박을 피할 수 있다. 그것은 경쟁모형들을 압박하는 데 동원된 비판과 동일한 비판을 받을 여지를 일부러 남겨두었다. 왓슨과 크릭은 자신들의 복잡한 구조가 지닌 공간적 차원과 방위를 정밀하게 설명한다. 예를 들어 그들은 "(데카르트 공간에서 세 번째 차원인) z 방향으로 34옹스트롱마다" 당 잔기가 각 나선형 사슬에 수직을 이룸을 보여준다(1953b, p. 737). 훨씬 더 쉽게 비판할 수 있도록 그들은 또한 자신들의 모형을 묘사한다. 수직 축이 갈라놓은 사다리 모양 염기쌍들의 수평적 배열에 의해 자리를 유지하는 수직의 이중나선이 과감한 그림으로 제시된다. 방향 표시 화살은 나선들이 마주보는 느낌을 준다. 이런 식으로 언어와 시각의 단서들이 결합하여 이 모형은 설명과 그림묘사와는 무관하게 인식 가능한 실체, 곧 분자라는 것을 내비친다.

그러나 이런 설명과 그림묘사의 기초는 우리가 3차원의 현실에서 보고 만질 수 있는 물리적 대상물이 아니라는 점을 기억해야 한다. 그것은 2차원의 엑스선 회절 영상이며, 그 영상의 3차원은 완전히 추론의 산물이다. 글과 그림으로 이뤄진 왓슨과 크릭의 해석은 글과 그림을 통한 글과 그림의 해석이다.

왓슨과 크릭은 논문의 가장 많은 부분을 단연 DNA 분자 모형을 설명하는 데 할애했다. 그 모형의 정적 구성은 정밀하게 들어맞음으로 인해 신뢰되며, 이전에는 따로 존재하던 화학적 사실들, 특히 염기쌍의 비율이 지속적으로 1의 값에 근접한다는 사실이 이해된다. 그러나 이런 업적은 두 가지 설득 목표들 가운데 작은 것만을 완수한다. 왓슨과 크릭은 DNA가 아무리 정확히 묘사된다 해도 또 하나의 적당한 분자복합체일 뿐 아니라, 또한 '생물학적으로 상당히 흥미로운' 것이라는 점을 장담했다. 이런 장담이 반어적 함축을 지닌다면, 두 연구자들이 그것을 지지하는 데에 그토록 적은 시간을 들이는 것은 이상한 일이다. 우리는 단 하나의 문장만을 볼 수 있는 것 같다. "우리가 가정했던 특정한 짝짓기는 곧바로 유전물질에 대한 복제 메커니즘의 존재가능성을 암시한다는 것을 우리는 알아차렸다."

이런 수수께끼에 대한 답은 '곧바로'라는 부사의 수사학적 기능에 담겨 있다. 정말로 그것은 독자들한테 DNA 분자의 설명과 그림을 다시 살펴보라고, 지금까지 정적으로 바라봤던 실체의 역동적 가능성을 이해하라는 지시다. 우리는 방금 설명한 정적 구조를 새로운 방식으로 인식하도록, 게슈탈트 변환을 경험하도록 요청받는다. 어떤 의미로 볼 때에 '곧바로'는 수사학적 과장, 곧 과장법이며 다른 의미로 볼 때에 그것은 그렇지 않다. 우리는 순식간에 그 분자의 역동적 가능성을 이해하지 못할지도 모른다. 그러나 일단 이해할 수 있다면 우리의 인식은 즉시 일어나는 게 분명하다. 그러면 그 분자는 새롭고 더욱 흥미로운 맥락, 멘델 유전학의 맥락에 아름답게 딱 들어맞게 된다. 논문의 들머리 문장의 장담을 완전히 만족시키는 것은 다름 아니라 이제 역동성을 지니게 된 분자가 후자(멘델 유전학—옮긴이)의 맥락에 들어맞는 것, 바로 그것이다.[9]

나는 이 장에서 『이중나선』과 「디옥시리보 핵산의 구조」가 주제뿐 아니라 설득의 목적도 공유한다고 주장한다. 『이중나선』은 많은 과학자들한테 그 책이 자신들 개인의 과거와 비견되는 어떤 과거의 진수를 담고 있다고 믿게 한다. 마찬가지로 「디옥시리보 핵산의 구조」는 많은 과학자들한테 왓슨-크릭 모형이 중요한 분자에 대한 정확한 설명이라고 믿게 한다. 자전적 설명과 과학 논문 모두에서, 문체와 내용은 설득의 목적을 지원한다. 우리는 한 손에 수사학을 들고 다른 한 손에 과학 또는 자서전을 들고 있는 게 아니라 둘의 융합을 들고 있는 것이다.

「디옥시리보 핵산의 구조」의 분석도 『이중나선』의 분석과 비견되는데, 이런 비견 역시 우연이 아니다. 사실 과학 이론은 의도적으로 명쾌하지만, 반대로 자기 삶에 대한 왓슨의 '이론'은 명쾌하지 않다. 그렇더라도 이런 차이는 인식론적으로 중요하지 않으며 두 종류의 설명 사이에 놓인 본질적 차이를 보여주는 것도 아니다. 과학 이론은 지식을 생산하는 반면에 자기 삶에 대한 왓슨의 '이론'은 그렇지 못하다고 주장하는 것은 잘못이다. 사실 문학 작품들의 바탕 구조, 우화와 같은 구조들은 심미적 대상들의 통일성을 증대시킬 뿐이며, 우리 역시 그 대상의 일부를 이룬다. 그런 구조들이 지식을 생산하지는 않는다. 그러나 『이중나선』의 바탕 양식은 그런 구조가 아니다. 그것은 엄격한 의미에서 이론이다. 한 인생의 사실들을 설명하기에, 그것은 지식을 생산하며 경험적인 사실 여부를 확인할 수 있는 것이다.

두 경우 모두에서, 이런 지식은 사실의 구축 이상이다. 왓슨이 쓴 자서전의 경우에, 설득은 서사적 현존감이 만들어내는 산물이며, 과학의 인생 저변에 깔린 듯한 어떤 양식을 고수함으로써 형성되는 사실들 곧 그런 인생의 '이론'이 만들어내는 산물이다. 또 그가 쓴 과학 논문의 경우에, 설득은 설명과 절차의 현존감이 만들어내는 산물이며, 바탕을 이루는 입체화학과 유전학 이론들이 형성한 사실들이 만들어내는 산물이다. 왓슨이 하는 서사의 요점은 이런저런 사건들이 일어났다는 게 아니라 그것들이 특정한 의미를 지니고 있다는 점이다. 또한 과학 논문에서, DNA 분자 구조 자체는 그 분자가 지닌 놀라운 생물학적 중요성을 허용할 수는 있어도 반드시 수반하지는 않는다.

제 **2** 부

과학의 문체, 배열, 그리고 발명

5

생물학 산문의 문체

아인슈타인은 이론물리학에 대해 이렇게 말했다.

> 그 체계의 구조는 이성의 작품이다. 따라서 경험적 내용들과 그 상호관계는 이론의 결론에서 재현(representation)되어야 한다. 바로 이처럼 재현 가능하다는 점에서, 전체 체계 그리고 특히 그 바탕이 되는 개념들과 근본 원리들의 유일한 가치와 정당화가 나타난다. 이와 별개로, 개념과 근본 원리는 인간 지성의 자유로운 발명품들이어서 지성의 본성이나 다른 어떤 선험적 방법에 의해 정당화되는 것은 아니다.(1954, p. 272)

아인슈타인은 "방금 전에 내가 밝힌 과학 이론의 토대들이 순수 창작의 성격을 지닌다는 견해는 18, 19세기에는 결코 널리 퍼지지 않았다"는 점을 잘 알고 있었다(1954, p. 272). 아니 그것은 20세기에도 마찬가지이다. 아인슈타인의 견해를 따르면 사실과 이론, 예컨대 스넬의 굴절법칙과 그에 관한 설명은 구분된다. 스넬의 법칙은 사실이다. 그러나 그것을 설명하는 이론들(빛의 이론들과 반투명체의 이론들)은 아인슈타인의 표현대로라면, '인간 지성의 자유로운 발명품'이며 '창작품'이다. 만일 과학이 그런 '창작품'에 관한 것이라면, 수사학은 그것을 분석할 때에 중심 구실을 하게 된다. 그리고 수사학의 중심 개념들인 문체(style), 논거 배열(arrangement), 논거 발명(invention)을 제대로 배치한다면, 적절한 지적 수확을 얻을 것이다.

이 장에서 나는 과학 산문을 분석할 때에 이런 중심 범주들의 하나인 문체가 의미 있다고 주장한다. 또한 과학 산문에서 특정한 구문론을 취사선택하고 특정한 의미론적 전략을 체계적으로 과용한다는 점이 과학적 메시지의 중요한 부분이라는 것이 나의 주장이다. 내가 주목하는 과학 산문의 특징들은 일반적으로 그런 속성으로 여겨지고 있다. 사례들을 보면 과학 산문은 복합 명사구들이 지배하는 수동태에 의존함을 알 수 있다.[1] 왜 그럴까?

과학 산문의 구문론과 의미론 |

자연어는 개인한테 특권을 부여한다. 반대로 우리가 과학적 담론이라 부르는 '일상 언어의 파편'(Quine 1966, p. 236)은 개인이 사실상 배제된 세계, 콰인의 표현대로라면, 물리적 대상물의 세계에 특권을 부여한다.

◻

우리는 어떤 **물리적 대상물**을, 좀더 일반적으로 그리고 관대하게 바라보아 그것이 아무리 산재하고 이질적이라 해도, 일정한 시공간을 지닌 4차원의 물질적 내용일 뿐이라고 생각할 수 있다. 그런데 그런 물리적 대상물이 아주 확고하고 내적 응집성을 지니며 시공간의 주변 환경들과는 다소 약하고 불규칙하게 결합할 때, 우리는 그것을 물체라고 부르게 마련이다. 더욱 자연스럽게 다른 물리적 대상물은 과정, 해프닝, 사건들로서 얘기될 수 있다.(Quine 1970, p. 30)

스트로슨은 주어의 지위가 문법에서 우월한 '신분 증명력'을 지닌다고 말한다.[2] 자연어에서 주어 지위는 일차적으로 화자나 그 동료들한테 돌아간다. 이와 대조적으로 과학에서 주어 지위는 일차적으로 물리적 대상물한테 넘어간다. 과학은 이런 언어 전략을 통해 통상 사람에 주어지는 중요성을 대상물에 부여한다. 즉 우리는 우리 세계의 인과적 중심에 놓이며, **물리적 대상물**은 과학 세계의 인과적 중심에 놓인다.

언어와 과학의 이런 일치는 과학의 진보가 규칙적 언어 변화와 함께 이루어졌음을 의미한다. 먼저 익명의 실험과 관찰 사건들은 이름을 얻어 과학용어가 된다. 그러고는 이런 용어들이 문장의 명사구로 변형된다. 명사구의 의미론적 복잡성은 점차 증대한다. 이로써 과학 용어들은 계속 확대하는 이론 지식의 네트워크에 연결된다.[3]

리얼리즘 소설에 대한 롤랑 바르트의 관찰을 이 과정에 적용할 수 있다. 이런 네트워크가 확대할수록 과학 용어가 지닌 '의미의 힘'은 증대한다. "가장 강력한 의미라 함은 의미의 체계화가 그 세계에서 눈여겨볼 만한 것을 모두 담을 정도까지 수많은 요소들을 포함하는 그런 의미다"(1974, p. 154). 이 시점에서 과학의 위대한 일반화가 뒤따른다. 그 과정에서 공들여 쌓아온 과학 용어들의 복잡성은 갑자기 떨어져나가는 듯이 보인다. 실제로 이런 일반화로 등장한 새로운 용어들은 과거에 만들어진 수많은 복합 명사구를 축약한다(Pinch 1985b 참조).

이 장 연구의 기초를 이루는 암 관련 논문들은 과학과 언어의 변화가 함께 일어난다는 무수한 사례들을 보여준다(Spector, O' Neal, and Racker 1980a, 1980b; Racker and Spector 181; Rephaeli, Spector, and Racker 1981; Spector, Pepinski, Vogt, and Racker 1981). 전형적 사례로서, 래커와 동료들은 실험실의 사건, 예컨대 자동 방사선 투과사진의 다섯 번째 줄에 있는 밴드를 관찰하는 일을 중단하고 물리적 대상물인 키나아제 효소 PK_L을 보기 시작한다. 다음에, 물리적 대상물 PK_L은 그들의 문장에서 주어 위치에 등장하기 시작한다. 이후에 PK_L은 의미의 네트워크, 곧 인과관계의 사실에서 일부가 된다. 키나아제가 인산화하고 인산화한 키나아제는 다른 키나아제를 인산화한다. 마침내 모든 인산화 키나아제들의 본성과 활성은 새로운 명사구, 새로운 과학용어, 곧 키나아제 연쇄반응(cascade)이라는 말로 정리된다.

과학 논문들에 학술지 편집자들이 가하는 전형적 수정의 사례를 살펴보아도 물리적 대상물의 존재에 특권을 부여하려는 최우선의 요구가 드러난다.[4] 편집자들은 간결해야 한다는 목표를 따라 불필요한 군더더기 말들을 확실히 삭제한다.

그러나 과학 산문의 복합명사구들은 특권적 존재론에 너무나 필

원문	수정문
"우리는 문헌에서 어떤 보고서도 발견하지 못했다."	"우리는 어떤 보고서도 발견하지 못했다."
"-라는 점이 최근에 예증되었다."	삭제
"폭넓은 증식 패턴을 보여주는 세포들을 대상으로 조사가 이뤄지지 않는다면, 세포 증식을 여러 다른 유형으로 범주화하려는 더 이상의 시도는 거의 가치 없는 일이 될 것이다."	삭제(편집자 메모 '당연!')

수적이기에 그것들은 의도적 군더더기로서 창조되기도 한다. 함께 실린 표에 이미 제시된 자료를 더 보자.

원문 | "24시간 뒤에 RZ 세포 핵 내 ^{32}P(인(P)의 방사성 동위원소–옮긴이)의 이동이 높아졌다."

수정문 | "0.42ng MLL-6—^{32}P(rl inc, 77.1 mDo/mmol)를 RZ *Ostitium* 세포막에 적용하고 나서 24 시간 뒤에 핵 내 ^{32}P 수준은 높아졌다."

대명사의 지시 대상을 명시하고 수식하는 요소를 수식되는 것에 가까이 둠으로써, 편집자들은 또 하나의 교과서 표준인 명쾌함을 분명하게 고수한다.

원문 | "효소 용액에서 NVM의 농도 증대가 핵 내 숫자를 감소시키지는 않았다. 이 처리에 사용된 용액이 낮은 특이활성을 지니는 게 사실이

지만……"

수정문 | "효소 용액에서 NVM의 농도 증대는, 사용된 용액이……낮은 특이활성을 지닌 때에도, 핵 내 숫자를 감소시키지는 않았다."

원문 | "실린더는 접힌 끝을 위로 하고서, 살균된 600ml 비커 안에 살균되고 탈이온화된 물 100ml과 함께 수직으로 놓였다."
수정문 | "접힌 끝을 위로 한 실린더는……물 100ml과 함께 수직으로 놓였다."

편집자들은 또한 충분히 명쾌한 문장을 수정하도록 요구하기도 하는데, 이때 수정의 주된 목적은 과학적 명사구를 과학 문장의 존재론적 중심으로 만들려는 것이다:

1979년 봄에 나는 인디애나 주 레이크 카운티에 대한 지질학 공보(PURSE et al., 1975)를 정독하면서 이런 특정 연구에 처음 이끌렸다. 공보의 46쪽에는 사진 한 장(GEORGE BARTON 촬영, 1975)과 함께 카운티 북부 '동/서 도로'를 따라 있는 선사시대의 야영지에 대한 언급이 있다. 이 사진(범례에 지리 좌표 제공)은 세 개의 작은 '암석'이 그곳에 노출돼 있음을 보여준다. 나는 그곳을 지금도 찾을 수 있는지 알고 싶다는 열망을 느꼈고……

"압축할 것 그리고 흔한 서사체의 성격을 줄일 것"이라는 심사자의 요구를 받은 저자는 이의 없이 그렇게 했다.

나는 인디애나 주 레이크 카운티에 대한 지질학 공보(PURSE et al., 1975)에서 선사시대 야영지에 관한 지역 자료를 보고서 이 연구에 처음 이끌렸다. 그 좌표는 레이크 카운티: SW.1/4, SW.1/4, SE.1/4, SE.1/4, Sec. 13, T.5N, R.1W이다. 그 지점(그림2)은 해몬드 북부 교외에 있는 공업단지 부근의 빈 터이며 곧 건축지역이 될 예정이다. 화석 유물은 얕은 갈색 찰흙 토양 바로 아래에 있으며 순환초원지대(중신세 사막)를 덮은 효신세 지층의 단구에서 제대로 발견되었다.

사실 이런 수정은 모두 '특권적 존재론을 지원한다'는 과학적 문체의 중심적 요청에 전적으로 종속된다. 특권적 존재론을 지원하는 문법적 가능성들을 동원하라는 요청은 또한 과학이 수동태를 선호하는 것을 설명해준다. 수동태를 계속 쓰다보면 어색할 수밖에 없고, 복합명사구의 남용이 문장 이해를 어렵게 한다 해도, 그것은 물리적 대상물과 사건을 과학 관련 문장의 주어로 만드는 일상적 수단이다.[5]

과학 산문에서는 말솜씨에 앞서 존재론에 특권을 부여하기 때문에, 명쾌할 수는 있지만 이해하기는 쉽지 않을 수 있다. 표현은 잘 조율되겠지만 귀에는 거슬린다. 암 관련 논문들 가운데에서 복합명사구의 구문론에 의존하며 수동태의 체계적 과용에 의지하는 전형적인 단락 하나를 예로 들어보자. 논문에 소개된 연구는 나트륨 이온/칼륨 이온(Na^+K^+)의 교환 펌프 현상에 의해 활성화되는, 세포 안 생화학 과정의 중지에 관한 연구 프로그램의 일부이다. 이런 중지의 결과로서, 단백질 키나아제라고 불리는 효소는 연쇄반응을 일으킨다. 이 반응은 암 세포에 통상 나타나는 이상현상인 당 분해의 증가, 탄수화물에서 산의 과잉생산을 일으킨다.

두 번의 면역학적 실험결과는 EAT-마우스 PK_F와 조류 육종 바이러스 $pp60^{src}$의 상동관계를 뒷받침한다. 첫 번째 실험에서 RSV-형질전환 세포들의 바이러스성 $pp60^{src}$를 침전시키는 능력과 관련하여, 우리는 RSV-유도 종양이 있는 토끼에서 얻은 혈청과 정제된 EAT-PK_F에 대한 항혈청을 비교했다. 세 가지 다른 계통의 RSV(SR-NRK, B77-NRK, PrC-NRK)로 형질전환된 쥐의 세포주, 그리고 대조군으로서 형질전환 되지 않은 NRK 세포, 이와 무관한 크리스텐 육종 바이러스에 의해 변형된 NRK 세포들에는 35S-메티오닌으로 표지가 붙여졌다. 세포 파쇄액은 나뉘어 항-PK_F 혈청 또는 TBR 혈청으로 처리되었으며, 그 뒤에 면역성 침전물은 포르말린-고정 황색포도상구균 세포에 흡수되는 방식으로 모아졌다. 포도상구균 제거 뒤의 추출물은 혈청인 TBR 또는 항-PK_F로 처리되었으며 모든 면역성 결합물이 모아졌다. 전기영동 이후 SDS 폴리아크릴아미드 젤 위에 나타난 유용성 면역 침전물의 형광은 그림 4와 같다.(Spector, Pepinski 등. 1981, pp. 11-12)

마지막 세 문장을 능동태로 변형시키고 명사구의 상당 부분을 재구성하면, 다음과 같이 읽힐 수 있다. "우리는 세포 파쇄액을 나누어 두 가지 혈청, 곧 항-PK_F 또는 TBR 가운데 하나로 처리했다. 동시에 우리는 포르말린으로 고정한 황색포도상구균 세포들에 흡수되도록 하는 방식으로 면역성 침전물을 모았다. 포도상구균 제거 뒤에 우리는 그 추출물을 TBR 또는 항-PK_F로 처리했으며 모든 면역성 결합물을 모았다. 그림 4처럼 우리는 전기영동 이후에 SDS 폴리아크릴아미드 젤 위에서 유용성 면역 침전물의 형광을 볼 수 있다." 이렇게 바꾼 문장에서 과학자들(우리)과 그들의 조작(능동태의 강변화 동사들)은 그들이 조작하는 물리적 대상물들과 동등한 지위로서 존재한다.

표와 그림의 구실 |

표와 그림은 두 가지 점에서 과학 논증에 기여한다.[6] 첫째, 그것들은 독자가 논증의 근거를 더 가까이 경험하게 함으로써 더욱 깊은 의미를 제공한다. 둘째, 물리적 대상물의 움직임을 요약함으로써 그들 사이의 관계, 곧 관념적 인과관계를 제시한다. 물리적 대상물이 나타내는 속성이 불변성을 보여줄 때에만 표와 그림은 이런 기능을 수행할 수 있다.

그림의 중요 부분인 과학적 도해는 대체로 선그림, 모형도, 카메라 암실 투사영상 또는 전자현미경 사진들로 구성된다. 그 형식이 무엇이든 간에, 중요한 것은 이런 도해들이 재현하려는 물리적 대상물의 정체성이 어떤 척도 변경과 관측각도 변화에서도 유지되어야 한다는 점이다. 이것은 사영기하학의 승리이자, 투시도의 승리다. 사실 "방식은 이러저러하지만 변함없는 그림의 상징성이라는 힘에 근거하지 않는……과학은 거의 없다"(Ivins 1938, p. 13).

불변성은 그림의 상징화를 넘어서도 이어진다. 표나 그래프에서 물리적 대상물은 다양하게 재현될 수 있다. 그것은 숫자일 수도 있고 막대의 높이일 수도 있고, 곡선 위의 한 점일 수도 있다. 그렇지만 이런 재현의 변화가 보여주려는 대상물의 정체성을 결코 바꾸지는 않는다. 이것은 단순화와 표준화의 승리이며 표준화가 신성시하는 정량화의 승리다. 그리하여 실험용 쥐가 아니라 뇌세포의 승리이며, 특정 세포의 고유한 특징이 아니라 모든 세포가 공통으로 지니는 바, 예컨대 밀리그램·분당 몰(그램분자) 또는 비율, 또는 카이제곱으로 구현되는 공통점의 승리다. 표와 그림에서 실험용 쥐나 사람 같은 실제 물리적 대상물의 대부분 속성들은 버려지고, 남는 것은 모두 이상적으로 정량화를 통하여 표준화된다.

표준화와 정량화를 이용하여, 표와 그림은 과학용어들을 이론적으로 중요한 물리적 대상물과 사건으로 바꾸는 데 결정적 존재론의 구실을 수행한다. 앞에서 논의된 일련의 암 관련 논문들에 나타나는 표와 그림은 이런 점에서 전형적인 것들이다. 표 1에서 가로 행과 세로 열의 표시는 $Na^+K^+-ATPase$의 출처와 시약의 존재론적 안정성을, 그리고 관심의 초점인 Na^+K^+ 펌프의 상대적 효율을 기능적으로 규정하는 측정법이 존재론적으로 안정적이라는 점을 강화해준다. 동시에 숫자의 배열은 다음의 두 가지 목적을 달성한다. 그것들은 이처럼 존재론적으로 안정된 틀 안에서 일어나는 변화에 의미론의 무게를 더해주며 암에서 펌프 효율이 인과적 의미를 지닌다는 가설을 지지해준다.

이런 변화는 또한 표 1과 실험 1의 마지막 세로 열에 있는 파생 데이터를 각색한 그림 2의 초점이기도 하다. 펌프의 상대적 효율에 대한 이 그래프의 주장에서, 열아홉 개의 데이터 점 하나하나에 기호화된 정량적 정보는 모두 복원될 수 있다. 그렇지만 눈에 먼저 띄는 것은 뚜렷한 곡선인 바, 이것은 '펌프 효율에 대한 케르세틴의 영향'이라는 가설을 확증하는 중심 관계의 상징이 된다. 그림 2는

표1 종양, 뇌, 전기뱀장어의 Na^+K^+-ATPase로 재구성한 소낭의 Na+/ATP 비율

실험1에서 재구성은 50mM의 이미다졸 H_2SO_4(pH 7.5), 75mM의 K_2SO_4, 50mM의 Na_2SO_4, 20mM의 2-메르캅토에탄올, 그리고 2%의 옥틸글루코사이드로 이뤄진 최종 용량 0.12ml에 2mg의 아솔렉틴이 첨가된 용액을 대상으로 80μℓ의 ATPase 준비물을 가지고 수행되었다. 섭씨 0도 상태에서 15초 뒤에, 3ml의 동일한 냉각 버퍼(옥틸글루코사이드는 제거)가 첨가되었다. 스핀코 원심분리기의 Ti-50 회전자 안에서 30분 동안 48,000rpm(144,000×g)으로 시행한 원심분리에 의해 0.15ml의 동일 버퍼에 떠 있는 알갱이가 하나가 생성되었으며, 각 분석평가에 50μℓ씩 사용되었다. 디메틸설폭사이드가 첨가된 케르세틴 용액(1~3%)이 암실에서 섭씨 0도 상태로 유지되었다. 대조 표준이 동일 양의 디메틸설폭사이드로 처리되었다. 실험2는 실험1과 동일하게 수행되었으나, 다만 2%의 옥틸글루코사이드 대신에 1.4%의 디옥시콜레이트가 사용된 점이 다르다.

Source of Na^+K^+-ATPase	Quercetin	^{22}Na uptake			ATPase	Na^+/ATP ratio
		-ATP	+ATP	Δ		
	μg/mg lipid + protein	nmoles min^{-1} mg $protein^{-1}$			nmoles min^{-1} mg $protein^{-1}$	
Experiment 1 : octylglucoside dilution method						
Ascites tumor	0	471	985	514	1510	0.34
	6	455	965	510	1420	0.36
	10	407	955	548	822	0.67
	16	466	1017	551	642	0.86
	20	436	942	507	402	1.26
	24	530	924	394	275	1.43
	30	422	682	260	275	0.95
Electric eel	0	418	798	380	210	1.81
	24	426	701	275	156	1.76
Experiment 2 : deoxycholate dilution method						
Ascites tumor	0	483	993	510	1509	0.34
	16	476	973	497	495	1.00
	24	491	796	305	229	1.33
	0	486	978	492	295	1.67
	16	463	899	436	248	1.76
	24	475	771	296	179	1.65

출처: Spector, O'Neal, and Racker 1980b, p. 5506. 미국 생화학 및 분자생물학 학회의 허락을 받아 게재.

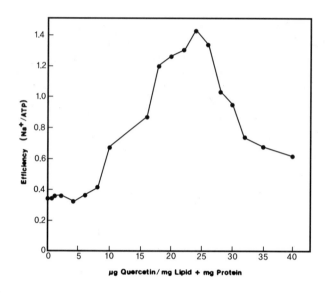

그림2 재구성된 Na⁺K⁺-ATPase의 나트륨 펌프 효율에 대한 케르세틴의 효과. 실험조건들은 실험1에 대한
표 1의 범례에서 설명된 바와 같다.(출처: Spector, O'Neal, and Racker 1980b, p. 5506. 미국 생
화학 및 분자생물학 학회의 허락을 받아 게재.)

모든 데이터 그래프가 지니는 의미론적 목적을 좀더 심화한 것이
다. 그것은 "두 가지 변수들을……연결하여, 구상된 변수들의 인과
관계 가능성을 평가하도록 독자들을 고무시키고 요청한다. 그것은
(이 특정 사례에서는 케르세틴과 펌프 효율의) 실제 관계에 대한 경험
적 증거들을 가지고서 X는 Y를 일으킨다는 인과적 이론들을 마주
하게 된다"(Tufte 1983, p. 47).

그림3은 격자 눈금을 이중 인화해 데이터 그래픽으로 변형한 사
진이다. 이것은 인과적 이론을 더욱 더 시각적으로 지지하는 구실
을 한다. 시각적으로 가장 뚜렷한 다섯 번째 줄의 표시는 "B77-
NRK 세포들에서 정제된 PK_L-인산화 활성은 또한 60kd(킬로달톤)

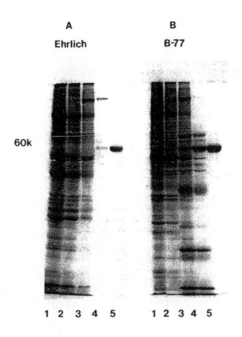

A
Ehrlich

B
B-77

60k

1 2 3 4 5   1 2 3 4 5

그림3 PK_F와 pp60^{src}의 정제 과정 동안의 폴리펩타이드 모양. EAT 세포에서 부분 정제된 PK_F와, B77-NRK 세포에서 부분 정제된 pp60^{src}는 SDS-폴리아크릴아미드 겔을 이용한 전기영동을 하기 쉽다. 겔은 쿠마시 블루 색소로 염색되어 래튼 #99 필터로 촬영되었다. (A)EAT PK_F의 정제. 제1열은 본래의 세포 골격 구조물(50㎍), 제2열은 NP-40 추출물(35㎍), 제3열은 옥틸-세파로제의 활성화 부분(35㎍), 제4열은 카세인-세파로제의 활성화 부분(10㎍), 제5열은 단백질 등전점 분리 시행 뒤의 PK_F(15㎍). (B)B77-NRK pp60^{src}의 정제. 제1열은 본래의 막(50㎍), 제2열은 NP-40 추출물(35㎍), 제3열은 PK_L-세파로제의 활성화 부분(35㎍), 제4열은 카세인-세파로제의 활성화 부분(25㎍), 제5열은 단백질 등전점 분리 시행 뒤의 pp60^{src}(20㎍).(출처: Spector, Pepinsky, Vogt, and Racker 1981, p. 12. 셀 프레스의 허락을 받아 재인용.)

의 단일 폴리펩티드처럼 이동한다"(Spector, Pepinski, Vogt, and Racker 1981, pp. 10-12)는 주장을 서술하는 동시에 기호화한다. 이런 주장은 키나아제 연쇄반응이 암에서 인과적 의미를 지닌다는 핵심적 가설에 힘을 보탠다.

그림 2와 3을 거쳐 키나아제 연쇄반응의 모형은 그림 4에서 정

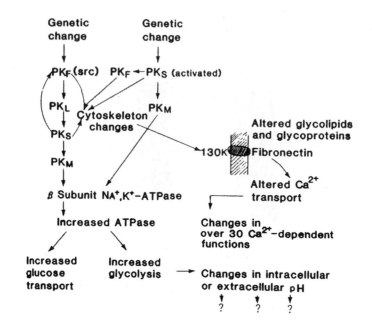

그림4 형질전환의 모델. 오른쪽 모형은 변경된 Ca^{2+} 운반을 보여주는데, 일부 관련 연구를 연결한다.(출처: Racker and Spector 1981, p. 306. 《사이언스》의 허락을 받아 게재.)

점에 이른다. 이 그림에서 우리는 래커의 연구 프로그램의 정점인, 암이 되는 세포의 비정상 활성과 성장에 대한 인과적 분석을 보게 된다. 각 경우에 "유전자의 산물, 곧 키나아제 자체나 키나아제 활성물은 글리코시스를 증대시키는 인산화 연쇄반응과 다른 대사경로를 일으키며, 이온 운반과 같은 세포막 과정과 구조에 영향을 끼치는 세포골격의 구성요소를 바꾼다"(Racker와 Spector 1981, p. 306).

콰인은 "과학 밖의 언어영역에서는 과학 활동이 원인의 발견인 것처럼 설명될 수 있다 하더라도, 과학에서 원인이라는 개념 자체는 확고한 지위를 지니지 못한다는, 반어적이지만 친숙한 사실"에 주목한다(1966, p. 242). 그러나 이론물리학에서 인과관계가 눈에 잘 보이지 않는다고 해서 과학 전체에서 인과관계가 중요하지 않다는 식으로 일반화해서는 안 된다. 과학 산문에 수반되는 표와 그림은 정량화되고 인과적으로 정렬된 물리적 대상물의 세계를 창조한다는 단일한 형이상학적 목표를 향하여 함께 작동한다. 과학 연구자들한테, 과학은 지속적으로 "세계의 인과적 구조에 언어를 조화시키는 것"이다(Boyd 1979, p. 358; 강조 삭제)

그러므로 과학에서 표와 그림은 본문과 결합하여 "판단을 유도하는 물길을 만들며"(Bastide 1985, p. 147), 어떤 주장을 펼치기 위해 모든 설득의 수단들을 동원하고자 한다. 표와 그림은 반대에 따르는 비용을 상승시킴으로써 과학 논증에서 이기고자 본문과 함께 어울려 작용한다. 그리하여 본문 이면에는 숫자와 곡선이 존재하며, 숫자와 곡선 이면에는 실험실 절차와 이런 절차를 가능하게 하는 장비들이 존재한다. 바스티드는 이에 대해 다음과 같이 적절하게 표현했다. "나는 수학화와 언어화 어느 하나만을 믿지는 않는다! 중요한 것은 설득력이다. 설득적이라면 무엇이든 멋지다. 그렇지만 어떤 방법들은 다른 것들보다 더 훌륭하다. 결과를 한눈에 보게 하는 그래픽 공간의 경제적 활용, 그리고 '실재'을 보증하는 데 기여하는 과학적 도구들의 순수한 기계적 운동(l' automatisme)이 그것들이다"(1985, p. 151: 저자 번역).

은유의 문제 |

과학 산문은 형이상학적 실재론을 지지하고자 관리되는 것처럼 보이겠지만, 관리되고 있는 것은 오로지 인상(impression)뿐이다. 과학이 정말로 세계의 인과적 구조에 언어를 조화시키는 것이라면, 과학 산문에서 물리적 대상물의 이름이 실재와 다르게 거명되는 일은 없을 것이다. 그러나 과학은 은유로 가득 차 있으며, 은유의 특성은 일부러 이름을 실재와 다르게 거명하는 것이다. 더욱이 과학은 이처럼 "의미론으로 보아 기괴한 문장들"[7]이 없이는 존재할 수 없다. 은유는 과학에 없어서는 안 될 존재이다.

형이상학적 실재론은 과학의 발견에서 은유가 가치 있음을 인정하지만 성숙한 과학 지식에서 은유가 특정한 구실을 한다는 점은 분명하게 부정한다. 이런 전통적 관점에 리처드 보이드가 새로운 힘과 일관성을 보탰다. 보이드에 따르면, 과학 용어와 은유가 처음에는 과학의 발견에 쓸모 있는 발견법으로서 비슷하더라도, 그것들이 말하는 방식이 아니라 바로 말하는 지시물의 범주 자체에서 다르다. 예컨대 방사성 원소인 '캘리포르늄(Cf)' 같은 용어들은 자연의 종류(natural kinds) 쪽으로 향하며, 유전 암호 같은 은유는 자연의 관계(natural relationship) 쪽으로 향한다. 더욱이 과학의 용어와 은유는 그 지시대상물의 필요충분조건을 명기하는 방식으로 대상지시를 하지는 않는다. 오히려 각 용어는 "그 지시대상물의 표본이나 인과적 결과 사례, 또는 전형적 표본이나 인과적 결과의 설명들과"(1979, p. 366) 끊임없이 연합하는 방식으로 대상 지시를 한다. 그리고 각 경우에서, 대상 지시성(reference)은 임시적이어서 진상이 무엇인지 결정할 미래의 연구에 의해서나 상환될 수 있는 약속어음 같은 것이다.

자연의 관계는 연구 프로그램에서 중심적이기에, 은유는 과학 수행에서 중심적이다. "은유는 (최소한 한동안이나마) 개방적인데, 왜냐하면 은유가 그 시작을 돕는 연구 프로그램은 불완전하기 때문이다"(Boyd 1979, p. 370). 그러나 "만일 은유가 적절하다면, 그리고 충분하게 상세히 묘사된다면, 문자대로의 지시대상물이 지닌 기능적 (관계적) 특성들에 드러나는 차이는……이론 구성에 은유를 응용할 때에 (유추에 의해) 그 지시대상물의 모호함을 걷어내는 데 도움을 줄 것이다"(p. 369). 이론이 무르익을수록, 이론의 설명이 세계의 인과적 구조에 더욱 가까이 접근할수록 은유는 사라지고 전적으로 대상 지시성을 지닌 용어들이 그 자리를 차지할 것이다(p. 362).

과학의 은유는 과학자들이 은유 없는 언어로 자연의 관계를 다시 설명할 수 있을 때에야 비로소 사라질 것이다. 그러나 과학자들은 그렇게 할 수 없다. 암 연구 논문들은 이런 불가능의 전형을 보여준다. 그 과학의 바탕이 되는 것은 살아 있는 세포와 과정을 그들이 가정한 기계와 컴퓨터의 대응물로 변환하는 식으로 말하는 방법이다.

예컨대, 살아 있는 세포의 단위는 '펌프(pump: 본래 양수기 작용의 의미-옮긴이)' 이고, 생화학적 과정은 '양의 피드백 메커니즘' 을 구현하는 '연쇄반응(cascade: 본래 직렬을 뜻하는 컴퓨터 용어-옮긴이)' 이다(Racker and Spector 1981, p. 305). 래커의 연구 프로그램은 기계적인 것과 컴퓨터적인 것에 대한 대상 지시성을 모두 제거하는 것을 목표로 삼지 않았으며, 그렇게 할 수도 없다. 오히려 그것은 어떤 생물학적 대상물이 정확히 어떤 종류의 기계나 컴퓨터인지 특정하기 위해 고안된 것이다. 이런 종류의 해설은 오직 영구적인 참호로서 은유를 굳건히 하는 데 기여한다. 처음에 과학자들은 물리적 대상물을 기계나 컴퓨터로 사유함으로써 머릿속에 그것을 그린다. 과학자들은 이런 용어들로 인과적 가설의 틀을 구축하기 때문에, 때가 되면 이런 대상물은 더욱더 기계와 컴퓨터가 된다는 것은 놀랄 일도 아니다.

대상 지시성의 문제 I

키나아제 연쇄반응은 널리 알려진 과학 사기다. 이 때문에 앞에서 다룬 래커 연구팀 논문들의 전형적 특성을 강조한 주장이 훼손될지도 모르겠다. 그러나 진실은 그 반대다. 스펙터의 속임수에서 그런 전형성의 재생산은 없어선 안 될 요소이며, 그의 수사학의 진정성을 보증한다. 사기는 이 장에 중요하게 다룰 다른 의미에서 전형적이다. 사기의 발각은 과학의 모든 존재론적 주장들의 패배, 즉 그것이 사기이든 아니든 간에 과학적 주장이 사회적이고 언어적이라는 본성을 드러냈다는 의미에서 패배를 보여준다.

과학 활동의 필수 조건은 "체계적인 존재론의 등치화(systematic ontological equivocation)" (Hull 1988, p. 153)이다. 과학자들은 성공적 실험과 관찰을 자연에 관한 참된 이론의 증명으로 여긴다. 이런 점에서 과학자들 개인은 그런 실험과 관찰을 자연 규칙의 증명으로 자동 해석하는 유관 인식집단의 대표자로서 행동한다.

헐의 말을 빌리면, 과학은 "용어-표식이 지역 차원에서 시험되

고 전달되지만 지구 차원에서는 전형으로 해석되는"(1988, p. 153;
p. 141, Gross 1988) 활동이다. 그렇게 해석되지 않은 실험과 관찰은
일반성은 물론이고, 유관 인식집단만이 부여할 수 있는 필수 객관
성이 결여된 것이다. "과학에 과학만의 독특한 성격을 부여하는 그
런 종류의 객관성은 따로 떨어져 존재하는 연구자들이 아니라 사회
적 집단들의 자산이다"(1988, p. 127). 다른 말로 하면, 과학 용어가
성공적으로 대상을 지시한다고 말하는 것은 다름 아니라 사회적,
언어적 수단이 지시대상물의 존재를 확증한다고 말하는 것과 같은
얘기다. 과학 용어가 지시하는 데 실패했다고 말하는 것은 다름 아
니라 마찬가지의 수단이 마찬가지의 일을 수행하는 데 실패했다고
말하는 것과 같다. 각각의 경우에, 사회적, 언어적 실천은 존재론의
주장을 판단하는 기준이 된다.

키나아제 연쇄반응의 사례에서, 래커의 혐의는 한 젊은 동료 연
구자가 "실험에서 얻은 데이터가……실험 프로토콜에 맞지 않는다
는 것을 발견한"(1981, p. 1313) 뒤에 제기되었다. 방사성을 띤 인광
성 물질의 코드로 이뤄져야 할 방사선 사진이 그 대신에 방사성 요
오드로 표시되었다. 이런 불일치로 인해 논문과 세미나 발표는 철
회되었다. 그러나 그렇다고 해서 키나아제 연쇄반응 연구 프로그램
이 아주 철저하게 포기되지는 않았다. 프로그램은 실험의 되풀이가
지속적으로 실패하고 나서야 비로소 포기됐다. 아무도 키나아제 연
쇄반응 이론의 기초가 된 대부분의 실험을 성공적으로 반복할 수
없었다. 사기 혐의의 당사자인 스펙터도, 두 해 동안 열심히 연구한
래커도 그렇지는 못했다.[8]

과학 용어가 지시하는 세계의 인과적 구조는 물리적 대상물이

아니다. 그것은 관계도 아니며 과정도 아니다. 그보다 그것은 사회적, 언어적 실천의 실재화이다. 여기에서 실천은 결국 과학의 진리와 오류를 구분하는 능숙한 기술과 관찰의 표현물인 '숙련된 두 손'에서 나온다. 래커는 이렇게 말한다. "나는 고지식함으로 되돌아가야 한다" "나의 두 손으로 직접 해보기 전까지는 마크[스펙터]가 했던 어떤 것도 믿지 않겠다"(Kolata 1981, p. 316). 진짜 래커-스펙터의 이야기는 '손을 이용한다' 는 본래의 말뜻 그대로 '조작'(manipulation)에 관한 이야기다. 두 손은 "구름 속의 성"을 세웠고 또한 그것을 해체하려고 한다. 스펙터는 '황금 손' 을 지녔지만 래커가 스펙터의 효소를 시험했을 때 "그것은 [그의] 두 손에서는 완전히 부정적이었다"(Kolata 1981, pp. 317-318).

그들이 쓰는 언어를 통해, 또 그들이 구성한 표와 그림을 통해서, 과학자들은 그들 주장이 요구하는 바가 세계의 인과적 구조라는 추론을 독려한다. 그러나 대상을 지시한다 함은 다름 아니라 인과관계의 언어를 구성하는 사회적, 언어적 실천을 실험이나 관찰의 성과를 구성하는 사회적, 언어적 실천과 연결하는 것이다. 대상을 지시한다 함은 물리적 대상물을 거명하는 것이지만 실험이나 관찰 사건들 사이의 상호관계를 의미하는 것이다. 또한 인과관계를 덧씌운다는 것은 물리적 대상물들 사이의 인과관계를 거명하는 것이기도 하지만 실험이나 관찰 사건들 사이의 상호관계를 의미하는 것이다.

다음 구절에서, 자연어 고유의 미묘한 문체에 능숙한 래커는, 거의 알아채기 힘들기는 하지만, 없어선 안 될 바꿔 말하기를 이뤄낸다. 그리하여 그의 연구를 구성하는 조작은 언어를 통해서 그가 참되다고 주장하는 인과관계에 어울린다.

뇌 안에서 PK_M의 활성은 어떻게 제어되는지 의문이 제기되어왔다. 사실, 방사성 동위원소에 의한 표지 면역 검정법에 따르면 연쇄반응의 네 가지 키나아제 모두 뇌에 존재하지만, Na^+K^+-ATPase는 인산화하지 않는다. 연쇄반응은 PKS 활성을 억제하는……폴리펩타이드 6000-달톤의 통제를 받으며 유지되는 것 같다. 왜 자연은 펌프 효율을 감소시키는 단백질 연쇄반응을 만들어 그것을 통제해야 하는가? 분명한 답은 연쇄반응이 또 다른 목적을 지니며 베타(β) 소분자의 인산화는 생물학적 부산물이라는 것이다.(Racker and Spector 1981, pp. 305-306)

이 구절의 앞쪽 두 문장은 실험실의 조작에 관한 것이다. 세 번째 문장에서 인과관계가 뒤이어 일어나며 폴리펩타이드는 인격화한다. 마지막 두 문장에서 자연 자체는 자연이 만든 메커니즘의 감독자이자 합리적 조작자로서 대담하게 등장한다.

과학자들한테 사회적, 언어적 실천에서 인과적 현상으로 넌지시 옮아가는 일은 일상적이다. 이것은 그들이 과학자가 되는 조건이며 사실 건전한 과학 수행의 조건이다. 그러나 아웃사이더인 우리들한테, 실험실의 사회적, 언어적 실천에서 인과적으로 정렬한 물리적 대상물의 우주로 도약하는 일은 곧 '오컴의 면도날'을 엉뚱한 곳에 잘못 놓아두어 잊어버리는 것처럼 보인다.

이데올로기는 대체로 악명 높은 개념이다. 『의지의 승리(Triumph of the Will)』를 생각해보자. 바그너의 곡, 대량의 나치 깃발, 히틀러가 내려다보는 군중의 물결. 그러나 이데올로기는 악의를 지닌 것일 필요도 없고 반이성일 필요도 없다. 일상적 존재가 진정 문제가 될 때에, 당혹스러움은 자연스런 일이다. 우리는 묻는다. 무엇이 실재인가? 무엇이 사실인가? 무엇이 규칙인가? 이런 불확실성, 과학이 일상적으로 창조하는 불확실성 안에서, 이데올로기는 자연스레 융성하여 문제의 사회현실을 보여주는 지도가 되며 집단의식의 창조를 위한 주형이 된다(Geertz 1973, p. 220).

과학의 문체는 우리한테 한 계통의 학제들이 세계의 인과적 구조에 다가갈 특권을 지닌다고 추론하도록 고무하지만, 은유와 대상 지시성의 문제는 사실상 그런 추론을 효과적으로 차단한다. 과학에 존재하는 문체는 실재를 내다보는 창이 아니라, 실험과 관찰 사건들을 체계적으로 실재와 다르게 묘사하는 이데올로기의 매개 수단이다. 현대 과학자를 중세 신학자의 정통 후계자로 만드는 것이 바로 과학자들의 이런 이데올로기적 태도다. 그 이데올로기는 냉정한 진리의 탐구가 아니라 진리는 날마다 자신들에게 일어나는 일이라고 보는 열정적 신념이다.

당연하게도 과학의 은유는 이런 이데올로기의 중요한 도구다. 과학의 가장자리 지점에서 언어는 대상을 지시하는 데에 일상적으로 실패한다. 발견에서 은유는 중요하며 정당화에서도 여전히 그러하다. 과학자들은 보고 들을 수 있는 흔적들을 통해 볼 수 없는 보편적 메커니즘을 표현하는 데 이보다 더 좋은 밑천을 갖고 있지 않다.

6

과학 논문의 배열

과학의 실험 논문 또는 서술 논문을 읽을 때 우리는 언제나 귀납적 과정을 경험한다. 논문에서 실험실 또는 야외의 사건들은 자연에 관한 보편 진술에 도달한다. 이론 논문에서는 반대의 흐름을 경험한다. 일련의 연역이 내보이는 결론은 관찰의 확증을 불러일으키거나 내포한다. 이 장에서 나는 논거 배열의 이런 규칙들 이면에 있는 주된 동기는 인식론의 문제라는 점을 지적하고자 한다. 논거 배열의 규칙은 세계의 인과적 구조를 직간접으로 우리의 감각에 보여줄 수 있는 방법론의 존재에 대한 과학자들의 신념을 다시 한 번 보여준다.

베이컨주의 귀납, 실험보고서 |

실험 보고서의 본질은 '실재 과정의 귀납적 합리화'라는 특징을 지니는 것으로 여겨져 왔다.[1] "그 밖의 서술은 전형화에 기초를 두어" 보고서에 나타나는 단계들의 순서는 표준화되며 평균적 묘사에서 실험실의 여러 개별 특성들과 정밀성은 생략되거나 변형된다고 주장되어왔다.[2] 실험보고서의 특성을 이렇게 규정하는 사회과학자들은 보고서의 내용을 사회적 과정의 결과물, "[사회적] 실재를 **구성하**려는 치열한 투쟁"의 산물로 바라본다(Latour and Woolgar 1979, p. 242). 그러나 실험보고서의 형식은 이보다 훨씬 더 명확한 전형화 (typification), 메더워(1964)의 표현을 빌리면 '철학적 전형화'이다.

메더워는 이런 전형화의 근원을 존 스튜어트 밀의 귀납이론 안에서 찾는다. 나는 그 근원이 훨씬 더 이전인 프란시스 베이컨의 저작들이라고 믿는데, 거기에서 우리는 근대 실험과학의 철학적 출발을 보게 된다. 실험 보고서의 논거 배열은 베이컨주의 귀납의 원리들을 구현한 것이다.

메더워에 따르면, 이런 논거 배열은 실험과학의 과정을 불합리하게 왜곡한다. 메다와의 과학적 방법인 가설-연역적 방법과 조화를 이루려면, '논의(Discussion)'는 '결과(Results)'의 뒤에 놓기보다는 '도입(Introduction)' 앞에 놓아야 한다. 그러나 이런 절(節) 순서는 그것이 아무리 과학의 과정들을 왜곡한다고 할지라도, 또 아무리 이런 과정들에 대한 당대 개념들을 반영하지 못할지라도, 지속될 만한 충분한 이유가 있다. 곧 실험 보고서의 논거 배열은 실험실 사건의 우연성이 자연 과정의 필연성으로 나아간다는 점을 되풀이하여 보여준다. 다른 말로 해서, 실험보고서의 논거 배열은 귀납의 과정을 재연하는 것이다. 이로써, 과학 지식의 창출과 그 확실성을 보장하기 위해 과학이 의지하는 귀납법의 문제적 본성에 직면하여 실험과학의 활동을 정당화해야 한다는 지속적 요구가 충족된다.

이를 예증하기 위해, 나는 가장 훌륭한 실천의 전형을 보여주는 두 실험기록을 분석하고자 한다.[3] 그것들은 거의 정확히 300년이나 떨어져 작성되었다. 첫 번째는 물리학에서 나온 것으로, 근대 실험과학의 태동기 무렵에 출판되었다. 두 번째는 생물학에서 나온 것으로 거의 사반세기 전에 발표되었다. 로버트 보일의 1662년 기록은 일반적으로 보일의 법칙으로 알려진 대로 일정한 온도에서 기체의 부피는 압력에 반비례한다고 주장한다.[4] 마셜 니렌버그와 하인리히 마테이는 1961년에 출판한 논문에서 유전 암호의 본성에 관한 분자생물학의 결정적 문제 하나를 풀었다. 두 보고서는 문체, 주제 그리고 전문적 정교함에서 상당히 다르지만, 베이컨주의 귀납 원리들을 보이는 사례들로서 유익하게 살펴볼 수 있다. 예컨대 "참된 귀납"을 통해 "오성이 사물의 참된 원인을 결정하게 할 만한……빛의 실험"(1937, p. 372; 1960, pp. 151-152; p. 96도 보라)과 같은 빛나는 실험들의 기록이다. 이런 분석은, 지금까지 강하게 주장되었던 바와 같은 일반 사례뿐 아니라(Kronick 1976, p. 279), 논문의 절마다 적용될 수 있다.[5]

도입. 베이컨은 "같은 실험을 바꾸거나 확장함으로써, 또 여러 실험들을 하나씩 서로 포함시켜 합침으로써"(1962, p. 100) 실험과학은 진보한다고 했다. 연구 프로그램은 사실상 "상승과 하강의 이중적 계단 또는 사다리, 곧 실험에서 원인의 발명으로 상승하는 것과 원인에서 새로운 실험의 발명으로 하강하는 것"(1962, pp. 90-91)으로 이뤄진다. 보일 보고서의 도입절과 니렌버그-마테이 보고서의 도입절은 베이컨주의의 모범에 가깝게 일치한다. 각 보고서는 그것이 다룰 실험들이 한층 심화된 관련 실험들로 당연히 나아가는 연구 프로그램의 일부라는 점을 보여준다. 보일은 이렇게 말한다. "이제 우리는 목적에 따라 마련된 실험들을 통해, 공기의 탄성이 우리가 그러리라 생각하는 것보다 더 많은 기능을 할 수 있음을 증명하고자 노력할 것이며, 토리첼리 실험의 현상을 설명하고자 노력할 것이다"(1965, p. 337). 니렌버그와 마테이는 엄격하게 진행순서를 따른다. 그들의 도입절은 보고서의 위상을 그들 자신의 연구 프로그램 안에, 그리고 유전 암호를 깨려는 더 큰 노력 안에다 설정했다 (Markus 1987, pp. 36-39의 논의와 비교하라).

방법과 재료. '방법'(Methods)과 '재료'(Materials)에 관한 절도 역시 명백히 베이컨주의에 뿌리를 둔다. 베이컨한테는 실험하는 사람이 일정한 결과를 얻을 수 있다는 것만으로 충분하지 않았다. 모든 사람이 그렇게 할 수 있어야만 하며, 그리고 나서 그들은 "확보된 정보가 ······믿을 만한지 또는 그릇된 것인지를 스스로 자유롭게 판단할 수 있다"(1960, p. 282; 1937, p. 372도 보라). 보일은 "평이하고 쉬운 실험들"을 지지했는데, 왜냐하면 그런 실험이야말로 "실험의 원인과 결과 모두와 관련해 가장 손쉽게 시도되고 ······판단될 수 있기" 때문이다(1965, p. 277; pp. 287과 343도 보라; Shapin 1984도 보라). 실험재현(replication)은 현대 과학에서 더 이상 일상이 아니다. 하지만 니렌버그와 마테이는 보일이 했던 것처럼 일상적으로 자신들의 방법론을 상세히 설명하였다. 요즘의 보고서에서는 실험재현의 가능성이 실험재현의 사실을 대체했지만, 그 인식론의 토대는 여전히 같다. 재현할 수 있는 실험들만이 자연법칙을 진실하게 예증한다는 것이다.

◻

결과. 보일의 실험기록에서, 그리고 니렌버그와 마테이의 실험기록에서 '결과' 절은 '방법과 재료' 절에 뒤이어 나타난다. 베이컨의 귀납에서 그런 것처럼, 두 부분 모두에서 실험결과는 과학 지식의 토대로서 모습을 드러낸다. "솜씨 좋게 재판을 하거나 고통을 가한다 해도 그런 것처럼, 자연의 사건과 변화는 자유로운 자연 안에서 아주 충분하게 드러나지는 않는다"(Bacon 1962, p. 73: 1964, p. 99도 보라). 그러므로 우리는 자연을 "고문대 위에" 올려야 한다.[6] 그리고 우리는 두 가지 주요한 귀납의 원칙들, 즉 배제와 공변(concomitant variation: 원인이 변화하면 결과도 변화한다는 인과관계를 밝히는 귀납의 공리 – 옮긴이)이 인도하는 실험에 참여해야 한다. 배제는, 그럴 듯하기는 하지만 잘못된 유사법칙의 관계를 제거한다. 그것은 "몇몇 자연에 대한 거부 또는 배제이다. 배제할 자연은, 일정한 자연이 존재하는 어떤 사례에서 발견되지 않는 자연이나 일정한 자연이 존재하지 않는 어떤 사례에서 발견되는 자연, 또는 일정한 자연이 감소하는 어떤 사례에서 증가하는 자연이나 일정한 자연이 증가할 때 감소하는 자연이다"(1960, pp. 151-152). 배제에 대응하는 두 번째 원칙은 공변이다. 즉 "일정한 자연과 더불어 언제나 존재하거나 존재하지 않는 자연, 일정한 자연과 더불어 언제나 증가하거나 감소하는 자연, 그리고 더욱 일반적인 자연의 특별한 한 사례인……그런 자연을 발견하는 것이다"(1960, pp. 151-152).

두 실험기록의 '결과' 절에서 이런 베이컨주의의 원칙들은 명백하다. 니렌버그와 마테이의 실험기록에서 배제는 부분적으로는 실험 설계의 산물이며, 부분적으로는 처음에는 그럴 법했으나 결국에는 이뤄지지 않은 화학적 친화력 실험 내에서 일어난 거부다. 공변을 통해 이들 두 분자생물학자는 눈길을 끌 만한 다음 비교를 만들어낸다. L-페닐알라닌 아미노산이 결합하여 폴리-L-페닐알라닌을 닮은 단백질로 변화하도록 만드는 데에, 폴리우리딜산은 가장 가까운 경쟁물질보다 거의 500배나 더 성공적이다. 보일의 경우에는, 주의 깊게 묘사된 실험 장치 자체가 배제의 기능을 한다. 공변은 역전되어, 베이컨도 예견하지 못했을 법한, 법칙 같은 관계가 된다. 이런 관계는 보일의 표(Boyle 1965, p. 340에서 인용)에서 놀랄 정도로 명증하게 드러난다.

압력	실제부피	예상부피
5	$70\frac{11}{16}$	70
10	$35\frac{5}{16}$	35
3	$117\frac{9}{16}$	$116\frac{4}{8}$
6	$58\frac{13}{16}$	$58\frac{2}{8}$
12	$29\frac{2}{16}$	$29\frac{2}{16}$

논의. 베이컨과 그 지지자들은 귀납적 방법이야말로 현학적인 스콜라철학의 과학과 의식적으로 단절하는 것이라고 말했다. 스콜라주의 과학의 빈약한 듯한 성공은 근본적 불균형, 곧 추론에 대한 지나친 의존과 감각에 대한 불신 탓이라고 그들은 주장한다. 베이컨은 모든 자연 과학의 전제들이 감각의 증거 위에 세워져야 하지만, 스콜라주의 과학자들은 불충분하게 세워진 전제들에서 새로운 과학의 결론을 규칙에 맞춰 연역한다고 생각했다. 베이컨은 이렇게 말한다. 그런 감각적 증거에서 나온 귀납은 "우리의 모든 희망의 중

심이다. 이것은 느리게 결실을 맺는 노고를 들여, 사물들에서 정보를 수집하고 이를 지식에 이르게 하는 방법이다"(1964, p. 89). 만일 실험과학의 활동에서 감각과 추론이 동등한 협력자가 될 수 있다면, 또 "만일 이 둘이 더 가깝고 더 거룩한 합일을 이룰 수 있다면, 수많은 행복한 결실이 이뤄질 것이라는 전망은 실로 밝다"(1964, p. 98; 1960, p. 93도 보라).

이런 전망은 베이컨의 관점에서 보면 특히 밝다. 왜냐하면 "자연에서……원칙들은 귀납에 의하여 검증될 수 있으며……게다가 이런 원칙들 또는 제1의 명제들은 하위 명제들을 도출하고 연역하는 이성과도 조화를 이루기" 때문이다(1962, p. 211; 1964, p. 82도 보라). 이런 궁극적 일치의 결과로서, 귀납에 의하여 "공고한 이론은 시간이 지나면서 상부구조가 될 것이며" 연역적 결론들은 그런 이론에서 믿음직스럽게 도출될 수 있다.[7] 귀납에 의해 "사실들에 근접한 일반화가 먼저 만들어지고, 그 뒤에 중간 종류의 일반화가 만들어지며, 그리하여 진정한 지성의 사다리에 연속적 가로장들이 놓이며 진보가 성취된다"(1964, p. 99).

추론에 대한 이러한 억제, 다시 말해 '사실들에 근접한 일반화'에 대한 강조는 보일과 니렌버그-마테이의 '논의'에서 모두 마찬가지로 나타난다. 보일은 결코 보일의 법칙을 실제로 선언하지는 않는다. 실제의 결과와 기대되는 결과 사이의 불일치, 보일조차 "아주 훌륭한 실험에서도 거의 피할 수 없는 정확성의 일부 결핍(1965, p. 341)" 탓으로 돌렸던 불일치에 관하여, 그는 단지 다음과 같이 말할 것이다. "보통의 공기는 평소 부피의 절반으로 줄 때 이전보다 거의 2배 가까이 강한 탄성을 얻었다. 그리하여 이렇게 압축된 공기가 이

좁은 공간에 다시 절반의 부피로 압축될 때 이전의 탄성을 다시 한 번 더한 만큼의 탄성을 얻어, 결국에는 보통 공기보다 4배나 큰 탄성을 지니게 되었다"(pp. 341-342). 니렌버그와 마테이의 결론도 역시 실험실 관찰에 바짝 매달리고 있다. "결과는 폴리우리딜산이 폴리-L-페닐알라닌의 여러 특징을 지니는 단백질의 합성에 관한 정보를 지니고 있음을 보여준다." 그들의 추론은 그들의 판단양식에 의해 분명히 영향을 받는다. "그러므로 하나 또는 그 이상의 우리딜산 잔기는 페닐알라닌을 합성하는 암호인 것으로 보인다. 그 암호가 단일체, 삼중체 등인지, 그 유형은 결정되지 않았다"(1961, p. 1601; 저자 강조).

절의 순서. 실험 논문에서 절의 순서 역시 베이컨주의에 뿌리를 두고 있다. '도입' 절에서 '논의' 절에 이르는 순서는 실험실 사건의 우연성에서 자연적 과정의 필연성에 이르는 확고한 행진이다.[8] 울가가 적절히 언급했듯이, 이런 순서는 "미지의 현상을 밝히려는 논리적 단계들이 길처럼 이어지는 서열 같은 발견의 과정으로 그려진다"(1981, p. 263). 실험보고서들은 우연한 사건들을 자연 법칙의 발견을 목표로 삼는 연구 프로그램의 맥락 안에 배치하면서 시작한다.[9] 도입부는 이론적 세계를 재창조한다. 그리하여 우연한 실험실 사건들은 과학 실험, 곧 특정 자연 법칙의 사례로서 자신의 의미를 획득하게 된다. 보일의 경우에 특정 공간에서 이뤄진 공기 펌프의 조작은 기체의 압력과 부피 사이의 보편적 관계를 보여주는 사례가 될 것이다(1965, p. 337). 니렌버그-마테이의 경우에 '안정된 무세포 단백질합성계(cell-free system)'의 실험실 조작은 살아 있는 모든 유기체들의 설계도인 유전 암호의 작동을 보여주는 사례가 될 것이다(1961, p. 1588).

우연성에 대한 반론은 의사소통 규범의 두 가지를 거스름으로써 보강된다. 실험보고서는 분량의 금언(당신의 원고에 필요 이상의 정보를 담지 말라)을 위배하는 것으로 보인다. '방법과 재료' 절과 '결과' 절은 어떤 실험 과정을 단순히 따르는 데 필요한 것보다 훨씬 더 상세한 내용을 담는다.[10] 그러나 사실, 분량의 금언은 엄격히 고수되고 있다. 이들 두 절의 목적은 독자의 이해를 돕고자 하는 게 아니라 실험재현을 가능하게 하여 실험실 사건의 원인은 실험자가 아니라 자연이라는 확신을 주려는 데 있기 때문이다.[11]

분명하게 관계의 금언(관련성을 보여라)도 침해된다. 보일과 니렌버그-마테이의 실험기록 모두에서 사건들은 통상의 의사소통 목적에는 치명적일 "그래서 무슨 상관인가" 식의 특징을 지닌다. 이는 니렌버그-마테이의 실험 보고서에서 어떤 유기 분자들의 거동과 관련되며, 보일에서는 수은의 거동과 관련된 것이다. "우리는⋯⋯이 관의 더 긴 부분에 든 수은이 다른 것들보다 29인치나 높았음을 관찰하였다"(1965, p. 337)는 식이다. 하지만 이런 보고서들이 지닌 의사소통의 목적은 일반적인 것이 아니다. 즉 우연적인 게 아니라 필연적인 사건들이 관련된다.

'논의'에서 이런 사건들의 의미 곧 관련성은 '도입'의 이론적 관점에 맞춰져 이해된다. 달리 말하여, '논의'에 이르면 '결과'에서 도출된 데이터가 그에 걸맞게 보고서의 주장에 긴밀히 일치함을 예증함으로써 결과의 데이터는 후보 지식으로 탈바꿈한다(Bazerman 1981, p. 366).

실험보고서들이 일상적으로 그러하지 못하지만, 우리는 실험보고서를 볼 때 데이터와 주장이 서로 다른 세계에서 나온다는 점에 유념해야 한다. 데이터의 원천은 실험실이며 주장의 원천은 자연이다. '방법과 재료' 그리고 '결과'에서, 실험재현은 특정한 어떤 사람에게 의존하지는 않는다 해도 불특정한 사람의 개입에는 의존한다. 논의에서 실험재현은 궁극적으로 과학자가 아니라 자연의 법칙성에 의존하는 것처럼 비쳐진다. 그리하여 실험실 경험은 일종의 비유, 곧 자연의 지표(natural index)가 된다.[12] 이 대목에서, 만일 보고서의 저자들이 성공한다면 그들의 주장은 사실의 지위를 획득하며 그것들이 생겨난 실험실 사건들과 분리될 수 있다. 논문의 '초록(抄錄)'을 가능하게 만드는 것은 바로 이런 분리다. 실험의 결론에서, 영속적 판결로서 자연 종과 자연 과정의 관계는 요약되고, 이에 맞추어 실험실 사건들은 폐기되기도 한다.[13]

귀납의 관념 |

실험보고서는 굳건한 관례로서, 본질에서는 변함없이 역사를 통해 이어져왔다. 그것은 베이컨주의 귀납 원칙의 구현이며, 우연성에서 자연의 필연성으로 나아가는 견고한 행진을 극적으로 만드는 절들의 순서이다. 메더워가 말했듯이, 과학 철학 분야의 발전은 그동안 절대적으로 무시되어 왔다. 왜 그런가? 이런 특정 순서의 세밀한 구현이 실험 행위를 귀납에 관한 신화로 바꾸어놓았기 때문이다. 귀납적 과학은 철학적으로 문제가 없으며, 감각의 경험에서 자연세계에 대한 믿음직한 지식으로 곧바로 나아갈 수 있다는 신화 말이다.

이런 능력을 지닌 귀납이 신화일 뿐이라는 것은 최소한 중세 후반 이후 알려져 왔다. 그로스테스트가 자연과학은 "과학적이기보다는 그럴듯한" 설명을 제공한다고 주장했을 때 그는 혼자가 아니었다. 회의주의는 중세 말의 시기에 한정돼 있지도 않았다. 16세기에 니포는 이렇게 선언했다. "자연 과학은 어떤 예외도 인정하지 않는 (*simpliciter*) 과학이 아니다……무엇이 원인이라는 것은 어떤 결과가 존재한다는 것만큼이나 확실한 것이 결코 아니다……왜냐하면 어떤 결과의 존재를 아는 것은 감각이기 때문이다. 어떤 것이 원인이라는 것은 여전히 추정이다"(Crombie 1959, Ⅱ, p. 16; pp. 32-34; 26-27도 보라).

귀납에 대한 어떤 진지한 변호도 이런 논쟁을 피할 수는 없다. 그러나 베이컨은 이런 논쟁을 피해갔다. 베이컨의 지지자인 보일은 이중적 태도를 취했다. 과학 가설의 최고 수준에 관한 그의 모호함은 그의 이중성을 대표적으로 보여준다. 그는 이렇게 주장한다. "현상을 설명할 수 있는, 또는 **최소한 현상을 매우 잘 설명하는 것은 오로지 가설뿐이다**"(1965, p. 135; 저자 강조).

귀납의 문제는 사실 두 가지의 문제다. 원인으로 알려진 것이 결과와는 독립적으로 입증될 수 없다면 귀납 추론은 순환하게 된다. 귀납이 결과에서 원인이라고 여겨지는 것으로 나아가는 한, 그것은 후속 결과를 긍정하는 오류를 범하게 된다. 버트런트 러셀은 이렇게 말했다. "가축은 평소 먹이 주는 사람이 눈에 띄면 먹이를 기대한다. 그런데 한결같을 것이라는 이런 다소 자연스런 기대들이 언제나 잘못 되기 쉽다는 것을 우리는 안다. 닭이 사는 동안 날마다 먹이 주던 사람은 언젠가 닭의 목을 비틀 것이다"(1974, p. 21). 닭은 다음과 같이 근거 있는 주장을 편다. 만일 그 사람이 나를 보살핀다면 내게 먹이를 줄 것이라고. 그렇지만 이런 닭의 주장은 사람이 닭에 먹이를 주기 때문에 닭을 보살핀다는, 후속 결과를 먼저 긍정하는 오류를 범하는 것이다. 더욱이 먹이 주는 모든 행위들이 보살핌의 행위들이라고 닭이 단언한다면, 그 닭은 순환논법의 주장을 펴는 셈이다. 그렇지만 닭은 사실을 알아채지 못하며 그건 당연한 일이다. 왜냐하면 하루하루가 지날수록 닭에 유리한 증거는 지속적으로 쌓이는 듯이 보이고, 수많은 긍정 사례들은 당연히 닭이 옳을 가능성을 증대시킨다. 닭이 최후를 맞이하는 날까지 그런 가능성은 계속 커진다.

귀납은 여전히 문제가 있지만, 거기에는 결코 진지한 옹호자들이 모자라지 않는다. 초기의 옹호자인 데카르트는 그 순환논법에서 벗어나기 위해 애썼다. 저서 『굴절광학(Dioptrics)』과 『유성(Meteors)』에서 그는 자신의 결론들에 관해 이렇게 말했다.

> 최후의 것이 그 원인인 처음의 것에 의해 증명되듯이, 이제는 그 결과인 최후 것에서 시작해 처음 것이 증명될 수 있다는 것이, 내 결론들의 관계에 관한 내 견해다. 내가 여기에서 논리학자들이 악순환이라 부르는 오류를 범하고 있다고 여겨서는 안 된다. 왜냐하면 결과는 대부분 경험에 의해 확실하게 밝혀지기 때문에 내가 결과를 연역하는 원천인 원인은 결과를 증명하는 게 아니라 결과를 설명하는 구실을 한다. 사실 원인은 자신에 의해 스스로 증명되어야 한다. (1954, pp. 55-56)

그러나 우리가 어떤 경험을 확실히 안다고 해도, 그 경험이 결과인지 여부는 마찬가지로 확실하게 알 수는 없으며 추정되는 어떤 원인의 매개를 통해 알 뿐이다. 코헨과 나겔은 300년간의 논쟁이 빚은 조심스러움을 지닌 채, 순환논법을 피하지 않고 오히려 끌어안으려 시도한다. 그들이 보기에, "모두 부정하거나 모순을 보임으로써 버릴 수도 있는 적은 수의 명제들의 순환, 그리고 너무 광범위해 어떤 대안조차 세울 수 없는 이론 과학과 인간 관찰의 순환, 이런 두 순환 사이에는 어떤 차이"가 존재한다(1974, p. 379).

내 관심은 이런 논쟁을 해결하려는 게 아니다. 나는 단지 그 존재, 평행선을 그리는 두 철학적 태도의 존재를 언급하고자 한다. 각 태도는 최소한 근대 실험과학의 기원만큼이나 오래되었으며, 하나는 실험과학의 경험주의 주장을 지지하고 다른 하나는 위협하고 있다.

이론 논문: 상대성에 관한 아인슈타인의 논문들 I

근대 이론 과학의 토대가 된 업적인 『프린키피아』에서, 뉴턴은 자신의 방법론이 지닌 연역적 핵심을 역설했다. "이런 〔중력의〕 힘들에서, 그리고 역시 수학적인 다른 명제들에 의해, 나는 행성, 혜성, 달과 바다의 운동을 연역해냈다"(1974, I, xviii). 이런 연역적 핵심은 『프린키피아』의 유클리드적 논거 배열이라는 형식을 통해 구현된다.

아인슈타인은 그의 저작과 사상에서 이런 뉴턴주의를 물려받았다는 사례들을 보여준다. 「물체의 관성은 그 에너지 함량에 의존하는가」라는 대표적 논문에서 그의 공리는 (1) "진공에 대한 맥스웰-헤르츠의 방정식들" (2) "공간의 전자기 에너지에 대한 맥스웰방정식" (3)특수 상대성 원리 등이다. 유클리드적 언어형식("{x, y, z} 계에 정지 물체가 있다고 하자.")을 사용하여 아인슈타인은 관념적 물리계를 창조한다. 그 방정식들은 마침내 "물체의 질량은 그 에너지-함량의 척도"라는, 곧 $m = L/c^2$ 또는 더 잘 알려진 공식인 $E = mc^2$이라는 결론에 이른다(1952, pp 67-71). 아인슈타인은 수학을 관념적 물리계에 적용함으로써 이런 결과를 이끌어낸다. 그러나 결론 자체는 새로운 존재론적 동등성을 나타내는 자연의 법칙이 된다. "특수상대성 이론은 정지질량이 다름 아니라 바로 에너지라는 결론에 도달했다"(1952, p. 148).

이 논문의 끝에서 두 번째 문장에서 아인슈타인은 물리이론의 왕국에서 경험의 세계로 자리를 옮기지 않은 채, 그가 도출한 새로운 자연 법칙을 확증하는 유일한 근거를 제안한다. "물체의 에너지-함량이 고도로 가변적인 물체들(예컨대 라듐 염)을 가지고, 이 이론을 성공적으로 검증하는 것도 불가능하지는 않다."

그러므로 「물체의 관성은 그 에너지 함량에 의존하는가」는, 유클리드적 연역이 이전까지 관찰되지 않은 연역적 물리 법칙들의 결과를 놀랍게 예측한다는 점에서, 아인슈타인 논문들의 전형을 보여준다.[14] 그러나 예측된 바는 단순히 질량-에너지 등가의 결과만이 아니다. 그것은 자연의 영구적 성질을 드러낸다. 그 결과는 우리가 그것을 측정할 수 있든 없든 거기에 존재한다. 또 그것을 측정하는 누가 있든 없든 그것은 언제나 거기에 존재해왔다. 결과는 세계의 인과적 구조를 감각에 분명하게 드러낸다. 그러므로 이론의 진리성이 인정되면, 질량과 에너지는 방정식들이 서술하는 방식 그대로 관계를 맺는 게 분명해진다.

이런 계시(revelation, '자연에 이미 언제나 실재하는 것이 과학에 의해 드러남'으로 풀이된다-옮긴이)는 아인슈타인의 과학철학과 직접 조화를 이루는 표현이다. 그의 과학철학은 물리적 사건을 완벽하게 결정하는 근본 실체들 사이의 관계를 서술하는 법칙들을 탐색하는 것이 물리학이라고 본다. "나는 여전히 실재 모형의 가능성 — 다시 말해 사물들 자체를 재현하는 이론의 존재 가능성을 믿는다".[15] 비록 어떤 인간 활동에서도 절대적 확실성은 가능하지 않다 해도, 근사적 확실성은 확실히 존재한다는 것이다. 예컨대 열역학 법칙들은 결코 뒤집힐 것 같지는 않다.[16] 그 법칙들의 근사적 확실성이 구축되면 확정된 법칙들은 "미분 방정식을 유효하게 하는 연속적 함수에 의해 사물들(Dinge)의 실재 상태를 서술하는 이론"으로 통합될 것이다(Einstein 1959, pp. 86-87).

너무나 근본적인 법칙들을 증명하기는 어렵다. 물리학이 발전하면서 "기본 개념과 공리들은 직접 관찰되는 바와는 스스로 거리를 둔다. 그리하여 이론에 담긴 의미와 사실의 대립은 언제나 더 어려워지고 더 많이 생겨나게 된다"(Einstein 1959, Ⅰ, 27; 1954, p. 222도 보라). 더욱이 "현상과 그것의 이론적 원리들 사이에 논리적 연결은 존재하지 않는다"(1954, Ⅰ. 226). 그런데도 과학 이론은 가능하다. 과학 이론의 존재는 오로지 세계의 인과적 구조는 이해할 수 있으며 합리적으로 정렬된다는 믿을 만한 신념에 의존한다. "합리성 또는 세계의 이해 가능성에 대한, 종교적 감정과도 비슷한 신념이 높은 수준의 모든 과학 활동 이면에 존재하는 것은 확실하다."[17]

연역의 관념 |

수리물리학의 연역과 실험과학의 귀납은, 이론의 정식화와 감각의 경험이 자연스레 필연적으로 연결됨을 전제한다는 점에서 비슷하다. 이것은 어떤 논리도 중개할 수 없는 연결이다. 그러나 논리만이 유일한 어려움은 아니다. 태양 부근에서 별빛이 휘는 것은 일반상대성을 입증하는 고전적 증명 가운데 하나인데, 이것은 이론적 연역의 증명을 둘러싼 측정과 유도의 문제라는 또 하나의 어려움을 보여준다. 항성 위치각도의 편차는 일식 동안에만 측정할 수 있다. 그래서 그것은 "다소 멀리 떨어진 세계의 어떤 곳에 마련된 임시 야외관측소의 통상 아주 어려운 조건들 아래에서 특정한 짧은 시간 간격 동안에 아주 작은 양을 절대 측정해야 하는 문제이다." 당연하게도 실제의 측정은 폭넓은 차이를 나타냈다. 아인슈타인은 원호 1.7초 각도의 편차를 예측했으나, 실제 결과는 0.93부터 2.73까지 나타났다. 이것은 너무 폭이 커 극한값들 사이의 차이가 예측된 값보다 더 큰 것이다.[18]

   그러나 이런 측정값들이 한 점에 수렴한다 해도, 증명은 계속 문제가 될 것이다. 일반상대성을 직접 적용하는 것, 항성 위치를 측정하는 것, 그리고 측정값을 직접 공식에 집어넣는 것에는 아무런 의문이 없다. '계산의 편의'를 위해서 이상적 초기 조건들이 매 단계마다 가정되고 각 단계에서 제대로 들어맞지 않을 때 비난은 이론에 돌아가는 게 아니라 '이상적 초기 조건들'에 돌아간다.[19] 곧 편차들은 이론에 반하는 게 아니라 증명하는 사람에 반하는 것으로 여겨진다.

◻

여러 원정대들의 관측 결과를 표로 만든 뒤에 시아마는 이렇게 말한다. "그 관측결과들의 의미를 평가하기는 어렵다. 왜냐면 다른 천문학자들은 동일한 재료를 두고 재논의를 통해 다른 결과를 이끌어내기 때문이다. 게다가 관측자들은 자신들이 어떤 수치를 얻을 것으로 '여겨지는지' 알지 못한다면 그들이 발표하는 결과들은 실제보다 훨씬 더 큰 범위에서 편차를 보일 것으로 누구나 짐작할 것이다. '올바른' 답을 알면 관측 장비의 성능을 넘어서는 것으로 나중에 밝혀지는 관측 결과까지 얻게 되는 몇몇 사례들이 천문학에는 존재한다"(Sciama 1959, p. 70: Collins 1975도 보라). 이런 추론의 사슬은 뛰어난 보편성을 지닌 과학 이론, 곧 설명 대상인 실재에서 멀찌감치 물러난 이론의 확증이 경험의 위협을 거의 받지 않음을 보여준다. 또 그런 이론의 확증이 결정적 시험과 마찬가지로 설득적 행위라는 점을 보여준다.

내가 과학논문을 하나의 신화처럼 말하며 염두에 두는 바는 바로 레비-스트로스가 쓴 말의 용법이다. 레비-스트로스한테 신화는 단순히 하나의 이야기가 아니다. 사실 그것은 본질적으로 말해 이야기가 아니라, 삶과 사고에서 "[근본적] 모순을 넘어설 수 있는 논리 모형"이다.[20] 신화는 넘어설 수 없을 정도로 너무 깊은 모순을 극복하기 위해 설계된다. 제대로 해석한다면 신화는 일시적 성공, 궁극적 실패의 기록이다. 내 견해로 보면, 과학 논문은 과학의 형이상학적 중심에 놓인 근본 모순을 극복하기 위해 설계된 신화를 실증한다. 모든 과학 논문은 확실한 지식의 필수조건인 용어의 안정성을 보여준다. 논문들은 적절한 절차를 따른다면 자연세계에 관한 믿을 만한 지식을 구축하게 될 것이라고 우리를 설득하고자 한다. 또 과학 논문들은 이론을 통해 우리가 감각의 경험과 그것의 원인인 초감각의 세계·사이에 분리될 수 없는 연결을 창조한다고 확신시킨다.[21]

하지만 문제는 그리 단순하지 않다. 모든 과학 논문들의 집합은 개별 논문이 실증하는 신화를 훼손한다. 먼저 이런 집합은 의견의 필수조건인 용어의 불안정성을 보여준다. 둘째 그것은 과학이 일상적으로 창조하는 바를 일상적으로 뒤집기 때문에 과학 지식의 확실성을 해친다. 마지막으로 이런 집합은 연속적인, 그리고 종종 모순적인 진리를 나타내며, 진보라는 일관된 개념과도 화해하기 어려운 역사를 보여준다. 예컨대 빛은 입자다, 빛은 파동이다, 빛은 에테르를 통해 흐른다, 에테르는 존재하지 않는다, 식으로 진리는 바뀌어 왔다.

결국에 우리는 철학자들의 과학철학과 과학자들의 과학철학을 구분해야 한다. 과학자들의 과학철학은 보일과 뉴턴의 영국 실험학파를 그 모형으로서 지니는데 이것은 베이컨에 의해 고취된 모형이다(Crombie 1959, Ⅱ, 319-320). 이 철학은 과학의 가능성을 설명하기 위해 설계되었다기보다는 오히려 과학의 실행자들한테 과학의 실행을 정당화하기 위해 설계되었다. 과학 논문의 논거 배열이 구현하는 바는 정확히 이런 철학이다. 오직 그런 형식만을 통해 모든 과학 논문과 중요한 과학 행위는 특정한 결론과 더불어, 그런 결론에 이르는 것을 존재이유로 삼는 과학 활동의 정당화를 일상적으로 전달한다.

◨

7

코페르니쿠스와 혁명적 모형 만들기

코페르니쿠스 혁명은 본질적으로 이성과 무관하였고, 본질적으로 증거와 논증의 문제는 아니지 않았던가? 확실히 초기에 코페르니쿠스 우주체계가 실용천문학의 도구로는 프톨레마이오스의 것보다 나을 것이 없었다. 현대 역사학자들한테는 이런 초기의 한계가 잘 알려져 있는데, 그렇더라도 그것이 폴 파이어아벤트의 『방법에의 도전(Against Method)』의 관점을 정당화하지는 못한다. 파이어아벤트는 코페르니쿠스 우주체계에 대한 갈릴레오 시대의 충성이 '맹신'의 수준에 이르렀으며 증거와 논증이 아니라 "선전, 감정, 임시방편의 가설, 그리고 모든 종류의 선입견에 대한 호소 같은 비이성의 수단들에 의해", 그리고 "갈릴레오의 책략"에 의해 지지되었다고 본 바 있다.

그러나 코페르니쿠스 혁명에 관한 파이어아벤트의 관점은 가볍

게 무시할 수 없다. 그는 "인간과 인간의 지식능력에 대한 새로운 관점을 담고 있는 완전히 새로운 세계관"이라는 혁명의 핵심 조건을 확고하게 이해하고 있다. 그는 또한 "좋은 이론의 개발은 신중히 시작해야 하며, 시간이 걸리는 복잡한 과정"이라는 점을 예리하게 파악하고 있다(1975, pp. 153-154, 원저자 강조; p. 84; p. 152, 강조 생략; p. 98).

과학의 발전은 본질적으로 무정부적이고 근본적으로 비이성적이며 당연히 그러하다는 파이어아벤트의 급진적 개념을 추인하지 않고서도, 또한 파이어아벤트만의 수사를 추인하지 않고서도, 그의 가장 깊고도 진실한 통찰 가운데 하나를 충분히 추인할 수 있고, 사실 유용하게 확장할 수 있다. 파이어아벤트는 새로운 과학적 세계관의 발전 초기, 즉 새로운 이론이 심각할 정도로 불충분한 증거에 의해 결정되던 시기에, "문체, 표현의 우아함, 발표의 단순성, 플롯과 이야기의 긴장, 그리고 내용의 매력은 우리 지식의 중요한 특징들이 된다"고 통찰했다(1975, p. 157).[1] 그 통찰을 1632년 갈릴레오의 『대화(Dialogue)』에 적용하는 게 아니라, 『천구의 회전에 관하여(De Revolutionibus)』보다 3년 앞선 1540년에 코페르니쿠스주의에 관한 최초의 저작으로 출간된 레티쿠스의 『지동설 서설(Narratio Prima)』에 적용하면, 최소한 일개 과학혁명 사례의 초기에 수사학이 어떻게 그리고 왜 작동하는지를 알 수 있다.[2]

이 장에서 나는 『지동설 서설』이 복잡한 태양중심설을 요약하는 것 이상의 구실을 어떻게 하고 있는지 보여주고자 한다. 이 저작에서 레티쿠스는 프톨레마이오스 가설을 뒤로 하고 코페르니쿠스 가설을 앞세운 자신의 선택을 정당화한다. 이를 위해 그는 논증과 증거 이상으로 나아간다. 당연하게 그는 연구하며 믿게 된 과학적 논거들을 밝힌다. 하지만 바로 그 연구의 결과로는 이런 논거들이 온전한 신념이 되기에 충분하다고 여길 수 없었으므로, 그는 과학적 논거들을 개종의 이야기라는 틀 안에 설정한다. 즉, 지식의 급진적 변화라는 모형의 구조 안에서 논증과 이야기를 통합한다.

내가 '이성의 개종'이라 부르는 이런 모형은 16세기 말과 17세기 초에 천문학의 발전을 이루는 데 핵심적인 요소였다. 새로운 코페르니쿠스주의 지지자들은 엄격하고도 비타협적인 실재론을 그들의 지도자와 공유하고 있었다. 새로운 천문학은 정밀 관측과 틀림없이 일치하며 정확한 물리학에 그대로 부합하는, 수학적으로 깐깐한 체계가 돼야 한다는 것이다. 그러나 이런 이상적 설명 방식은 코페르니쿠스 사후 1세기 이상이 지난 뒤 고전역학이 출현하고 나서야 실현될 수 있었다. 그러므로 이행의 시대에 이성 개종의 모형은 코페르니쿠스주의를 심리적으로 감내할 만한 것으로 만드는 구실을 했다. 그것은 변화를 촉진했다.

이와 동시에 브라헤, 마에스틀린 그리고 케플러의 저작들에서 분명히 드러나듯이, 이성 개종의 모형은 개종을 정당화하는 자기 역할을 훼손하는, 겉보기에 모순적인 의도를 드러냈다. 이성 개종에 나타나는 서사의 요소는 본래 비과학적이기에, 마음을 간질이며 지속적 변화의 동력을 제공하는 자극이 되었다. 결국에 새로운 패러다임의 옹호를 강화하는 이런 심리 모형들에 대한 모든 의존은 포기됐는데, 그 과업이 과학계가 상당 부분 만족할 정도까지 완결된 것은 뉴턴 이후에야 비로소 가능했다. 그들이 보기에, 뉴턴 이후에야 천문학은 온전히 과학적 기초에 기댈 수 있었다. 이렇게 해석하면 『지동설 서설』은 최초의 근대 정밀과학을 창조하는, 결과적으로 성공한 운동의 시작점이 된다.

태양중심설을 위한 과학적 변론 |

코페르니쿠스의 결론이 본질상 급진적이라 해서 그 방법론의 기원이 보수적이라는 사실을 놓쳐서는 안 된다. 그의 과학은 프톨레마이오스를 지지하던 그의 동료나 선구자들과 많은 구성요소들을 공유하는 '논증의 장'이다. 이런 구성요소들을 설명한다 함은 "대체로 그 행위자들이 당연하게 받아들이는 것들, 자명한 진리들을 설명하는 문제이다."[3] 코페르니쿠스는 세 종류의 자명함을 옛 과학과 공유한다. 먼저 천문학 이론은 유클리드 기하학을 통해 추론해야 한다. 또 그것은 가장 정밀한 천문학의 관측 결과와 일치해야 하고, 아리스토텔레스주의 물리학에 부합해야만 한다.

따라서 유클리드 방법론은 『지동설 서설』에서 중심을 이룬다. "나의 스승은……천문학 전체를 껴안아 개별 명제들을 수학적으로, 그리고 기하학의 방법으로 진술하고 증명하였다(dosendo et demonstrando)"(Rosen 1959, pp. 109~110; Hugonnard-Roche 1982, p. 42). 그러나 기하학적 추론만으로 충분하지 않다. 이론적 결론과 정밀 관측 사이에는 정확한 일치가 존재해야 한다. 레티쿠스는 스승이 이룬 발견에 관해 이렇게 말한다. 그것은 관측 결과에 "매우 뛰어나고도 눈에 띄게 일치함을 보이는 성취이기에 사실 최고의 찬양을 받을 만한 가치를 지닌다"(Rosen 1959, p. 121).[5] 그러므로 기하학을 수단으로 삼아, 코페르니쿠스는 그가 얻을 수 있는 모든 관측 결과(그 자신의 관측과 프톨레마이오스 같이 매우 뛰어난 선구자들한테서 물려받은 관측 결과 모두)를 하나의 체계 안에서 조화시키고자 했다(Rosen 1959, pp. 131-132).

그러나 기하학과 정밀 관측은 그 자체만으로는 불충분하다. 레티쿠스는 수학자와 물리학자, 즉 추상의 차원과 수량에 관심을 기울이는 사람과 그것이 실재하는 물체의 속성일 때에만 관심을 기울이는 사람에 대한 아리스토텔레스의 구분법을 동의하여 인용한다(Rosen 1959, p. 140; Aristotle 1929, pp. 116 ff.). 천문학자는 실재하는 물체의 속성을 다루는 데 비해 "항성의 운행을 연구하는 수학자는 확실히 여행길의 장님과도 같아, 길잡이 장대만을 들고서 황량한 곳을 수없이 지나는 길고도 위험한 여행을 해야 한다.……신이 주신 기회로 그는 몇 해 동안 자신의 힘을 시험할 것이며 마침내 길잡이 장대로는 험악한 위험에서 구조될 수 없음을 알게 될 것이다"(Rosen 1959, pp. 163-164). 그러므로 수학이 관측과 짝을 이뤄 물리천문학의 도구라는 힘을 충분히 살리고 그것이 설명하는 우주의 실제적 단순함을 수학 자신의 단순함 안에 반영하는 능력을 실현하는 것은, 오로지 정확한 물리학과 통일을 이뤄야만 가능하다. "지구에 귀속된 어떤 운동도 행여 불충분한 증거로 지지되는 것처럼 비치지 않도록, 현명한 우리 조물주께서는 모든 행성들의 겉보기 운행들에도 그것들이 마찬가지로 모두 관측되어 인지될 수 있도록 의미심장한 예비를 하셨다. 그리하여 아주 적은 운행의 관측으로도 자연의 필연적 현상들 대부분을 만족시킬 수 있다"(Rosen 1959, p. 161; pp. 137, 149도 보라).[6]

태양중심설을 가정해야만 천문학적 진리에 대해 군더더기 없는 증명을 할 수 있다는 것이 레티쿠스의 요점이다. "만일 누군가가 천문학의 주된 목표와 천체 체계의 질서와 조화를 찾으려 하거나 또는 그 현상의 원인들에 대한 평안과 우아 그리고 완벽한 설명을 찾고자 한다면, (태양중심설이 아닌) 다른 어떤 가설의 가정으로는 이보다 더 깔끔하고 정확하게 나머지 행성들의 겉보기 운동을 논증하지 못할 것이다"(Rosen 1959, pp. 164-165).[7] 사실, "이심원(eccentri, 회전 중심이 원의 중심에서 벗어나 있는 구조를 지닌 원—옮긴이)을 따라 지구가 운동한다는 가정으로도 천체 현상에 대해 의심할 바 없는 이론에 이른다. 하지만 이런 이론 안에서 어떤 변화가 생기면 이와 동시에 전체 체계를 다시 한번 더 잘 들어맞을 만한 적절한 기반 위에다 재구축해야 하는 일이 벌어진다"(Rosen 1959, p. 140).[8] 그러나 태양중심 가설은 천문학적 진리를 너무도 쉽게 산출하기 때문에 우주에 관해 중심을 이루는 물리학적 진리, 즉, 너무도 압도적이어서 "지구가 중심을 차지하는 것은 불가능한 듯이 보이는" 진리의 첫번째 후보가 된다(Rosen 1959, p. 137; Hugonnard-Roche 1982, p. 55).

코페르니쿠스 천문학은 이제 아리스토텔레스 『분석론 후서』가 언급한 것과 같은 과학의 목적지에 이르게 된다. "스승의 가설은 현상과 너무도 잘 일치하여, 그 가설과 현상은 훌륭한 정의와 정의된 대상처럼 서로 교환될 수 있다"(Rosen 1959, p. 186; Ross 1971, pp. 49-54; Aristotle 1975, pp. 64-65). 길잡이인 수학과 물리학과 더불어, 코페르니쿠스는 플라톤의 경고를 심각히 받아들였다. 그는 자기 이론체계의 '가정(가설)'에 대한 '설명'을 제공함으로써, 천문학의 '명료하게 깨어 있는 시각'을 확실하게 했다(Rosen 1959, p. 142; Hugonnard-Roche 1982, p. 58). 이제 우리는 '진리와 일치하는' 하

◰

나의 총체적 체계를 지니게 되었다(Rosen 1959, p. 193).

태양중심설을 위한 수사학적 변론 |

브라헤의 『새로운 천문 역학』, 쇠너의 『점성술 소품』, 클라비우스의 『천구 주해』와 『해시계 원리』, 프라카스토로의 『호모센트리카』, 포이어바흐 『새로운 행성이론』의 저자미상 요약본 등은 전형적인 르네상스 천문학의 저술들이다. 이 저술들의 형식은 본질적으로 유클리드에서 유래한 프톨레마이오스 『알마게스트(Almagest)』의 형식과 같다. 코페르니쿠스 『요약(Commentariolus)』도 역시 유클리드적 형식을 숨김없이 드러내며, 『천구의 회전에 관하여』는 노골적으로 『알마게스트』를 모방한다. 그러나 『지동설 서설』의 연결 구조는 이야기 같아서 코페르니쿠스주의를 위한 과학적 변론은 개종이라는 이야기의 틀 안에 스며든다.

처음에 레티쿠스는 자신의 정신적 지도자인 코페르니쿠스를, 프톨레마이오스 천문학에 심취한 위대한 전통 천문학자로 등장시킨다. 따라서 『지동설 서설』의 앞쪽 3분의 1에서 지구의 운행은 언급 없이 지나가며 레티쿠스는 코페르니쿠스 천문학 가운데 태양중심설을 논할 필요가 없는 측면들, 곧 세차운동이나 열대지방의 1년과 1항성년의 길이, 황도의 경사각과 달 이론에 관한 얘기를 자세히 늘어놓는다. 이 부분에서 코페르니쿠스는 프톨레마이오스의 계승자이며, 그의 저작은 앞선 천문학자를 '본떠' 쓰여진 것으로 나타난다(Rosen 1959, p. 131). 프톨레마이오스의 계승자로서, 코페르니쿠스는 이론 개량의 기초인 가장 정밀한 관측 결과들(자신의 관측과 선구자 특히 프톨레마이오스의 관측들)에 의존한다.『지동설 서설』의 앞쪽 3분의 1에서 사실상 코페르니쿠스는 그들 공통의 과학을 복원(교정)한다는 점에서 프톨레마이오스의 협력자다(Hugonnard-Roche 1982, p. 42). 위대한 선구자인 프톨레마이오스는 50차례 이상 언급되며 종종 크나큰 칭송이 더해진다. "계산할 때에 프톨레마이오스의 지칠 줄 모르는 근면, 관측할 때에 그의 거의 초인간적인 정밀함, 모든 운동과 형상을 검토하고 탐구할 때에 진실로 비범한 그의 일처리, 그리고 마지막으로 서술과 증명을 할 때에 완벽하게 일관되는 그의 방법은 '우라니아' (천문의 신- 옮긴이)가 자애하는 어느 누구의 찬탄과 칭송을 아무리 받아도 충분하지 않을 것이다"(Rosen 1959, p. 131 ; Hugonnard-Roche 1982, p. 52).

그러나 레티쿠스의 스승에 대한 존경은 프톨레마이오스에 대한 존경을 뛰어넘는다. 코페르니쿠스는 "프톨레마이오스보다 더 큰 적재능력"을 지니고 있기 때문이다. 적재능력이란 계속 끼어드는 천문학의 관측 결과들을 그의 이론체계에 통합할 수 있는 능력이다. '나의 주인' '나의 스승' (D[ominus] Praeceptor, D[ominus] Doctor Praeceptor 또는 D[ominus] Doctor)이라는 호칭으로 되풀이 언급되면서 — 이에 비해 프톨레마이오스는 그 이름만으로 언급될 뿐이다 — 코페르니쿠스는 관측 천문학의 기념비, 진정으로 영속적인 가치를 지닌 천문학의 목록을 창조한다(Rosen 1959, pp. 131, 126).

이처럼 코페르니쿠스주의가 프톨레마이오스 천문학의 자연스런 발전으로 묘사되는 가운데, 지구중심설이라는 프톨레마이오스 천문학의 결정적 가설은 갑작스럽고 완전하게 폐기된다. 달 이론에 관한 부분의 거의 끝에 이르러 레티쿠스는 이렇게 말한다. "이런 현상들은, 행성들에서 원인을 찾는 대신에, 나의 스승이 보여주듯이 구체 지구의 규칙운동에 의해 설명될 수 있다. 즉 태양이 우주의 중심을 차지하고 태양 대신에 지구가 그 이심원을 회전하는 규칙운동이 그렇다"(Rosen 1959, p. 135; Hugonnard-Roche 1982, p. 54). 본문에서 느닷없이 나타나 당시 신봉되던 정설을 건드리기 때문에, 이 문장은 16세기 독자들한테는 놀라움을 주었을 것이 확실하다. 그것은 충격이기도 했다. 그것을 믿는다는 것은 여러 해 동안 배워온 중심 교의에 대해 등을 돌리는 일이었다. 또 존경하는 동료와 경외하는 스승들이 지닌 의심할 수 없는 가설을 완전히 폐기하는 일이었으며, 지난 1400년 역사의 천문학이 설명해온 우주를 영원히 저버리는 것이었다. 100년 이상 동안 코페르니쿠스주의가 상대적으로 극소수의 중요 지지자들만을 확보한 일은 거의 놀랄 일도 아니다.

이런 서술의 변화가 갑작스럽다 해도 그런 변화에는 준비된 이야기가 있고 얼마 지나지 않아 논증적 정당화도 나타난다. 코페르니쿠스 천문학과 프톨레마이오스 천문학의 갈등은 과학 전통 내부의 갈등, 그리고 코페르니쿠스 자신 내부의 갈등으로서 등장한다. 레티쿠스는 이렇게 말한다. "프톨레마이오스의 발자국을 따라 걸으면서" 코페르니쿠스는 "그 천문학자를 좌우했던 현상이 수학과 결합되자 심지어 그도 원치 않는 어떤 가정을 하지 않을 수 없음을 알게 되었다." 그는 자신의 가설을 "받아들여야만 했다." 그는 "관측 결과들이 지시하는 명령에 순응하여" 자신의 결론에 도달해야 했다(Rosen 1959, p. 186 — 교정 번역; p. 140; p. 151; Hugonnard-Roche 1982, pp. 81, 57, 63). 그러나 아무리 급진적이라 해도, 그것은 아리스토텔레스라도 분명히 동의했을 법한 결론들이었다. "무거움과 가

벼움, 원운동, 그리고 지구의 운동과 정지에 대한 세심한 논의를 서술했던 아리스토텔레스가 만일 새로운 가설의 근거들을 듣게 된다면, 그는 이런 논의에서 자신이 무엇을 증명했고 무엇을 증명되지 않은 원리로 받아들였음을 틀림없이 솔직하게 인정했을 것이라고 나는 확신한다"(Rosen 1959, p. 142).[9]

아리스토텔레스의 스승인 플라톤에 따르면, 진리를 진정하게 탐구하는 데에서 검증되어야 하는 것은, 바로 이처럼 증명되지 않은 원리들이다(Rosen 1959, p. 142; Hugonnard-Roche 1982, p. 58). 그러므로 지구중심설에 의문을 제기할 자유를 부정하는 것은, 프톨레마이오스가 따랐던 지적 전통의 중심 원리를 부정하는 게 된다. 그 부정은 천상의 현상 이면에 있는 물리적 실재를 정직하게 탐구하는 것을 불가능하게 만든다.

개종의 서사로 말하자면 그에 앞섰던 『사도행전』(Acts)의 위대한 저자가 그랬던 것처럼, 레티쿠스는 코페르니쿠스 이야기를 하면서 마찬가지로 대조법의 가치를 예민하게 활용한다. 코페르니쿠스가 본질에서는 프톨레마이오스와 동일한 관측을 하고도 정반대의 중심적 결론에 이르렀다는 이성 개종의 드라마는 그 거장의 타고난 보수주의 때문에 더욱 빛난다. 특히 태양중심설은 마지못해 옹호된다. 왜냐하면 "그는 충분한 이유가 생기거나 사실들 자체가 그를 강제하지 않는 한, 진기한 발견에 향한 갈망으로 옛 철학자들의 견실한 의견들에서 분별없이 벗어나야 한다고는 결코 생각하지 않기" 때문이다.[10] 코페르니쿠스는 심지어 태양중심설을 완전히 믿은 뒤에도 다른 이들이 혼란에 빠지지 않게 하려고 자신의 결과를 발표하는 데에 주저했다는 것을 우리는 알고 있다. 과학에는 숨길 곳이 없다는 쿨름 주교의 거듭된 강권이 이 위대한 천문학자를 설복하여 그의 목록뿐 아니라,[11] 증명을 갖춘 전체 이론체계를 출판하게 했다(Rosen 1959, pp. 187, 192-193).

태양중심설로 개종한 코페르니쿠스의 이야기를 하면서 레티쿠스는 또한 자신의 개종 이야기를 하고 있다. "나의 스승이 이룬 천문학의 부흥을 나는……두 눈으로 바라본다. 그리고 마치 안개가 걷힌 듯하며 이제 하늘은 청명하다"(Rosen 1959, p. 168; Westman 1975b). 『지동설 서설』을 관통하여 스승의 가설에 대한 레티쿠스의 믿음은 서서히 커지는데, 그 속도를 반영해 주장의 세기도 점차 증대한다. 처음에 현상을 단순히 '설명할 수 있다'고 했던 개념, 그 태양중심설은 뒤이어 좀더 심각하게 다뤄진다. "보통의 시계 제조공한테서 볼 수 있는 기술을 조물주인 하나님께서도 지니고 계시다고 봐서는 안 되는 것인가?" 그러나 여전히 그런 생각은 확실히 주저하며 다뤄진다. 즉 논증은 여전히 '할 수 있다' '추측하다' '그러하다면 그러할 것처럼'과 같은 말로 가득하다(Rosen 1959, pp. 135, 137; pp 145, 150도 보라). 그렇지만 그런 머뭇거림이 저작의 끝 부분에 나타나는 다음의 선언에는 없다. "지구와 행성의 이런 계약이 영속하도록, 최초의 작은 청동 원은……움직이는 교점들 가운데 어떤 하나에 금성이 한번 복귀하는 때에 한번 회전하라고 하나님께서 규정하셨다"(Rosen 1959, p. 184; p. 185도 보라).

이런 레티쿠스의 신념은 프톨레마이오스의 후계자에서 왕으로, 장군으로, 철학자로, 그리고 세계를 짊어진 아틀라스나 지하세계에서 천문학의 시상을 건져 살린 오르페우스 같은 신화 속의 영웅으로, 코페르니쿠스의 상징지위가 점점 높아짐에 따라 덩달아 커진다

(Rosen 1959, pp. 131, 132, 150, 162-163, 164).[12] 그렇게 증대하는 신화적 지위는 아주 어울리는 것인데, 왜냐면 이성 개종만이 "스스로 원인인" 태양이 "모든 운동과 빛의 원천"이라는 신플라톤주의의 진리를 발견하기에 이를 수 있기 때문이다. "하나님은 무대 중심에다 자연을 다스리는 총독, 그 신성한 광채가 뚜렷한 우주 전체의 왕을 두셨다"(Rosen 1959, pp. 139, 146, 143; Kuhn 1981, pp. 128 ff.).

이 대목에서 『지동설 서설』의 앞부분을 다시 읽거나 기억한다면 결정적 단어들 ─ 가설, 이론, 원인, 그리고 **진리** 같은 용어들 ─ 의 의미가 변화했다는 점이 분명해질 것이다. 예컨대, 레티쿠스가 코페르니쿠스의 태양중심설을 갑작스럽게 드러내기 이전에 몇 쪽 앞에서는 이런 문장이 나타난다.

그렇지만 모든 학자의 관측 결과와 하늘 자체 그리고 수학적 추론으로 인해, 우리는 천체 현상의 영속적이며 일관된 관계와 조화를 입증하고 그런 조화를 일람표와 규칙들 안에다 정식화하기에는 프톨레마이오스 가설과 일반적으로 수용되는 가설들이 충분치 않다고 믿게 된다. 그리하여 나의 스승이 새로운 가설들을 고안한 일은 필연적이었다.[13] 그런 가설을 가정함으로써 나의 스승은 고대인과 프톨레마이오스가……한 때 깨달았던 것과 같은 운동의 견실한 논리체계를 가지고서,……그리고 세심한 관찰 결과들을 통해 고대인의 유산을 연구하는 오늘날의 사람들한테 천상에 존재하는 것으로 드러나고 있는 운동의 견실한 논리체계를 가지고서 기하학적으로 그리고 수리적으로 연역했을 것이다 (Rosen 1959, p. 132).

태양중심설이 드러나기 이전이라는 본래의 맥락에서 볼 때, 새로운 가설에 관한 이런 진술은 『지동설 서설』의 앞쪽 3분의 1에서 제시된 기술적 혁신만을 언급하는 것일 수도 있다. 그러나 태양중심설이 이미 모습을 드러냈기에 새로운 가설의 필연성에 관한 이 구절은 하늘의 다른 질서, 곧 필연성이 지배하는 어떤 이치를 공표하는 것으로 해석되어야만 할 것이다. 레티쿠스는 『지동설 서설』의 앞쪽 3분의 1에서 천문학 왕국의 통치자로 그려진 그의 스승에 관해 이렇게 말했다. "그분께서……천문의 진리가 복원되기까지 그것을 통치하고 수호하며 확장하시길 기원하노라"(Rosen 1959, p. 131; Hogonnard-Roche 1982, p. 52). 『지동설 서설』의 끝 부분에서 천문의 진리는 명확하게 다시 규정된다. 가설들은 『천구의 회전에 관하여』를 관통하여 존재하는 것, 곧 우주에 관한 물리적 진리가 되었다.

과학혁명과 이성 개종의 요구 ┃

레티쿠스는 스승의 태양중심설 옹호론을 설명하고, 자신의 지지를 정당화하려고 이성 개종을 발명했다. 코페르니쿠스주의 논증의 장은 그 자체만을 볼 때에 완결되지 않았으며 불충분했기 때문이다. 브라헤, 케플러, 뉴턴 이전까지 태양 중심의 관점은 그것의 지고한 목적, 즉 코페르니쿠스가 『요약』에서 말했던 "우주의 구조와 운동을" "완결적으로 설명하기"에는 부족했다(Rosen 1959, p. 90; 저자 번역).[14]

코페르니쿠스한테, 따라서 레티쿠스한테 "완결적으로 설명하기"는 최소한 두 가지 의미를 지닌다. 첫 번째는 어디에든 통하는 실재론을 뜻한다. 천문학자들은 달과 행성의 고유한 실제 궤도를 설명해야 한다. 이렇게 볼 때 코페르니쿠스의 혁명성은 태양중심설에만 존재하는 것이 아니라, 아마도 이런 집요한 실재론에 더 우선하여 존재하는 것이다. "이런 의미에서(결코 다른 의미가 아니라), 코페르니쿠스는 '과학혁명'의 최초의 위인으로 여겨질 수 있다. 본질적으로 바로 이런 그의 태도가 케플러, 갈릴레오, 데카르트 그리고 뉴턴을 설복하게 했다"(Grant 962, pp. 215-216). 비록 이런 관점을 부정하는 (나중에 오시안더가 쓴 것으로 밝혀진) 서문이 『천구의 회전에 관하여』 앞쪽에 나오지만, 조금만 주의를 기울여 이 저작을 연구했더라면 누구라도 이 서문에 속지 않았을 것이다. 확실히 교회는 속지 않았다. 1620년에 그것이 적절히 수정되고 나서야 교회는 그 저작을 승인했다. 그래서 코페르니쿠스가 지구의 삼중운동을 입증했다고 언급했을 때, 교회는 그가 그런 운동의 가설을 말하고 있을 뿐이라고 주장했다(De Morgan 1954, p. 95).

그러나 코페르니쿠스는 그의 실재론 프로그램을 완수할 수 없었다. 그의 주전원과 이심원(등속 원운동들의 복잡한 조합)은 고유한 궤도들을 결코 설명할 수 없었다. 이것은 주전원과 이심원이 실재할 수 없기 때문이 아니었다. 사실 "주전원과 이심원은 자연의 왕국에 아마도 존재할 수 없을 것이다"(Rosen 1959, p. 194; Hugonnard-Roche 1982, p. 86)라는 아베로스의 결론을 레티쿠스가 비판했다. 오히려 문제는 주전원과 이심원들을 조합하면 달과 행성의 궤도에 대한 너무나 많은 해법들이 만들어진다는 점이었다. 모든 해법들이 수학적으로 동등했으며, 이에 따라 모든 해법들이 등가의 믿음을 요구하고 있었다.

코페르니쿠스는 이런 등가성을 잘 인식하고 있었다(Rosen 1959, p. 74, note ; pp. 138 and 168도 보라). 이런 해법들 가운데에서 하나만이 옳을 수 있다. 그러나 그것들 가운데 어떤 것이 실제적이었다 해도 실제적인 것을 선택하기는 불가능했다. 실제로 선택이 불가능하다면, 코페르니쿠스의 우주 모형은 최소한 이런 점에서 단순한 계산용 도구에 불과한 것이었다. "확정된 것은 무수한 설명을 지닐 수 없다. 만일 원주를 일직선 위가 아니라 주어진 세 점을 지나가도록 그린다면, 우리는 먼저 그린 것보다 더 크게 또는 더 작게 또 하나의 원주를 그릴 수 없는 것과 마찬가지다"(Copernicus 1971b, pp. 100-101).

태양중심설이 코페르니쿠스한테 실재하는 것이고 주전원과 이심원이 실재할 수 있다 해도, 그의 주전원과 이심원은 여전히 수학적 편의를 위한 것으로 머물렀다. 『천구의 회전에 관하여』의 한 구절은 이 문제에 관한 코페르니쿠스의 성숙한 관점, 즉 회의주의와 희망의 뒤섞임을 명확히 보여준다. "매우 많은 수의 배열들이 똑같은 결과에 이르므로, 나는 어떤 것이 실재한다고 선뜻 말하지 않겠다. 계산과 현상이 영속적으로 일치하여 그것들 가운데 어느 하나가 실재하는 것이라고 믿지 않을 수 없는 상황이 아니라면"(1978, p. 164).

코페르니쿠스한테, 따라서 레티쿠스한테 완결적으로 설명하기는 단순하게 설명하기이기도 했다. 『지동설 서설』에서 레티쿠스는 태양중심설에 대한 그의 변론 앞쪽에서 말을 아끼는 '절약'(parsimony)이 설명의 가치를 지닌다고 여긴다. "이런 지구의 운동 하나가 거의 무한한 수의 현상들을 만족시킨다." 나중에 그의 논증에서 레티쿠스는 한발 더 나아간다. 그는 설명의 가치로서 절약을 짐짓 과시한다. "그렇게 적은 수의 운동으로도 필연적 자연 현상들 대부분을 만족시키는 일이 가능했다"(Rosen 1959, pp. 137, 161; pp. 137 and 149도 보라).[15]

그러나 코페르니쿠스의 세계 체계는 그가 남긴 상태 그대로 결코 단순하지 않은 구도, 경쟁적인 프톨레마이오스의 체계보다 결코 더 단순하지 않은 구도로 여전히 남아 있다. 사실, 코페르니쿠스가 『천구의 회전에 관하여』에서 도해로 보여주듯이, 그의 우주는 포개진 일곱 개의 구체들(여덟 번째는 달의 구체를 이룬다[Armitage 1962. p. 82])의 체계로 충분히 단순해 보인다. 그러나 이것은 정밀한 그림이 아니다. 거기에는 너무 적게 원들이 그려져 있다. 그 그림은 코페르니쿠스의 실제 체계에서 나온 게 아니라, 여러 차례 다시 인쇄된 페터 아피안의 지구 중심 우주에서 전형적으로 볼 수 있는 그런 종류의 세계 체계 묘사들에서 유쾌한 것이다(Armitage 1962, p. 80).

코페르니쿠스의 도해에서 태양과 지구의 위치만 단순히 바뀐 채 이전 시기의 그림이 다시 그려졌다. "그러므로 우리가 직면하는 것은" 그림묘사가 아니라 "특정 개념과 특정 의미들을 담은 표의문자다. 그것은 도해 대상물의 속성이 그림의 어느 곳에서 의미로 재현되는지를 이해하는 일과 관련된다"(Fleck 1979, p. 137). 그 그림은 태양 중심 체계가 물리적으로 가능하다는 믿음의 행위를 보여주는 것이다. 그런데도 그것은 확고하게도 "고체의 구체들이 서로 인접해 포개져 있다는 프톨레마이오스의 가정을 지지하는 것이다"(Swerdlow 1976, p. 129).

완결적 설명이라는 것이 달과 행성들의 궤도에 대해 고유한 해법, 즉 그것들의 실제 모습을 단순하고 정밀하게 설명하는 해법을 제공한다는 뜻이라면, 코페르니쿠스는 역사를 되돌아보아도 그렇고 그 자신의 의미에서도 그렇듯이 자신이 선언했던 의도에는 미치지 못했다. 그러므로 레티쿠스와 초기의 코페르니쿠스 지지자들한테 태양중심설로 나아가는 것은 필연적으로 이성뿐 아니라 의지의 운동이었다. 이런 변화를 정당화하기 위해 레티쿠스가 이성의 개종을 창안했다는 것은 분명한 진리, 곧 형식은 기능을 따른다는 점을 『지동설 서설』에서 인정하는 것이다.

수사로서, 코페르니쿠스 혁명 |

『지동설 서설』을 통해 코페르니쿠스가 자신이 품은 목표를 이루기에는 얼마나 능력 부족이었는지 알게 되면, 우리는 '코페르니쿠스 혁명'이라는 개념에 반대하는 버나드 코헨(1985)과 아서 커스틀러(1968)의 논증을 뒤따르고 싶은 유혹을 느낄 수도 있다. 그들의 논거는 본질에서 동일하다. "천문학의 혁명이 1543년 코페르니쿠스의 『천구의 회전에 관하여』 출판 이후에 일어났다는 관념은 18세기의 천문학사가들이 만든 공상적 발명이었다"(Cohen 1985, pp. x, 106; pp. 40-125도 보라). 그러나 코헨과 커스틀러가 천문학사를 구체화하는 과정에 수사학의 힘에 좀더 큰 강조점을 두었더라면 『천구의 회전에 관하여』에 대한 그들의 평가는 뒤집어졌을 것이다.

코페르니쿠스주의의 즉각적 영향이 없었음을 보여주는 증거는 확실히 견고하다. 코페르니쿠스의 『천구의 회전에 관하여』와 최초의 두 가지 행성 법칙을 공표함으로써 수학적 천문학의 새로운 시대를 연 케플러의 『새로운 천문학』(Astronomia Nova) 사이에는 66년의 간격이 존재한다(Berry 1961, pp. 179 ff.). 그 사이에 코페르니쿠스가 매우 전문적인 천문학자들한테 끼친 영향력은 분명히 무시할 만했다.

사실 코페르니쿠스주의는 1650년까지 영국에서, 또는 거의 18세기 중반까지 스웨덴, 스페인, 헝가리, 폴란드에서 받아들여지지 않았다(*Colloquia Copernicana*, I, 1972). 태양중심설의 논증이 강력하지 못했기에, 이런 반대들은 종종 불합리했다 해도 이해되고 방어될 수 있었으며 실제로도 자주 그러했다. 이런 관점에 볼 때 코페르니쿠스주의가 일반적으로서 수용되던 즈음이 돼서야 코페르니쿠스 천문학은 진화적 변화의 결과물로서 좀더 제대로 설명됐다.

하지만 이런 관점은 중요한 증거를 간과한다. 커스틀러는 『천구의 회전에 관하여』를 "아무도 읽지 않은 책"이라고 부른다(1968, p. 191; 강조 생략). 코헨이 보기에 코페르니쿠스의 걸작은 "1609년 이후까지 천문학에 근본적 영향을 끼치지 못했다"(1985, p. 38). 이것은 레티쿠스가 탐독했고 브라헤가 잘 이해했으며 케플러가 열심히 연구했던, 그리고 마에스틀린이 50년에 걸쳐 주석을 달았던 바로 그 저작에 대해 거의 공정하지 못한 평가처럼 보인다(Moesgaard 1972; Kepler 1981, p. 17; Westman 1975a). 이 인물들은 영향력의 네트워크를 이루었다. 마에스틀린은 케플러의 스승이었고, 브라헤는 그의 멘토르였다. 행성 운동 법칙들로 나아가는 경험적 열쇠를 쥔 인물이 사실상 브라헤였다. 1596년에 나온 케플러의 『천체의 신비』는 마에스틀린의 글 두 편을 담고 있었다. 하나는 코페르니쿠스 천문학의 요약이고, 다른 하나는 케플러 저작의 부록으로 실린 레티쿠스 『지동설 서설』의 개론이었다. 이런 관계들의 존재는 천문학에 끼친 코페르니쿠스의 초기 충격이 없었다는 견해와는 모순된다. 오히려 1570년대에 "작지만 중요한 수학적 천문학자 집단이 이미 코페르니쿠스 천문학의 기술적 측면에 매우 친숙해 있었으며, 그 실재론의 주장을 진지하게 경청했다"는 로버트 웨스트먼의 주장을 지지하는 것이다(1975a, p. 54).

이런 영향력의 네트워크를 추적하다보면, 우리는 근대 태양중심설의 탄생에서 시작해 케플러의 행성운동 3법칙이라는 그 최초의 중요한 지적 개화의 문턱에 이르는 진보의 연대기를 작성하게 된다. 수사학적 연결은 레티쿠스에서 케플러의 스승 마에스틀린까지, 그리고 레티쿠스와 마에스틀린에서 케플러 자신까지 이어지는 계보의 사슬, 즉 사실상 이성 개종의 사슬을 이룬다. 코페르니쿠스를 일러 "프톨레마이오스 이후 천문학자들의 왕자"라고 했던 마에스틀린은 코페르니쿠스 가설에 대한 자기 다짐을 다음과 같이 확인했다. "진기함을 좋아하다 보면 현혹되어 넋을 빼앗긴다는 것을 핑계로 나는 그것을 인정하고 싶지는 않다. 그러나 필연성에 압도되어 나는 마지못해 그쪽으로 다가갔다"(Westman 1972, pp. 9, 17). 이 말은 어디선가 들어본 듯한 느낌을 준다. 사실 이것은 『지동설 서설』에 나오는 한 문장을 바꿔 표현한 것이다(Rosen 1959, p. 186; 이 책 161쪽을 보라). 마에스틀린에 대한 레티쿠스의 영향은 또한 『천체의 신비』 부록에 실린 그의 글에서 고백을 통해 쉽게 드러났다(1981, pp. 83-85).

케플러는 이런 사슬의 또 다른 연결이다. 케플러의 기이한 첫 번째 걸작 『천체의 신비』 서문은 "튀빙겐의 저명한 미카엘 마에스틀린 선생"을 코페르니쿠스주의의 스승으로 분명하게 기록했다. 더욱 적절하게도 그것은 케플러의 이성 개종을 그대로 증명하는 것이다. 먼저 그는 "우주에 대한 통상의 개념들이 안고 있는 여러 난점들 때문에 혼란"에 빠졌으며, "프톨레마이오스보다 나은 코페르니쿠스의 수학적 강점들을……한데 모았다." 이후에, 그는 새로운 교육직위에 대비해 "심층 성찰"로 나아가야 했다. 마지막으로 그는 "강한 열망"을 경험하고는 "[그의] 마음을 다해 이 주제에 빠져들었다 [*toto animi impetu hanc materiam incubui*]"(1981, pp. 61-63). 마지막 절의 번역이 적절하다 해도, *animus*는 의지의 보금자리인 영혼을 말하는 것일 수도 있으며, *incubo*는 또한 '신의 메시지를 받기 위하여 신전에서 밤을 보내다'라는 뜻일 수도 있다. 이런 언어적 추론들은 이미 굳건한 주장을 강화할 뿐이다. 즉 케플러는 이 자전적 과정을 완전한 개종, 그렇지만 분별없이 이뤄지지 않은 개종이라고 거리낌없이 말하고 있다(1981, pp. 78-79).

그리하여 충분한 '과학적' 근거들은 부족했지만, 레티쿠스는 한 논증의 장에서 다른 논증의 장으로 자리를 옮긴 이성 개종의 모형을 직접 그리고 간접으로 케플러한테 제공했다. 이런 수사학적 네트워크는 코페르니쿠스의 계기가 혁명적인 것이었음을 3세대에 걸쳐 확인해준다.

결국에는 태양 중심 천문학에서 이성 개종의 필요성은 사라졌다. 이런 필요성이 사라지면서 객관성의 환상이 생겨나고, 태양 중심 천문학의 발전은 개별 의지들의 의식적 참여와 무관하다는 환상이 생겨날 수 있었다. 그렇지만 수사학적 분석의 가르침은 이와 다르다. 1540년대 코페르니쿠스주의의 초창기에, 이를 지지하는 논증들은 레티쿠스의 인간적 다짐을 보여주는 극적 증거에 의해 보강됐다. 코페르니쿠스주의가 위험을 겪은 첫 번째 1세기 동안에, 그런 개인적 고백과 인간적 다짐은 중요하게 지속되었다. 17세기 말 무렵, 코페르니쿠스 혁명이 서유럽에서 거의 끝나가면서 개인의 고백과 인간적 다짐은 그런 개인을 제도적으로 대리하는 권위와 교의에 자리를 물려주었다.

태양 중심 천문학의 이성적 개종은 논증의 장들을 이어주는 심리적 다리 이상의 것이다. 코페르니쿠스의 단호한 실재론과 그가 발전시킨 실제 체계의 결점들 사이에 놓인 모순은 분명 긍정의 힘을 지녔다. 즉 그것은 브라헤에서 뉴턴까지 뻗어간 계보의 과학자들을 고무하면서 한 세기 동안 새로운 발견에 도움을 주는 단서로서 작용했다. 이 과학자들은 여기에서 영감을 끌어내어 구조와 역학 측면에서 적절하다고 판단되는 우주를 창조하기 위해 연구했다. 그런 우주는 수학적으로 단순하고 조화로운 전체 체계이며, 새로운 물리 법칙들과도 조화를 이루어 천상의 현상을 정밀하게 설명하고 예측할 수 있는 체계였다. 또한 그들이 보기에 실재하는 천체들의 실제 운동을 정확히 설명하는 체계였다. 그런데 태양 중심의 우주가 등장한 것은 다름 아니라 코페르니쿠스 계승자들의 노력 덕분이었다. 그들의 태양 중심 우주는 코페르니쿠스의 우주와 너무도 다른 것이었지만, 『지동설 서설』에서 공개적으로 처음 역설된 설명적 이상과는 더욱 근사하게 일치하는 것이었다.[16]

과학혁명에서 이성 개종의 구실은 코페르니쿠스 천문학에 국한되지는 않는다. 1944년에 오스왈드 에이버리 연구진은, 유전자가

DNA로 구성된다는 혁명적 결론을 제시한 논문 하나를 출판했다. 이 발견에 관하여 노벨상 수상자인 살바도르 루리아는 이렇게 성찰했다.

어떤 압박이나 경쟁 또는 반박의 여지없는 데이터가 갑자기 출현한다 해도 그는 발표 결정을 서두르지 않았다. 돌이켜보건대, 이런 점에서 에이버리는 경험 많은 지도자의 특권을 발휘하려고 마음먹었던 것 같다. 그는 성공의 습관에서 나오는 단호함을 보여주었다. 그것은 여전히 혼란스런 대량의 데이터에다 이성적 확실성과 감성적 확실성을 부여하려는 의지였다. 과학에서 확실성의 이런 근원은, 무수한 통제와 반증 시도들을 거친 뒤에야 비로소 확실성이 생긴다고 믿는 사람들한테는 인정되지 않는다. 에이버리가 보여준 확실성은 지적 도약의 가능성을 비추는 빛이나 갑작스런 통찰과 더 유사하다(1986, pp. 29-30).

뒤이어, 루리아는 생물학 혁명과 물리학 혁명의 연관성을 분명히 드러내어 말했다. 즉 에이버리는 자신의 결과물을 "사실로서" 출판했는데, "그 사실이란 공고한 증거에 의한 것만큼 신념에 의해서도 유효함을 인정받는 사실, 그리고 케플러의 법칙이 호이겐스와 뉴턴한테는 설득적이어도 실험에 익숙한 비판자들한테는 덜 설득적인 사실이라 해도 사실"이라는 의미에서 그렇다.

8

뉴턴의 수사적 개종

과학에는 두 종류의 수사적 걸작이 있다. 하나는 혁명을 불러일으킬 만한 힘을 지닌 것이고, 다른 하나는 혁명을 회피할 만큼 정교한 것이다. 첫 번째 종류의 걸작 사례로는 『두 가지 주요한 세계 체제에 관한 대화』와 『종의 기원』이 있다. 처음에 갈릴레오와 다윈은 동의보다는 논쟁을, 변화보다는 혼란을 불러일으켰다. 반면에 데카르트의 광학 관련 저작들과 뉴턴의 『광학』은 두 번째 종류의 걸작 사례들이다. 이들은 각자의 방식대로 설득에 성공적이었고, 거의 한 세기 동안 광학 연구를 지배했다. 이 저작들에서 이들의 논증은 혁명적 변화보다 연속적 변화를 위해, 즉 과거의 최선을 연장하려는 것이었다. 그렇지만 이 걸작들이 지닌 설득의 목표는 비슷하다 해도, 과학에 대한 이 둘의 관념만큼 더 대립적인 것은 없을 것이다.

나의 주제가 바로 이런 대립, 즉 17세기 광학의 중심에 이르며 나타난 어떤 대비이다. 『방법론 서설』의 완결된 부록으로서 1637년에 출간된, 지금은 거의 잊혀진 데카르트의 광학 저작들은 매우 적절하게 새로운 방향을 향한 첫걸음으로 불려왔는데, 그것은 매우 적절하다. 데카르트는 전통적 전제들을 위배하지 않으면서 그것들과는 다른 빛의 물리학을 독창적으로 창조했다. 그 프로그램은 새로운 것이었지만 그는 백색광이 기본이며 색은 백색광의 변형으로서 이차적인 것이라는 신념을 전통적 과학과 공유했다. 그는 또한 실험이 아니라 이성적 직관이 인식론적으로 우선한다는 전통적 믿음을 지녔다. 그의 관점에서는 경험이 아니라 이성이 지식의 근본이며 시금석이었다. 결국에 그는 아리스토텔레스와 마찬가지로 완벽한 과학적 설명은 최소한 전통적인 세 가지 원인을 담아야 한다고 믿었다. 즉 형상인, 작용인, 질료인이 그것들이다(아리스토텔레스 철학의 '원인' 개념에 대해 이 책의 20-21쪽 참조하라─옮긴이). 이렇게 공유된 믿음 때문에 데카르트는 수사학적으로 투명할 수 있었으며, 동시에 설득력을 지닐 수 있었다. 그는 자신의 글을 통해 자신의 관점을 명증하게 설명하고, 사실상 강조할 수 있었다.

1672년에 데카르트의 광학이 이미 확고한 자리를 잡을 무렵에, 뉴턴은 광학에 관한 첫 번째 논문을 발표했다. 그 관점은 새로운 방식으로 새로운 것이었다. 데카르트와 다르게 뉴턴은 빛의 본성에 관한 전통적 신념에 도전장을 냈다. 광학 역사상 처음으로, 백색광은 이차적인 것으로, 가시 스펙트럼의 모든 빛들이 합성된 결과임을 밝혔다. 더욱이 뉴턴이 광학의 확실성을 위해 제시한 토대는 그의 선행 연구자, 그리고 선행 연구자의 선행 연구자들이 제시한 토대들과는 근본적으로 달랐다. 인식론에서는 이성적 직관에 앞서 실험을 우선함으로써, 뉴턴은 전통 과학의 주된 전제를 뒤집어버렸다. 게다가 빛에 대한 뉴턴의 설명은 빛의 기원에 대한 충분한 설명, 그러니까 물질인의 작동을 포함하는 설명을 제공하지 않았다. 놀랄 만한 주장, 새로운 방법, 이전과 다르고 더욱 제한적인 설명의 문체. 아마도 뉴턴은 증명의 강한 짐에서 벗어나는 과정을 거쳐야 했으리라. 그러나 그는 빛과 색에 관한 초기 논문에서 데카르트의 수사학만큼이나 투명한 수사학을 써서 이런 짐을 벗는 데에는 실패했다. 오히려 그는 전통적 관점·방법들과 그 사이에 갈등만을 부각시켰다.

결론 없는 한바탕의 논쟁이 지난 이후에, 그리고 두 번째 초기 논문 이후에, 뉴턴은 거의 30년 동안이나 광학 연구물의 발표를 자제했다. 1704년에 그는 『광학』을 출간했는데, 이것은 설득을 위한 두 번째 시도였다. 여기에서 뉴턴은 그의 초기 논문들에서 인식론과 설명의 독창성을 분명하게 드러내는 투명한 수사학을 폐기했다. 그 대신에 그는 자신의 저작 그리고 옛 광학과 과학 사이에 본질적 연속성을 만들어내는 수사학을 사용했다.

『광학』의 수사학은 그의 급진적 의도를 감추었다. 그것은 솔직함을 희생하고서 신뢰를 얻으려는 목적으로 계획됐다. 그의 마지막 걸작에서, 뉴턴은 독자들에게 새것을 옹호한다고 해서 옛것을 근본적으로 거부하는 건 아니라고 믿게 함으로써 광학과 실험과학을 탈바꿈시켰다. 이 전략은 성공적이었다. 18세기 내내 영국과 유럽 대륙에서 빛의 물리학은 뉴턴의 물리학이었다.[1]

데카르트주의 광학의 배경 |

'논증의 장(argument field)'이란, 특정한 장에서 통용되는 '자명한' 진리와 그 추론 규칙들의 집합을 말한다. 이런 진리들에서 저런 규칙들을 통해 결론들이 도출된다. 어떤 주장을 합리적으로 견지한다 함은 "동의할 만한 권위들이 보증하는 추론 규칙〔을 사용한다는 것〕"이며 "당연시되는 가정들을 〔위배하지〕 않는다는 것"이다 (Willard 1983, p. 91).

이 장에서 저 장으로 바뀌면 추론 규칙들도 그 양식과 엄격성에서 달라진다. 예를 들어 정수론에서, 그리고 수사학 이론에서 규칙들은 다르고 이런 중요한 방식들에서 앞으로도 계속 다를 것이다. 규칙들은 동일한 장 안에서도 시간이 흐르면 변화할 수 있다. 예컨대 17세기 미적분의 발전은 주로 수학적 증명에 요구되던 엄격성이 완화된 데 따른 것이다. 결국에 이런 추론 절차들을 모두 단일한 집합으로 환원할 수 있다고 여기는 것은 착각이다. 비록 수학과 논리학이 같은 수준의 엄격성을 공유하고 있다 해도 수학은 논리학으로 환원될 수 없다. 사실, 슈스터가 명확하게 밝힌 바와 같이 과학 활동의 방법론적 규칙들은 단일한 집합으로 환원할 수 없다.

전통 광학의 중심 진리들과 동의된 방법론은 과학에서 논증의 장을 구성한다. 데카르트에서는 이 모두가 나타난다. 그는 백색광은 기본이며 색은 백색광의 변형으로서 이차적이라는 데 동의했다. 그는 또한 빛을 간섭 없이 교차할 수 있는 직선으로 표현했다는 점에서 전통과 일치한다. 이런 특징 때문에 그는 빛의 물리학과 관련한 문제풀이에 기하학을 사용할 수 있었다. 유클리드 기하학의 공리와 정리는 전통 광학과 데카르트 광학 모두의 방법론에서 중심을 이뤘다.

햇빛이 지닌 두 가지의 주된 기하학적 속성(광선의 직진성과 불간섭성)을 설명하기 위해 데카르트는 빛의 작용을 반쯤 눌린 포도통 안에 가해지는 압력에다 비유했다. 이 압력은 통 전체에 전달돼 멀리 떨어진 밑바닥의 두 구멍에서 똑같이 즙을 짜낸다.

그리고 발광체의 빛이라는 것이 발광체의 운동이 아니라 그 작용이라고 당연히 생각해야 하는 것과 마찬가지로, 광선이라는 것은 그 작용이 따라 흐르는 선이라고 생각해야 한다. 그래서 발광체의 모든 점들에서 나와 그것이 비추는 물체의 모든 점들을 향하는 그런 광선의 수는 무한히 존재한다. 이런 식으로 무한한 수의 직선을 상상할 수 있다. 그 직선들을 따라 포도주 표면의 모든 점들에서 나오는 작용들이……〔하나의 구멍을〕향해 흐르고, 다른 무한한 수의 직선들을 따라 같은 점들에서 나오는 작용들이〔다른 구멍을〕향해 흐른다. 어느 것도 다른 것을 방해하지는 않는다.[2]

기하학의 방법론을 적용하면, 빛은 반사와 굴절이라는 두 가지 규칙성을 지닌다는 점이 드러난다. 광선이 반사될 때에, 광선이 반사면에 부딪칠 때의 각도인 입사각은 광선이 반사면을 떠날 때의 각도인 반사각과 언제나 같다(그림5). 빛이 직각이 아닌 다른 각도로 투명한 물체를 통과할 때에는 굴절한다. 빛은 굴절면에 직각을 이루는 수직선이라는 가상의 선에 가깝게 또는 멀게 꺾인다. 빛이 더 높은 광밀도의 매질 안을 통과할 때, 예컨대 공기에서 물로 나아갈

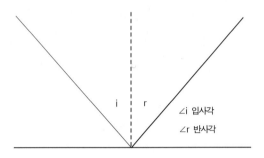

그림5 반사

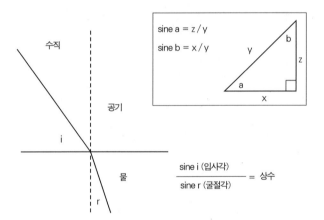

그림6 굴절

때에, 수직선 쪽으로 꺾인다. 반대로 빛이 더 낮은 광밀도의 매질을 통과할 때에는 수직선에서 멀어진다(그림 6).

입사각과 반사각은 같다. 이는 고대부터 알려져온 정량적 관계다. 이와 비슷하게 정량적인 굴절 관계는 스넬과 데카르트 이전까지 어떤 탐구자들도 밝혀내지 못했다. 두 사람이 발견한 대로, 굴절하는 광선은 한정된 기하학적 관계, 즉 사인(sine)의 관계를 따른다. 삼각형에서 하나의 각이 90도일 때 사인은 두 예각 가운데 하나의 반대 변과 직각의 반대 변의 비율이다(그림6에서 네모 안의 그림). 굴절하는 광선은 가장 투명한 물질에서 굴절각의 사인 값에 대한 입사각의 사인 값의 비율이 일정한 숫자가 되는 그런 방식으로 굴절한다. 규칙성이 유지되는 굴절 물질에 대해 이 숫자는 결코 변하지 않는다.

$$\text{sine } i \,/\, \text{sine } r = \text{constant} \ (\text{상수})$$

사인 관계가 새로운 발견이라 해도, 그것은 전통의 가정과 방법론에도 부합하는 경험적 규칙성이었다. 그것이 전통 광학 체계 안으로 즉시 흡수된다는 데 대해서는 의문의 여지가 없었다.

새로운 데카르트주의 과학 |

데카르트가 전통 기하학의 광학을 행했다 해도, 그는 자신이 창조한 새로운 과학의 틀 안에서 그렇게 했다. 데카르트주의 광학은 전통 광학을 새로운 논증의 장으로 탈바꿈시킨 것이다. 전통 광학의 틀 안에서 연구하는 과학자들은 스넬과 데카르트가 말한 굴절의 규칙성이 유용한 경험적 발견일 뿐 아니라 (데카르트의 관점에서 보면 잘못된 설득이겠지만) 과학 법칙이라는 점에 쉽게 설득되었을 것이다. 그는 경험적 규칙성은 진정하고 일관된 물리학의 필수적 부분으로 이해될 때에만 비로소 과학 법칙이 된다고 주장했다. 그래서 스넬과 데카르트의 굴절 규칙은 우리가 그것을 데카르트 물리학의 중심 원리이자 절대 확실한 원리에 따라 옳다고 이해할 때에 법칙으로 승격될 수 있는 것이다.

데카르트는 개연적 확실성(moral certainty: 이른바 매우 높은 확률)보다 더 강한 절대적 확실성이야말로 과학의 목표라는 신념을 전통과 공유했다. 그 확실성의 근원은 그가 인식론에서 이성의 우월성에 대해 급진적 해석을 하고 있음을 보여주는데, 그것은 반직관의 새로운 물리학에 이르는 길이다. 직관이 명석하기만 하다면 데카르트가 말하는 이성의 직관은 아무런 도움을 받지 않고서도 교정할 필요 없는 과학의 토대가 된다.[3] 이에 따르면 물질세계는 오로지 연장(extension)과 그 운동법칙들만으로 구성된다. 우주는 완전히 충만하게 가득 찬 공간이며, 그 공간 자체도 연장되기에 물질이다. 공간운동(local motion)이란 연장된 물질의 상대적 위치가 재조정됨을 뜻하는데 그것은 오로지 접촉을 통해서만 일어날 수 있다. 우리가 경험하는 모든 것들, 심지어 빛조차도 접촉에서 기원하는 공간운동의 결과다.

데카르트 물리학에서, 태양은 작고 빠르게 움직이는 1차 원소의 입자들로 이뤄져 있다. 1차 원소들은 행성들 사이의 공간을 채우는 2차 원소들한테 압력을 가한다. 이런 압력은 모든 방향으로, 직선으로 즉시 전달된다. 눈의 망막이 경험하는 이런 압력은 빛이라고 불리는 감각을 만들어낸다. 데카르트한테 빛은 곧 압력이다. 그것은 아리스토텔레스에게 그랬던 것처럼 공기 매질에서 일어나는 질적인 변화가 아니며, 나중에 뉴턴에게 그랬던 것처럼 광원에서 발산되는 작은 입자들의 흐름이 눈의 망막에 끼치는 영향이 아니다.

데카르트는 『철학의 원리』 끝부분에서 자신의 논거에 담긴 의미를 요약 정리했다.

> 인간 지식의 제1원리와 가장 단순한 원리들에서 우리의 추론들이 어떻게 연속적으로 연역돼 왔는지 고찰하는 사람들이라면, 아마도 우리의 이런 추론들을 절대 확실한 것들에 포함시킬 것이다. 특히 외부 대상물이 우리 신경 안에다 어떤 공간운동을 일으키지 않는 한, 우리가 그 대상물을 감각할 수 없다는 점을 충분히 이해한다면, 그리고 붙박이별들의 내부와 그것들 사이의 하늘 전체에서 어떤 운동이 일어나지 않는한, 아주 멀리 떨어진 붙박이별들이 그런 운동을 일으킬 수 없다는 점을 충분히 이해한다면, 일단 이런 것들이 받아들여진다면, 그 밖의 것들, 최소한 세계와 지구에 관해 내가 앞서 서술했던 좀더 일반적인 것들을 지금까지 내가 설명한 방식과 다르게 이해하는 것은 거의 불가능한 일이다. (1983/84, pp. 287-88)

그러므로 데카르트 물리학에서 과학의 특수한 진리들은 일반 원리들에서 도출되는데 그 일반 원리들의 확실성을 유일하게 보증하는 것은 이성이다. 데카르트는 이성과 실험의 관계에 대한 전형적 설명에서 "그리고 이런 충돌 법칙의 증명은 너무도 확실하여 비록 경험이 우리한테 정반대로 나타나는 듯 보여도 우리는 감각보다는 이성을 더 많이 신뢰해야 할 것이다"라고 단언한다(1983/84, p. 69n.). 우리를 확신시키는 것은 우리의 이성뿐이다. 따라서 빛에 관한 어떤 설명도, 물리학의 어떤 설명도, 그것이 운동하는 물질의 직접 또는 간접 결과인 기계적 설명이 아니라면 설득적일 수 없다. "나의 〔자연〕 철학의 원리들에서 가능하다고 결론 내린 것이 무엇이든지 간에 그것은 적합한 동인이 적합한 물질에 적용되기만 하면 언제나 실제로 발생한다"(1970, p. 38).

빛과 마찬가지로 색도 운동하는 물질로서 설명돼야 한다. 데카르트의 관점에서 보면 태양과 지구 사이의 모든 공간을 채운 2차 원소의 입자들은 태양이 내는 1차 원소의 압력을 전달한다. 굴절 현상에서는 이런 2차 원소 입자들이 서로 다른 회전속도를 취하며 그 압력은 눈의 망막에 직접 전달된다. 색의 감각은 바로 이렇게 다른 압력에서 비롯한다. "스펙트럼의 아래쪽에 나타나는 색들의 본성은 다름 아니라 빛의 작용을 전하는 미세 물질의 입자들이 직선 운동보다는 회전을 하는 경향을 더 강하게 띤다는 사실에 있다. 그리하여 회전 경향을 강하게 띤 입자들은 빨간색의 원인이 된다"(1965, p. 337). 데카르트한테 백색광의 지각은 2차 원소 입자들이 망막에 닿아 생긴 단순한 압력의 결과이며, 색은 회전 운동을 띠는 동일한 입자들의 작용 결과다.

이성이 데카르트 물리학의 중심이라 해도, 경험은 무시될 수 없다. 사실 관찰과 실험은 중요한 구실을 한다.[4] 모든 것이 일반 원리들에서 흘러나온다 해도 모든 것이 그것들에서 연역될 수는 없다. 예컨대 굴절의 정도를 말해주는 광밀도의 상수는 물질마다 다르며 굴절의 법칙으로 연역될 수 없다. 특정한 개별 경우에 이 상수를 얻으려면 "우리는 경험에 호소해야 한다"(1965, p. 81). 심지어 굴절 법칙은 그것이 운동 법칙을 따른다 해도, 운동 법칙들에서 연역될 수는 없다. 빛은 언제나 일반 원리인 운동 법칙들과 조화를 이루어 작용하지만 그것이 언제나 굴절 법칙과 조화를 이루어 작용하지는 않는다. 경험은 경험주의적 규칙성을 위해 꼭 있어야 하는 요소이다. "왜냐하면 부분들은 무한하게 다양한 방식으로 신에 의해 규칙화되었을 것이므로 그러하다. 경험만이 이런 모든 방식들 가운데 신이 어떤 것을 선택했는지를 우리에게 가르쳐줄 것이다"(1983/84, p. 106).

사실, 데카르트 철학을 살펴보면 관찰과 실험의 구실이 거의 중심을 이룰 정도로 크다는 것을 알게 된다. 그의 철학에서, 이성은 과학이 다루는 물적 대상물의 실재 특질이 "길이, 폭이나 깊이의 규모 또는 연장"으로 "명석하고 판명하게" 구성된다는 것을 보여준다 (1931, I, 164 ; pp. 56 ff.와 1983/84, pp. 76-77도 보라). 정량적 물리학이 그런 관점을 뒤따르는 것처럼 보인다. 하지만 데카르트 과학에서 수학도 측정도 규칙적으로 나타나지는 않는다. 오히려 그의 저작은 측정될 수 없는 설명, 어떤 실험도 확인할 수 없는 설명들로 가득하다.[5] 데카르트의 진술과는 다르게, 그의 물리학은 본질주의이며 정성적인 것처럼 보인다(Gaukroger 1980, p. 134 참조).

데카르트의 모든 저작에서, 이처럼 관찰을 인식론에서 종속적인 구실을 하는 것으로 바라보는 데에는 하나의 예외가 있다. 그것은 앞서 내가 말한 바를 증명한다. 데카르트는 무지개에 관한 논의에서 자신의 물리학뿐 아니라 현대 물리학의 대의를 뚜렷하게 진전시키는데, 그는 관찰과 측정을 통해 무지개에서 안쪽과 바깥쪽 호의 반지름을 모두 연역해냈다. "안쪽 호의 반지름은 42도보다 크지 않으며, 바깥쪽 호의 반지름은 51도보다 작지 않아야 한다"(1965, p. 339). 그래야 한다! 뉴턴이 익히 알고 있는(1969, Ⅲ, 543-549) 무지개에 관해 논의한 데카르트의 저작에서, 우리는 완전히 새로운 과학 연구의 방법, 즉 관찰과 측정이 결합하여 인식론적 전위를 이루고 그리하여 새롭고 지속 가능한 경험주의적 규칙성을 찾는 방법을 배울 수 있을 것이다.

그러나 데카르트가 자기 방법론의 진정한 사례로 간주했던 (1970, p. 46) 이 분석에서, 그는 관찰과 측정의 기본 구실에 관해 새롭다 할 것은 전혀 얻어내지 못했다. 그는 관찰과 측정에 의해 충분히 확인된 자신의 무지개 호 이론은 물론이고, 경험과 대체로 일치한다는 점 외에 이성에서 유도된 그 독특한 역학의 확실성만을 제시한 색의 이론 모두에 동등한 신뢰를 나타냈다(1965, p. 338). 이성적 역학의 확실성에 관해 데카르트가 "진정한 이성과 동반하지 않는 관찰을 믿어서는 안 된다"라고 주장할 때, 그의 말에는 그만의 독특한 색깔이 담겨 있는 것이다(1965, p. 342).

광학에 관한 뉴턴의 최초 논문 |

1672년 《철학 회보》에 실린 그의 첫 번째 광학 논문에서, 뉴턴은 자신의 발견 이야기를 풀어놓았다.

1666년 초에……나는 그 유명한 색 현상을 직접 다뤄보려고 삼각 유리

프리즘을 하나 구했다. 그리고는 방을 어둡게 하고 적당량의 햇빛이 들도록 창문 덮개에다 작은 구멍을 내고, 그 입구에 프리즘을 놓아 굴절된 빛이 반대쪽 벽면에 비치도록 했다. 그렇게 해서 만들어진 생생하고 강렬한 색을 보는 일은 처음에는 매우 즐거운 여흥이었다. 그러나 잠시 뒤에 그 색들을 조심스럽게 바라보게 되었고, 나는 그것들이 타원 형태를 띠는 것을 보고 놀랐다. 내가 기대하는 바로는, 그것이 기존의 굴절 법칙을 따라 원형이 되었어야 했다(1978, pp. 47-48).

뉴턴이 자신의 이야기에서 말했듯이, 예외적인 타원형 스펙트럼에는 설명이 필요하다. 빛이 데카르트가 말한 대로 거동한다면, 스펙트럼은 하나의 관에서 나오는 스프레이처럼 모든 방향으로 동일하게 흩어져야 할 것이다. 처음에 뉴턴은 어떤 진지한 이론적 의미도 담지 않은 설명을 시도한다. 아마도 그것은 프리즘 유리 두께의 문제이거나 프리즘 유리가 매끈하지 못한 문제일 수도 있었다. 어쩌면 광선이 휜 것일 수도 있었다. 이런 '혐의들'이 모두 제거된 뒤에, 뉴턴은 '결정적 실험'을 수행했다. 최종적 탐구의 물음이 자연에 던져졌다(1978, p. 50).

　이 물음에 대해 전통 광학은 답을 주지 못한다. 오히려 그것은 결정적 약점, 즉 깊게 자리 잡았으나 지금껏 의심받지 않았던 모순을 드러낸다. 사인의 법칙을 포기(생각할 수 없는 일이다)하지 않는 한, 우리는 백색광이 기본적이며 색은 이차적이라는 신념을 포기해야 한다. 오히려 색이 기본적이며 백색광은 이차적이라는 신념을 지녀야만 한다. 결정적 실험은 명확하고 분명하게 "〔백색〕광은 서로 다른 굴절성을 지닌 광선들로 이뤄져 있다"(Newton 1978, p. 51)는 점을 보여주었다. 이런 광선들이 분해될 때 그것들은 스펙트럼의 찬란한 색을 이루고 적절한 비율로 다시 결합하면 백색광을 다시 만들어냈다.

'결정적 실험'에 뒤이어 나타나는 열세 가지 명제들에서, 뉴턴은 빛의 서로 다른 굴절성이 어떻게 "그 유명한 색 현상"을 설명해주는지를 보여준다(1978, p. 47). 데카르트의 관점에도 불구하고, 햇빛은 "언제나 합성된 것이며 햇빛을 구성하려면 앞서 말한 모든 주요 색들이 적당한 비율로 섞여야 한다"(1978, pp. 55). "색은 [데카르트의 말처럼] 굴절 또는 자연 물체의 반사에서 유래하는, 빛이 부여한 성질이 아니라 다양한 광선들 안에 여럿이 존재하는 본래의 고유한 속성들이다"(1978, p. 53). 이런 빛의 다형성은 (프리즘이 만드는) 찬란한 색뿐 아니라 "바로 이런 기원을 지니는 모든 자연물의 색"을 설명해주며, "어떤 종류의 빛이 다른 것보다 더 많이 반사하는 다양한 특성을 지닌다는 점"을 설명해준다(1978, p. 56).

뉴턴이 데카르트에 가한 공격의 창이 다름 아니라 경험에서 찾은 이상현상의 확실성이었다는 점은 의도된 반어법이다. 그 이상현상은 스스로 사라지지도 않고 설명될 수도 없었다. 전적으로 정량적 관점만이 이상현상을 드러낼 수 있다는 점 또한 마찬가지로 반어적이다. 데카르트와 달리, 뉴턴은 이상현상이 확연히 드러나지 않을 만한 겨우 몇 인치 정도가 아니라 혼동할 우려가 없을 만한 22피트짜리 스펙트럼을 투사했다(Westfall 1984, p. 164). 케플러의 그 유명한 8분 오차 발견처럼, 뉴턴한테 22피트는 혁명적 의미를 지니기에 뉴턴은 초기 논문에서 그 의미를 가장 중시했다.

이 논문에서 뉴턴은 보일과 후크의 선례를 따라 실험을 주된 인식론적 도구로서 체계적으로 활용했다. 그러나 보일의 『색에 관한 실험과 고찰』 그리고 후크의 『마이크로그래피아』와 비교해도 확인 되겠지만, 뉴턴의 지독한 실험 활용은 새로운 출발을 보여준다. 이론에서, 실제에서, 뉴턴은 분명하고도 단호하게 전통적이며 데카르트주의적인 이성과 실험의 구실을 뒤집어놓았다. "내가 수행하는 실험이 불완전하다면 그 결점을 보여주는 것은 어렵지 않을 것이다. 그러나 실험이 유효하다면 이론을 증명함으로써 모든 반대를 무효화시킬 것이 틀림없다"(1978, p. 94). 뉴턴 과학에서 실험은 발견과 이론 모두에서 중요한 의미를 지녔다.

방법론에 관한 그 유명한 베이컨주의의 선언에서, 뉴턴은 실험을 이론 이면의 추동력으로, 그리고 확실성의 제일 원천으로 단언했다. 같은 문장에서 그는 데카르트 물리학의 중심적 결점, 즉 가설적인 것(설명을 창안하는 과정에 나타날 수 있는 치명적 안이함)을 강조하는 모든 물리학의 중심적 결점을 인지했음을 보여주었다.

[과학 활동을] 철학으로 사색하는 가장 훌륭하고 안전한 방법은 아마도 이럴 것이다. 먼저 사물의 속성을 주의 깊게 탐색하고 실험에 의해 그 속성을 입증할 것, 그리고는 이를 설명하는 어떤 가설을 주장할 때 더욱 신중할 것. 왜냐하면 가설은 설명이 필요한 속성에 들어맞아야 하며, 그 속성이 실험을 할 수 있게 하는 경우를 제외하고는 가설이 속성을 결정하는 데 이용돼서는 안 되기 때문이다. 그리고 누군가가 가설이 지닌 단순 가능성에서 출발해 사물의 진리에 대해 추측한다면, 그 어떤 과학에서도 확실성을 결정할 만한 방법을 찾지 못할 것임을 나는 안다. 갈수록 더 많은 가설을 생각해내는 일이 사실상 허용된다면, 그 또한

그러할 것이다. 그것은 새로운 어려움들을 일으킬 것이다.[6]

뉴턴의 첫 번째 논문은 확신을 주는 데 실패했다. 반대증명을 보여주는 결정적 실험의 개념은 그의 주장에서 중심을 이루지만 동시에 설득 장치로는 심각한 결함을 많이 지니고 있었다. 결정적 실험의 설득 능력은 실험을 재현할 수 있느냐에 달려 있다. 그렇지만 그의 첫 논문에 실린 결정적 실험은 어떤 그림도, 분명한 실험방법들도 담고 있지 않다.

어찌 해볼 도리가 없는 일이기에 더욱 중요한 점은, 실험결과를 재현할 수 있다 해도 오직 하나의 의미로만 결과를 해석할 수 있느냐에 따라 그 설득 효과가 좌우된다는 사실이다. 어떤 대목에서 뉴턴은 일부 경쟁적 실험결과들에 격분하기도 했다. "존중되어야 하는 것은 실험의 수가 아니라 값어치이다. 한 번의 실험으로 할 수 있는데, 왜 많은 실험이 필요한가?"라고 그는 강변했다(1978, p. 174). 그러나 빛의 본성이나 작용과 같이 17세기에 뜨거운 논쟁의 대상이 된 주제들에서 만장일치의 해석을 기대하는 것은 어리석은 일이다.

첫 번째 논문에서 뉴턴은 자신이 보기에 명백한 존재론적 추론을 끄집어냈다. "색은 빛의 성질이며 광선은 색의 온전하고도 직접적인 주체인데, 어떻게 우리가 광선 역시 성질로 생각할 수 있겠는가. 하나의 성질이 또 다른 성질의 주체가 되지 않으며 다른 성질을 유지하지도 않는다면 말이다. 결국 그것은 **실체**라 불러야 할 것이다."[7] 그러나 후크와 파디스는 뉴턴의 실험결과에 대해 파동이론의 경쟁적 존재론에 입각해 그럴듯하지만 이와는 다른 설명을 했다.

비판자들도 역시 뉴턴의 불완전한 설명에 대해 반박했다. 호이겐스는 "그는 우리한테 색의 본성과 차이를 구성하는 것이 무엇인지 알려주지 않으며 단지 색깔별로 다른 굴절성의……우연한 사건만을 일러줄 뿐이다"라고 혹평했다(1978, p. 136). 사실, 뉴턴은 굴절 또는 색의 형성에 대해 어떤 기계론적 설명도 회피하며, "나는 추측과 확실성을 뒤섞지 않으리라"고 장중하게 주장했다(1978, p. 57). 그러나 호이겐스가 보기에, 빛의 입자성을 주장하는 과학적 설명이라면 운동하는 물질을 통해 빛과 색의 지각이 일어나는 과정에 대해 세밀한 메커니즘을 보여주어야 한다.

1672년에 발표한 뉴턴의 논문은 자신의 과학 연구 방법은 물론 빛의 본성과 작용에 관한 자신의 신념을 확립하는 데에도 모두 실패했다. 1704년의 『광학』에서 뉴턴은 그 방법의 유효성과 광학적 신념의 진리성을 과학계에 설득할 수 있는 두 번째 기회를 맞았다. 그것은 30년 전의 광학 논문들에 담겼던 것과 같은 방법, 그리고 본질상 같은 신념들을 담고 있었다.

뉴턴의 『광학』: 수사학의 걸작 |

오늘날에 보아도 매혹적인 뉴턴의 첫 번째 논문의 수사학은 거칠고도 화려한 젊은이의 것이었다. 설득의 효과를 위해 요란스런 원리들에 의존한 논문은 한 판의 단호한 대결이었으며 명쾌하고도 분명했다. 이런 초기 논문들과는 대조적으로 『광학』의 수사학은 중년 후반의 것이었다. 그것은 젊은 시절의 발견을 지속 가능한 유산으로 탈바꿈하려는 빈틈없고 성공적인 시도였다. 뉴턴은 『광학』에서 역사적 연속과 논리적 불가피성이라는 인상을 만들기 위해 유클리드적 논거 배열을 채택했다.[8] 이에 더해, 실험에 실험을 거듭하고 각실험에서 세밀함에 세밀함을 더함으로써 그는 실험 방법에 대해 압도적 현존감을 창조해냈다. 이 저작의 마지막 절에서 그는 수사학적 질문들을 폭포수처럼 쏟아내는데, 질문의 누적 효과는 그의 과학을 승인하고 그의 추론을 허용하는 것이었다.

논거 배열의 사용

"다음과 같은 제안을 하겠다"라며 데이비드 린드버그는 말한다.

> 광학은 알하젠에서 뉴턴에 이르며 (어떤 측면에서는 아리스토텔레스와 프톨레마이오스에서 뉴턴에 이르며) 연속적 발전을 이룬 학제로 이해해야 한다. 과학사학자들은 과학자들이 과거와 깨끗하게 단절했던시기인 16, 17세기를 혁명기로 인식하는 데 지나치게 제약되어 있다. 물론 이런 관점에, 심지어 광학에도 많은 진실이 존재한다. 그러나 너무 나아가다 보면 알하젠 이래 광학의 역사에서 큰 부분을 차지했던 연속성은 흐릿해진다(1968, p. 36).

광학 역사에 대한 린드버그의 진화적 해석은 뉴턴의 해석과 평행을이룬다. 1676년 2월에 후크한테 보낸 서신에서 뉴턴은 광학과 과학의 오랜 전통 안에 놓인 자신의 위치를 분명하게 인정했다. "데카르트가 한 일, 즉 사인 법칙의 발견은 훌륭한 발걸음이었다.……만일내가 더 멀리 내다본다면, 그것은 내가 거인의 어깨 위에 서 있기때문이다"(1959, Ⅰ, 416)

◼

역사학자와 과학자 사이에는 굉장한 의도의 차이가 있다. 린드 버그는 광학의 본질적 연속성을 역사 해석의 방향으로 보여준다. 그러나 뉴턴한테 이 초기 서신에서 역사적 연속성은 설득 전략의 밑그림이자 수단으로서 나타난다. 이 전략은 거의 30년이 지난 뒤에 초기 논문과는 너무나 다른 『광학』에서야 완전히 구현됐다.

뉴턴의 초기 논문에서 지배적인 논거 배열은 서사적이었다. 『광학』에서는 사실상 같은 재료가 유클리드적 연역으로 구성됐다. 뉴턴은 초기 논문에서 과거와 현재의 충돌을 극적인 것으로 만들기 위해 서사를 활용했다. 『광학』에서 그는 현재가 과거의 연역적 결과임을 보여주는 데 유클리드를 사용했다. "나는 '공리'와 그 '해설'에다 지금까지 광학 분야에서 다뤄진 모든 것을 정리해 담았다. 왜냐하면 순서상 앞으로 내가 서술할 것에 앞서 일반적으로 동의된 것을 '원리'라는 개념 아래에 두는 것이 만족스럽기 때문이다" (1952, pp. 19-20).

그렇지만 『광학』에는, 뉴턴이 변함없이 채택하는 연역적 형식과 그가 일상적으로 써온 귀납적 인식론 사이에 일종의 긴장이 흐른다. 결정적인 최초의 저작에서 유클리드 형식은 특히나 엄격하다. 정의와 공리들은 증명을 갖춘 일련의 명제들에 앞서 등장한다. 그러나 모든 명제들의 방법은 마지막 명제를 빼고는 연역이라기보다 분석, 즉 연역보다는 귀납의 방법이다. 그것은 "실험하고 관찰하는 것이고, 거기에서 일반 결론을 끌어내는 것이며, 결론을 거스르는 반박을 인정하지 않으나 실험이나 다른 확실한 진리에서 얻은 반박만은 인정하는 것이다"(1952, p. 404). 오직 마지막 명제에서 그 방법은 종합 또는 '합성'으로 바뀐다. 즉 빛과 빛을 내는 색, 자연의 색 모두의 본성이 '실험에 의해' 입증되었다면, 이제 그것들은 연역에 의해 논증된다(1952, pp. 405 and 20).

뉴턴이 그런 인식론을 첫 번째 판에 확연하게 도입하기를 삼갔다는 사실에서 이런 불분명한 태도가 의도된 것임을 알 수 있다(Westfall 1984, pp. 640-644). 초기 논문들에서 『광학』으로 나아감은 하나의 과학에서 다른 과학으로 나아간다는 게 아니라, 하나의 수사학에서 다른 수사학으로 나아간다는 것이다. 또 실험의 인식론적 우위를 지속적으로 밝힌 저술에서, 실험을 확증으로 보는 전통 관점과 더 급진적인 뉴턴 관점 사이의 차이를 흐리는 저술로 나아간다는 것이다. 실험에 숙달된 사람들한테 실험에 대한 강조는 그 급진적 인식론의 구실을 강화하지만 더 보수적인 해석을 낳을 수도 있다. 그래서 말브랑슈는 뉴턴 이론이 "그의 모든 실험에⋯⋯다 들어맞는다"고 말할 수 있었다(Guerlac 1981, p. 110). 『광학』에 이르러, 뉴턴은 의도적으로 자신과 다른 인식론의 배경을 지닌 사람들까지 그의 과학 청중에 포함시킨다.

현존감의 이용

『광학』에 서술된 실험의 인식론이 모호한 것과는 선명하게 대비될 정도로 뉴턴이 보여주는 실험의 모습은 명확하고도 완결적이다. 뉴턴의 실험방법이 보여주는 현존감은 내내 순수한 숫자의 서술에 의해, 그리고 방법과 결과 보고를 담은 정량적 치밀함에 의해 더욱 확대된다.

실험이 설득력을 지닌다고 생각하는 사람들한테 뉴턴은 첫 번째 논문에서 그랬던 것처럼 단지 두 가지 실험만 서술한 게 아니라, 당시 과학계에서는 좀체 볼 수 없는 치밀하고 세밀하게 설정된 실험을 수십 가지나 설명했다. "나는 그 '현상'이 더욱 두드러지게 나타날 수 있는, 즉 '초보자'도 손쉽게 그것을 해볼 수 있게 그런 '상황'을 설정했다"(1952, p. 25).

뉴턴의 첫 번째 논문에서는 전통 광학을 전복하려는 의도를 담은 결정적 실험에도 실험을 쉽게 재현하는 데 필요한 그림이나 충분하게 상세한 설명이 곁들여지지 않았다. 이와 대조적으로 『광학』에서는 전형적 실험마다 상세한 그림과 설명들이 달려 있다. 그 설명은 이런 식이다. "나는 두 장의 얇은 판자들의 한 가운데에 3분의 1인치 지름의 둥근 구멍을 냈다. 그리고 창문 덮개에 더 큰 구멍을 내어 어두운 방 안에 많은 양의 빛줄기가 들도록 했다"(1952, p. 45).

꼼꼼한 세부묘사의 설득적 가치에 대한 이런 관심은 측정으로 이어진다. 측정은 초기 논문들에서도 매우 중요했는데 『광학』의 모든 곳에서 더욱 중요하다. 거의 모든 경우에 전에 했던 측정도 다시 이뤄졌다. 예컨대 『광학』의 제2권 제2장에서 뉴턴은 거의 30년 전에 《철학회보》에 발표했던 표의 값을 다시 계산했다(1978, p. 219; 1952, p. 233). 때때로 그 차이는 사실 매우 작다. 초기 저작에서, 두 번째에 놓인 남색이 가장 강렬할 때의 유리 두께는 0.000085인데 『광학』에서 그 수치는 0.00008182가 됐다. 이것은 이전과 비교해 10억분의 318인치만큼의 차이다!

수사적 질문의 이용

제3권 제1부의 중간 부분에서 주목할 만한 일이 일어난다. 유클리드적 구조와 실험 프로그램이 모두 완전히 멈춘 뒤에 '질문들

(Queries)'이라는 긴 부분이 시작된다. 각 질문은 수사적 부정의문의 형식을 띤다.[9] 질문들 뒤에 찍히는 물음표들은 뉴턴한테 이중의 이익을 선사한다. 즉 질문이 지니는 추측의 성격을 강조하면서도 그 수사의 힘을 감소시키지는 않는다. 바로 이런 성격 때문에 수사적 부정의문형 질문들은 강한 긍정의 주장이 된다.[10]

『광학』의 본문에서 광선은 다음과 같이 정의된다. "빛의 나머지는 빼고 홀로 제지되거나 홀로 전파될 수 있는, 또는 나머지 빛이 행하지 않거나 당하지 않는 어떤 것을 홀로 행하거나 당하는 최소한의 빛 또는 빛의 부분"(1952, p. 2). 이런 정의는 기능 중심적이다. 즉 빛은 마치 부분들로 이뤄진 광선들의 합성인 것처럼 거동한다는 것이다. 하지만 '질문들'에서 광선은 분명하게도 물리적 실체다. "광선들은 빛을 내는 물질들에서 방출되는 매우 작은 물체들은 아닌가?"(1952, p. 370).

'질문들'의 이중적 성격 때문에 뉴턴은 초기 비판자들한테서 일부 결정적 반박을 받을 수 있었다. 후크와 파디스는 이미 빛이 물질이라는 뉴턴의 추론을 비판한 바 있었다. 뉴턴은 『광학』에서 구분의 방법을 통해 이런 비판을 피해갔다. 그는 먼저 저작의 본문에서 마치 빛이 물질인 것처럼 일관되게 거동함을 실험에 의해 확인한다. 그리고는 '질문들'에서 사실 빛은 물질이라는 식의, 개연성이 있지만 과학적이지는 않은 주장을 편다. 이처럼 과학과 추측을 구분함으로써, 뉴턴은 빛에 대한 그의 설명이 빛 전파의 특정 메커니즘을 담고 있지 않기 때문에 불완전하다는 호이겐스의 불만을 무디게 만든다.

『광학』에서 뉴턴은, 추측과 과학이 혼란을 일으키지 않는 한도 안에서 여러 메커니즘들을 추정하려 했음을 보여준다. 예컨대 '질문들'에서 뉴턴은 섬 모양의 수정을 관통할 때에 나타나는 빛의 변칙적 굴절 거동에 관해 고찰한다. 이런 거동에서 그는 광선의 물리적 속성, 즉 이런 변칙성의 원인이 될 만한 속성을 추론한다. "모든 광선은 네 면 또는 네 방위각을 지닌다고 생각할 수 있는데, 그 가운데 서로 반대되는 둘 때문에 광선이 보기 드문 방식으로 굴절되기 쉽다"(1952, p. 360). 그러나 이런 메커니즘의 설명은 추측이지 과학은 아니다.

'설명(Account, 1715년 왕립학회 회보에 실린 미적분 분쟁에 관한 조사 요약문. 이 책의 263쪽을 참조하라—옮긴이)'에서 뉴턴은 '질문들'을 다음과 같은 방식으로 설명했다. "추측이나 물음이 실험에 의해 검증되도록 제안될 수 없다면, 가설들은 이런 철학에서 설 땅이 없다. 이런 이유로 인해 뉴턴 선생은 그의 광학에서 실험에 의해 확실해지는 것들과 불확실한 채로 남는 것들을 구분했다. 그리하여 불확실한 것들은 그의 광학 말미에서 질문의 형식으로 제안됐다"(Hall 1980, p. 312).

'질문들'은 추측의 성격을 지니면서도 그 경계를 분명히 구획함으로써 확실성에 도움을 준다. 과학과 추측이 맞부딪히는 끝을 명쾌하게 분리함으로써, '질문들' 이전에 제시됐던 결론들의 과학적 지위는 물론이고, 그런 결론들에 이르게 하는 방법들의 과학적 지위는 확고해진다. 이와 동시에 '질문들'이 지닌 수사적 강력함은 나이 들며 커진 뉴턴의 압도적 명성에 의해 더욱 강화되어 광학 연구의 미래를 속박하려는 분명한 의도로 해석된다. 뉴턴이 '질문들'을 둔 것은 "다른 이들의 심화 탐구를 촉진하기 위함"이다(1952, p.

339). 『광학』의 본문에서 빛의 속성들은 실험으로 입증되며 연역적으로 증명된다. '질문들'에서 다음 세기의 광학 연구를 위한 기본 계획은 성공적으로 배치되었다.[11]

오로지 수사에 의해(엄격한 유클리드적 형식, 실험의 놀라운 현존감, 자극적 추측에 의해) 뉴턴의 걸작은 다음 백 년 동안 광학과 실험과학의 본보기가 되었다. 애초에 과학자들은 실험의 인식론적 우월성이나 빛의 입자 본성을 믿지 않고서도 뉴턴의 경험적 결과를 받아들이고 그의 과학적 지도력을 인정할 수 있었다. 그러나 이제 그런 수용과 인정은 결과적으로 광학을 뉴턴주의 계보를 따르는 근대 실험과학으로 변모시켰다. 결과적으로 광학을 한다는 것은 곧 입자이론을 수용한다는 것이며, 실험의 인식론적 우월성을 전제로 삼는다는 것이 되었다.

바꿔 말하기의 문제

뉴턴은 자신의 예전 광학을 두 가지로 재구성했는데 그것은 모두 변함없는 그의 관점이 진리라는 것을 과학계 청중한테 설득하려는 시도였다. 초기 논문들에서, 뉴턴은 자신의 이론과 이전의 광학 사이에 놓인 불연속성을 강조했다. 그는 혁명적인 틀 안에다 자신의 저작을 맞췄다. 이와 반대로 『광학』에서, 그는 이런 이론들과 과거 이론들 사이에 놓인 연속성을 강조하며 자신의 저작을 진화적 발전으로 제시했다. 뉴턴 광학은 혁명적인가 아니면 진화적인가? 이런 물음에는 답이 없다. 역사적 연속성과 불연속성은 발견되는 게 아니다. 그것은 특정한 설득의 목적에 맞추려는 수사적 수단들에 의해 발명되는 것이다. 뉴턴 광학과 데카르트 광학이 주는 교훈은 과거의 특권적 재구성이라는 것은 존재하지 않는다는 점이다. 다른 사람들과 마찬가지로 과학자들도 역시 그들이 선호하는 현재의 중요성을 반영하여 과거를 재창조한다.

그러나 뉴턴 광학 이론의 혁명성 또는 진화성이 수사학적 보여주기의 결과라는 점을 인정한다 해도, 이론 자체는 그런 수사 또는 어떤 수사학과도 무관하게 존재한다는 주장은 여전히 제기될 수 있다. 될수록 엄격해지자. 과학적 주장과 논증을 논리의 형식으로 제시해보자. "만일 a라면, 그리고 오로지 a라면, 반드시 b이다. 만일 백색광이 스펙트럼의 모든 색이 이룬 합성이며 색은 각자 기계적으로 상호 작용하는 입자들로 구성된 것이라면, 태양광선의 스펙트럼은 필연적으로 타원형이 될 것이다." 누군가는 뉴턴의 주된 경험적 규칙성, 그리고 이것을 설명하는 데 이용된 이론을 이렇게 특정한 도식으로 표현한 데 대해 이의를 제기할 수도 있겠다. 그러나 사실, 표현이야 어떠하든 그것은 동일한 과제를 수행할 것이다. 즉 본래의 문제를 버리고 본래의 논거 배열을 바꾼다는 것은, 결국에 그것들을 더욱 엄격한 다른 종류의 문체와 배열로 대체하는 것이다. 과학에서 문체와 배열은 저변의 과학적 핵심인 이론을 드러내기 위해 언제든 제거할 수 있는 그런 덮개가 아니다.

누구나 이 정도는 인정할 수도 있다. 그렇지만 누군가는 어떤 텍스트에서 적절하게 바꿔 말하기를 해도 과학적 내용은 살아남는다고 지적할 것이다. 정말로, 비록 모든 언어의 구현에서 사실상 결코 자유로울 수 없다 해도 과학의 핵심은 존재한다. 그러나 뉴턴『광학』이 빛과 색에 관한 그의 초기 논문들과 과학적으로 동등하다고 말한다면 그것은 대체 무슨 말인가. 그것은 어떻게 바꿔 말하든 동일하게 과학적인 것을 말하는 것이라는 뜻이다. 그렇지만 바꿔 말하기는 언어적 등가가 아니며, 예컨대 능동-수동태 변형을 통해서도 변함없이 지속되는 의미를 말하는 게 아니다. 차라리 그것은 어떤 텍스트에 관한 이론이며 과학에 관한 특정 청중의 신념체제가 지지하는 등가의 주장을 말하는 것이다. 우리는 실험과 이론이 무엇인지 알고 있기 때문에, 그리고 실험적 결과가 이론을 증명하고 이론이 실험적 결과에 뒤따른다는 말에 동의할 수 있기 때문에, 바로 그렇기 때문에 뉴턴의 광학 논문들과 『광학』이 동일한 내용을 공유한다고 말할 수 있는 것이다.

텍스트의 과학 내용은 의미의 핵심을 담고 있기 때문에 바꿔 말할 수 있다고 말하기 쉽다. 사실은 바로 그 반대가 맞는 얘기다. 의미의 핵심이라는 것은 우리가 늘 바꿔 말하는 그런 것이다. 뉴턴 광학이라는 특정한 사례에서 우리는 뉴턴의 주된 경험적 규칙성 또는 그 설명 가운데 어느 하나를 빼먹은 바꿔 말하기는 모두 근본적 결함을 지닌 것으로 여길 것이다. 그러나 이런 것들을 다 포함하겠다는 것은 다름 아니라 어떤 기대치를 만족시키겠다는 것 이상이 아니다. 바꿔 말하기는 이론에 의해 추동된다. 이론은 우리가 과학 텍스트의 핵심이라고 부르는 불변요소들을 선별해낸다. 바꿔 말하기의 능력은 우리가 이미 설득되었음을, 수사학이 이미 제 구실을 다하였음을 보여주는 증거일 뿐이다.

뉴턴과 데카르트는 광학 저작들에서 과거와 자신들의 관계를 보여준다. 사실상 둘 모두는 그들이 바라는 현재에 어울리게 과거를 만들어냈다. 뉴턴은 두 개의 과거를 만들어냈으며 앞의 과거가 자신의 설득 목적에 적합하지 않은 것으로 나타내자 폐기했다는 점이 다를 뿐이다.

두 과학자들은 또한 자신들의 과학적 결론을 확실한 것으로 만들고자 저마다 방법을 창안했다. 그들이 각자의 방법이 효과적이라고 믿었다는 데에는 의문의 여지가 없지만, 포이어아벤트는 "뉴턴의 중심적 방법의 규칙이 지닌 본질적 공허"를 분명하게 지적했다. 또 슈스터는 데카르트의 그 유명한 방법이 마찬가지로 공허하다는 점을 보여주었다. 슈스터한테 그런 모든 규칙들은 본질적으로 공허한 것으로 나타난다.[12] 그것들은 모두 신화적 언설이다. 믿는 자한테는 논란의 여지가 없는 증거에 기반을 두고 있다 해도 그 어느 것도 참이지 않다는 것이다. 모든 과학에 적용되는 그런 방법은 존재할 수 없다.

이런 결론이 "특정한 과학 이론들에 대한 관념적 헌신 또는 투신에 의해 일부 구성되는 담론으로서"(Schuster and Yeo 1986, p. xxiv), 즉 수사로서 방법론의 유용성을 결코 훼손하지는 않는다. 과학의 확실성을 향한 태도에서, 데카르트와 뉴턴은 그들 자신의 의심에 의해서도 방해받지 않았으며, 미래 세대들의 회의주의, 즉 옛 과학자들의 결론에 대해 그들 자신이 품었던 것과 같은 회의주의에 의해서도 방해받지 않았다. 데카르트와 뉴턴은 그들의 잘못된 결론이 잠정적이라는 점을 강조한 것이 아니라 그들의 결과가 정확하고 필연적이라는 점을 강조했는데, 그것은 정당했다.

9

동료 심사와 과학 지식

설득의 관점에서 과학을 샅샅이 고찰하는 일이 과학의 공식적 의사
소통에 한정될 수는 없다. 과학 단행본과 학술지 논문은 과학계 내
부 언어의 상호작용을 보여주는 가장 두드러진 산물일 뿐이다. 그것
은 스튜디오 초상화에 어울리는 지정된 상황, 의례적으로 중요한 어
떤 순간들에 포착된 연속적 활동을 담은 꾸며진 사진들이다. 우리는
종결된 결과물뿐 아니라, 새로운 과학이 사에서 공으로, 실험실 노
트에서 학교 교과서로 나아가는 데 필요한 복잡한 설득 과정의 초기
단계들도 연구해야 한다. 이 장에서 나는 동료 심사(peer review)라
는 단계에 초점을 맞추고자 한다. 동료 심사는 과학적 주장이 공적
지위를 얻어 과학 지식으로 전환해가는 첫 번째 단계이다.

동료 심사를 분석하기 위하여, 나는 언행이론, 특히 그 이론에서
유래한 구성물인 위르겐 하버마스의 '이상적 언술 상황(ideal

speech situation)'을 활용하고자 한다. 이론과 연구 분야의 이런 결합은 다음과 같이 일치된 목표들에 의해 정당화된다. 즉 이상적 언술 상황의 분명한 목적(*telos*)인 합리적 합의는 동료 심사의 공공연한 목적이다. 하버마스의 이론이 적어도 그럴 듯하다면, 그 이론을 이런 경우에 응용하는 것도 분명히 그럴 듯하리라.

언행이론으로 보면, 과학 저널에 논문을 제출하는 일은 하나의 요청 행위이자 규범적 행위이며 그 행위의 성공적 완결은 공유된 사회 규범에 달려 있다. 즉 의사소통행위가 시작되고 결국에는 일반적으로 청원 없이 논문 채택 또는 거절의 결정이 이뤄진다. 모든 경우에, 심사자(referee)의 보고서는 제출된 논문의 설득력에 대한 평가다. 평가가 부정적이면, 의문과 논평들은 논문 거절의 결정을 지지하는 것으로 간주될 것이다. 평가가 긍정적이면 똑같은 그 의문과 논평들이 저자한테 논문을 보완하라는 지시로 비쳐질 것이다. 이 장에서 분석되는 자료들이 보여주듯이 논문이 보완을 조건으로 채택되었을 때에 의사소통의 네트워크가 만들어진다. 그것은 심사자와 편집자, 그리고 저자로 이뤄진다.

이런 동료 심사 처리과정은 이상적 언술 상황이라는 기준을 따라 분석할 수 있다. 그 기준은 우리가 합리적 합의를 만들어내거나, 그 합의의 존재를 탐색하거나 그 합의의 질을 판단하고자 할 때, 피할 수 없는 일련의 가정들을 의미한다. 여기에는 완벽한 대칭이 요구된다. 즉 대화자들 각자는 자신을 드러내어야 하며, 각자는 의사소통을 일으키고 자신의 주장을 펼 모든 기회를 지녀야 한다. 그리고 각자는 교환에 대해 동등한 통제를 할 수 있어야 한다. 이런 조건들에서 합리적 합의를 추구해야만 편견은 드러나 저항을 받고 중

◘

화된다. 이상적 언술 상황의 조건들 아래에서 이뤄지는 동료 심사의 결정은 심사자, 편집자 그리고 저자들 사이에서 논문이 출판할 만한 과학이라는 합의가 이뤄짐을 보여주는 것이다.

이상적 언술 상황의 이런 전제들이 충분조건인지는 의문시되어 왔다. 왜냐하면 그 이론이 "참가자들의 이해력, 언어능력, 심리적 정상상태 등에 대해서 〔언급〕"하지 않으며, "문화 전통이라는 특성 (내용)"과 "물질적 자원의 분배"(McCarthy 1973, p. 150; Held 1980, p. 396; Thompson 1982, p. 129도 보라) 같은 범주는 포함하지 않기 때문이다. 분명하게도, 완결적 설명이라면 이상적 언술 상황은 대칭에서 일탈하는 이런 원천들에 민감해야 한다. 그러나 하버마스는 이런 민감성이 형식 수준에서 구성된 이론의 내부에 담겨 있다고 믿는다. 더 나아가 그는 어떤 결과적 일탈이 발견된다 해도 본질적인 문젯거리가 되지는 않는다고 본다. "한 쪽이 무기, 재산 또는 지위에 대한 특권적 접근권을 이용하여 제재나 보상의 기대를 주며 다른 쪽의 동의를 짜내려 한다면, 그에 관련된 사람들 어느 누구도 논증의 전제조건들이 더 이상 만족스럽지 않다는 점을 의심하지는 않을 것이다"(McCarthy 1973, pp. 150-151; Habermas 1982, pp. 272-273).

그러나 더욱 중요한 이론적 의문이 제기된다. 하버마스에 따르면 이상적 언술 상황은 경험을 통해 일반화된 것이라기보다, 있을 법한 특정 종류의 경험적 판단기준들을 이성적으로 재구성한 것이다. 이런 기준들이 특정한 의사소통에서, 또는 사실상 어떠한 의사소통에서도 실현되는지 아닌지는 그 기준의 이론적 지위와 무관하다는 것이다. 즉 그것들은 다 함께 "이성적 언술의 구성 조건들"

(1973 pp. 258-259)을 형성할 뿐이다. 그러나 토머스 매커시처럼 매우 호의적이며 식견 있는 비판자들조차도 칸트 식의 직관적 연역을 지닌 하버마스의 관점이 지식으로서 생존할 수 있을지 의심한다. "보편적 또는 종의 능력을 이성적으로 재구성한다고 해서 칸트식 기획의 강력한 선험적 주장들이 만들어지지는 않는다. 이성적 재구성은 가설적 태도 안에서 진전하기에, 실제 행위들에서 후천적으로 수집되고 능력 있는 주체들이 평가한 것으로 여겨지는 자료들을 통해 점검되고 수정되어야 한다"(McCarthy 1982b, p. 60). 사실 하버마스 자신도 "언어적 재구성에는······실제의 화자들과 함께 이뤄지는 경험적 탐구가 요청된다"는 데 동의한다(McCarthy 1982b, p. 61).

이 장은 그런 탐구의 장이다. 실제의 사례를 두고서 이상적 언술 상황을 검증하려는 시도이다. 나는 어떤 한 권의 생물학 저널 내용에 초점을 맞추어, 애초에는 서신 거래자들 사이에서 실질적 의견 불일치를 만들어냈지만 결국에는 출판이 수락된 논문들을 추적하겠다. 이런 의견불일치는 심사자의 비평, 편집자의 중재, 저자의 반박과 보완이라는 한 차례의 순환을 이루며 풍부한 텍스트를 만들어낸다.

이상적 언술 상황의 일탈들 |

이상적 언술 상황은 대화자 각자한테 언술 행위를 일으킬 수 있는 등등한 기회를 허용한다. 명백하게도, 현실의 심사 과정은 이런 원칙에서 일탈한다. 저자들은 처음에 출판을 요청한 뒤에는 결코 언술 행위를 일으킬 수 없으며 심사자나 편집자들의 언술 행위에 오로지 응할 뿐이다. 이에 더해 심사자 비평과 편집자 중재, 그리고 저자의 반응은 대개 단 한 차례만 있어, 합리적 합의에 선행해야 하는 상호이해를 충분히 보장하기에는 거의 충분하지 않다. 더욱이 심사자와 저자 사이의 상호작용은 완전히 불가능하기 때문에, 저자들은 상호작용을 통한 해명의 혜택을 누리지 못한 채 응답해야만 한다. 만일 상호작용이 가능하다면 어떤 질문은 제기되지도 않았을 것이며, 어떤 비판은 생기지도 않았을 터이다. 어쨌든 저자들은 모든 질문에 답해야 하고 모든 비판에 응해야 한다.

하버마스의 두 번째 기준은 모든 대화자들이 자신의 '고유한 본성'을 드러내어 그들의 언설이 그들의 완전한 주체성을 투명하게 보여줄 수 있는 기회를 지닌다는 것이다. 자주 심사자의 보고서와 저자의 반응들은 과학 논문에서 일상적으로 볼 수 없는 감정 실린 언어들로 가득 차 있기에 우리는 동료 심사 주고받기가 이런 기준을 실현한다고 추론할 수도 있다. 하지만 이렇게 추론한다면 그것은 오해일 것이다. 이상적으로 동료 심사의 의사소통은 두 가지의 제한 아래에서 작동해야 한다. 즉 담론은 감정을 담아서는 안 된다, 그리고 정중해야 한다는 것이다. 이런 제한이 외면될 때에, 첫 번째 공격자가 되는 이는 언제나 심사자들이다. 저자는 그런 공격이 있고 난 뒤에야 비로소 별탈 없이 공격할 수 있게 된다. 예를 들어 한 심사자는 이렇게 흠을 잡는다.

다른 세포 조직을 보여주는 현미경 사진 몇 장을 질 좋은 것으로 적당히 확대해 갖추지 않는다면, 그 수치들에 대해 심각한 의문을 제기할 수밖에 없다. 독자는 최소한 그 기술의 현재 상황을 알아야 하고 입체해석학

(삼차원의 과학)을 정량적 탐구방법으로 받아들일 수 있어야 수치 데이터가 믿을 만한 것인지를 단지 직관일지라도 눈으로 판단할 수 있다.

저자는 이렇게 맞대응한다.

전자현미경의 "……그 기술의 현재 상황……"에 대한 언급은 흥미롭다. Glutaraldehyde-OsO4 TEM(투과 전자현미경)은 내가 중학교 다니기 전 무렵부터 여기저기에서 사용됐다. 그리고 나는 결코 그것이 특별하게 어려운 "기술"이라고 생각한 적이 없다. 필자가 정말 운이 좋아 우아하게 사멸하고자 하는 협조적인 세포조직을 만났을 뿐이라는 말인가? (c__조직, 다시 말해 나만의 세포조직들이여 싸우다 쓰러질지어다!)

저자와 심사자의 언설에 감정이 담겨 있다 해도, 수정을 조건으로 채택된 논문에 관한 저자와 편집자 사이의 교신에서는 감정이 전혀 나타나지 않는다. 무엇보다 이런 종류의 교신은 낯선 사람들이 접촉함을 보여주는 것이다. 즉 이때에 정중함은 일반 규칙이 된다. 그러나 저자의 정중함이 분명하게 공손한 것이라면, 편집자의 정중함은 그 동기에서 볼 때 좀더 복잡하다. 그것은 이중으로 얽혀 있다. 심사자 보고서와 함께 제시되는 그것은 요청인 것처럼 위장한 요구이며, 심사자의 요구인 것처럼 위장한 편집자의 요구다. 저자한테 보내는 편집자의 편지와, 오로지 사적인 것으로 동봉한 내부 기록에 나타나는 어조의 차이를 주목하라.

◻

우리는 심사자 두 분의 평과 당신의 원고 복사본 하나를 동봉합니다. 심사자 두 분 모두 많은 제안을 하셨습니다. 이런 제안들을 주의 깊게 살펴주시고 수정원고에 반영해주십시오.

심사자 두 분은 출판을 추천하면서도 두 분 모두 중요하고도 상세한 평과 제안을 아주 많이 해주셨기에 수정된 원고만이 편집에 채택될 수 있습니다. 〔편집자의 서명 첨부〕

편지의 꾸며진 정중함은 저자의 어떤 분노를 예견하여 완화하며, 그래도 남을 부정적 감정을 눈에 보이는 편집자들에서 떼어내어 누구인지 알 수 없는 익명의 심사자들을 향하도록 한다.

이상적 언술 상황에는 두 가지의 판단기준이 더 있다. 모든 대화자들은 어떤 언술 행위도 자유롭게 할 수 있어야 하며 주고받기를 할 때에는 동등한 권력을 지녀야 한다. 그러나 분명하게 저자들이 명령을 내리는 것은 금지되어 있으며 비판적 질문을 하는 것도 제지된다. 반면에 편집자와 심사자들은 이 모두를 자유롭게 행한다. 이런 차이는 편집자와 심사자의 권력을 보여주며, 상대적으로 저자의 권력 없음을 보여주는 지표다. 저자들은 요청하는 처지이기에 "편집자들이 정상적 업무 과정을 밟아 자발적으로 논문을 출판할지도 분명하지 않다"(Searle 1969, p. 66)는 점을 알고 있다. 게다가 권력은 이보다 덜 분명한 방식으로 불균등하게 나누어져 있다. 예를 들어 물리학에서 심사자 집단은 저자들보다 더 높은 전문가의 지위를 지닌다. 주커먼과 머턴의 연구를 보면 "상위 지위에 있는 심사자의 12%가 전체 심사 판단의 3분의 1에 기여"한 것으로 나타났다.

이에 더해, 그들의 판단은 낮은 지위의 동료 심사자들보다도 어느 정도 더 가혹했다(Zuckerman and Merton 1973, pp. 483, 490). 이런 사실들은 상위 심사자의 서로 역할이 바뀔 가능성 때문에 심사자와 저자들이 똑같이 제약받을 필요가 이런 경우에는 없다는 인식과도 일치한다.

더욱이 심사자의 익명성이라는 일반 규칙으로 인해 저자들은 그들이 누구와 대화하는지 모르면서 응답의 틀을 짜야 한다. 물론 균형을 맞추기 위해, 저자들도 익명성을 띨 수 있으나 진정한 익명성은 저자들한테 당연히 별반 효과 없는 제스처다. 가치 있는 연구 프로그램은 모두 지식의 지문과도 같기 때문이다. 사실 과학의 동료 심사에 대한 가장 철저한 연구인 미국 국립과학재단의 연구는 "논문 신청자를 숨기는 것은 실제로 도움이 되지도 않을 뿐더러 사려 깊지 못한 일이다"라는 결론을 내리고 있다.[3] 결국에, 논문을 이곳 저곳에 중복해 제출하는 것은 비윤리적이기에 저자들은 어찌할 도리 없이 출판 지연을 감수해야만 한다. 출판 지연은 편집자나 심사자들이 아니라 저자들을 상당히 걱정스럽게 만드는데, 그것은 진행중인 과학 논쟁에 대한 원고로서 제출한 논문이라면 그 가치를 쉽게 반감시킬 수도 있다.

이런 기준들에 더해, 이상적 언술 상황은 "논증이 진보적 급진성을 띠는 것을 허용해야 한다. 즉 기존의 담론 수준에서 성찰 수준이 증가하는 담론으로 이동할 자유가 있어야 한다"(McCarthy 1982a, p. 305). 그렇지만 일반적으로 동료 심사는 그 자체의 공정성, 그리고 동료 심사가 예비적으로 보증하는 지식의 궁극적 가치에 관한 논의를 차단한다. 예를 들어, 편집자의 결정은 형식적 이의제기의 절차

없이 이뤄진다. 사실상 어떤 이의제기도 이례적이며, 심사자의 의도적 편견이 존재한다는 주장과 같은 예외적 상황에서만 일어난다. 물론 이의제기를 할 때에도, 쟁점이 되는 대상은 결정 자체가 아니라 결정 과정이다(Habermas 1979, P. 64; Pinch 1985, p. 182).

결국에 심사자과 편집자의 판단이 신뢰를 잃으면, 합의의 합리성이라는 것도 어려워진다. 비록 "어떤 논문이 출판할 만한지를 두고 서로 알지 못하는 두 명의 과학자가 심사자로서 논문의 근사한 가치에 관해 동의한다"(Polanyi 1964, p. 51)는 점에서 심사자의 전반적 판단이 신뢰할 만하다는 데에 동의하더라도, 우리는 심사자들이 보인 동의의 근거에 관해 심사자들이 동의할지 여전히 회의적이다. 적어도 내가 살펴본 작은 사례에서, 논문 하나를 두고 심사자 두 명이 한 질문과 논평에 겹치는 바는 거의 없었다.

일탈의 바로잡기 |

이상적 언술 상황의 기준들은 권력의 동등성이라는 공통 분모를 지닌다. 과학의 동료 심사가 분명하게 이런 원칙에서 일탈한다 해도, 동료 심사는 또한 이런 일탈을 바로잡으려고 시도한다. 저자와 심사자의 권력 균형을 추구하는 편집자는 대개 두 심사자 모두 명백하게 부정적인 결정을 내려야 논문이 거절될 수 있다고 가정한다. 그래서 결정이 엇갈릴 때에는 대개 저자가 유리하다.[4] 더욱이 편집자는 동료 심사의 결과를 전하면서 최악의 심사가 이뤄지지 않게 저자를 방어해주고자 신경을 쓴다. 예컨대 한 심사자는 논문 초록 부분에 '이해할 수 없음'이란 딱지를 붙이는 것으로 심사 보고서를 시작해 다음과 같은 열변으로 끝을 맺는다.

전체 논문이 공상처럼 보인다. 사용된 방법들은……s___의 발육에 관한 해부학적 구조를 이해하는 데 전혀 도움이 되지 않는다. 내 견해로는, 본 논문은 비과학적이며 출판할 가치가 없다. 본 논문은 2쪽의 마지막 문장에서 제기된 문제나 다른 어떤 문제를 해결하는 데에도 기여하지 못한다.

이 보고서는 검열되지 않은 채 음미할 수 있도록 허용됐기 때문에, 저자들은 편집자의 독창적인 기지를 충분히 맛볼 수 있었다. 편집자들은 이렇게 말한다. "두 평가자 모두 건설적 비판을 해주셨고, [다른 평가자의] 제안은 특히 유용할 것 같습니다."
또 다른 논문의 사례에서 그 심사자의 비판은 통렬해 보인다.

저자들은 아주 중요한 대목에서 스스로 모순된다.……효소 세포화학의 방법론에 대해 좀더 엄격하고 완전하게 분석하는 것이 순서다. 이것은 본 초고 제출에 앞서 수행되지 않았기에, 먼저 이것이 이뤄진 뒤에 초고의 출판을 허용하는 것이 마땅하다. 초고의 현재 상태가 이럴진대, 이것은 생물학적 문제들에 응용하기에는 제한적이며 의문스러운 몇 가지 관측들을 모아놓은 것에 불과하다. 기껏해야 그 데이터는 거의 의미가 없고 제한된 의미만을 지닌 흥미로운 관측들을 보여줄 뿐이다.

당연하게 이런 무자비한 공격을 경험했다면 저자들은 충격을 받았을 것이다. 그렇지만 이 경우에 저자들은 본질상 우호적인 심사자

보고서만을 받았다.

이런 적대적 보고서의 동기들이 무엇이든 간에(여기에 증거가 제시되지 않았기에, 최소한 하나의 사례에서는 이해관계의 충돌을 그 동기로 들 수 있다), 심사자들은 논문이 책임 있는 과학이어야 함을 숙고하기보다는 그들이 과학계의 책임 있는 일원이라는 점을 숙고하게 마련이다. 보고서를 제때에 내지 못하는 심사자들과 마찬가지로, 잠시 주어진 권력을 오용하는 심사자들은 편집자의 인명록에서 추방되기 십상이다.

논문이 수정을 조건으로 채택되면, 편집자는 애초 심판자였던 심사자들을 논문의 보완자나 협력자로 다시 규정하기도 한다. 저자들은 여전히 방어하는 쪽이지만 편집과정에서 다시 규정된 새로운 과제를 지니게 된다. 즉 심사자에 대응하여 그들의 권위를 재구축하려면 논문의 변화와 확충이 필요하다.

이런 관계의 변화가 저자들이 심사자의 요구에 충분히 응해야 함을 의미하지는 않는다. 확실히 저자들은 이런 요구를 세심하게 고려해야 하지만 심사자의 문제제기에 대해 만족스런 답을 제공하지 못할 수도 있으며 그것이 출판에 장애가 되지는 않는다. 예컨대 한 심사자는 이렇게 묻는다. "세포 사멸은 일부 속이 빈 s__가 형성되는 것과 관련이 있는가?" 이에 대해 저자들은 만족스런 답을 찾는 데 실패했음을 시인한다. "우리는 일부 속이 빈 s__가 형성되는 것에 사멸이 관련되어 있는지 여부를 발견하기 위해 슬라이드들을 다시 한번 샅샅이 살펴보았다. ……그러나 이런 점에 대해 단정적 설명을 할 만한 충분한 정보를 얻지는 못했다. 그러므로 우리는 본 초고에서 세포 퇴화의 측면은 포함하지 않았다."

사실 이 분야의 기본적 가정들에 관해 한 심사자와 심각한 의견의 불일치가 나타난다 해도 논문 출판은 진행될 수 있다. 예컨대 어느 심사자는 "본 논문의 계통학 부분은……어느 정도 재고할 필요가 있다"라는 주장에 대해 지지를 보낸다.

역사적 근거들 때문에, 그리고 Ar__와 Rei__에 관한 저자의 철저한 연구 덕분에, 저자는 Ib__를 포함하는 Ir__의 목(order)을 정립하고자 한다. 그렇지만 Ib__는 외부적인 h___, sp__ 등을 포함하는 _____의 전체로 알려져 있다.

저자는 이에 응답하여 이 마지막 가정을 호되게 공격한다.

형태학 전반에서 볼 때에 Ib__가 다른 속(genera)보다 더 잘 알려져 있음을 인정하다 해도, ___의 전체로서 완벽하게 이해되는 것은 결코 아니다. S___와 B__ (1973, p. 368)는 외부 형태학에 대한 그들의 증거, 특히 sp___라고 여겨지지만 잘 유지되지 않는 구조에 관한 증거에 한계가 있음을 조심스럽게 지적한 바 있다.

본질적으로 이런 구조의 생물조직학에 관해서는 아무것도 알려진 게 없으며 그들 논문에서 제시된 증거에 바탕을 두면 심지어 sp__의 출현도 논박할 수 없는 사실로 받아들이기 힘들다. Ib__의 해부학에 관한 정보는 훨씬 더 단편적이다. 사실상, 나는 Ib__에 관해 내부적으로 더 많은 것들이 알려져 현재 내부적으로 훨씬 더 잘 알려진 Ar__와 동의어라는 점이 제시된다 해도 전혀 놀라지 않을 것이다.

저자의 반응에서 우리는 두 가지의 주요한 방어 전략을 볼 수 있다. 그대로 인용된 문구에서 저자들은, 마치 변호사가 그러하듯이, 다시 언급하기의 권위를 비롯해 의도에 어울리는 모든 권위들을 인용하면서 그럴듯한 반박 논증으로 의견의 차이를 드러낸다. 두 번째 전략에서 저자는 가능하면 언제나 편집자의 권위 또는 긍정적 태도를 보이는 심사자의 권위를 편든다. 전자현미경 사진을 추가할 것을 원하는 심사자의 요청과 관련해 저자는 이렇게 말한다. "불필요하게 출판된 TEM(투과전자현미경) 사진들보다 나를 더 화나게 하는 것은 없다……만일 당신이 정말 편집자로서 그것을 바란다면, 나는 많은 양의 사진을 제공하겠다. 그러나 그렇지 않다면 나는 그것이 지면 낭비라고 생각한다."

다른 저자는 다음과 같이 줄여 말한다. "심사자 A는 고유한 특징과 유래된 특징들에 근거해 내가 분류군을 만든 것에 반대하거나 새로운 학명을 쓴 것에 반대하거나, 아니면 둘 다에 반대하고 있다고 나는 결론을 내릴 수밖에 없다. 정말 솔직히 말해, 나는 바로 이런 점들에 대해 심사자 A와 B가 보인 서로 다른 반응을 보고서 대단히 놀랄 따름이다. 본 논문에서 나의 접근 방법은 이해할 수 있는 것이며 합리적이라고 생각한다."

그러나 저자의 반대의견은 결코 규칙이 될 수 없다. 왜냐하면 반대의견은 곧 논문 거절의 위험을 안고 있기 때문이다. 대개 저자들은 심사자를 협력자로(모습을 드러내지 않는 논문의 추가 저자로) 대우함으로써 자신들의 권위를 재구축한다. 사실, 저자들은 때때로 인쇄된 출판물에서 이런 익명 비판자들의 도움에 감사의 글을 바치곤 한다. 저자들은 슬라이드를 이것저것 재검토하는 것처럼 시간만 소비하게 하는 요구를 조용히 감내하기도 한다. 그들은 오류에 직면하면 우아하게 뒤로 물러서며, 아무런 보장 없는 추측들이 어떤 경우에는 새로운 전공 분야를 만들어낼 정도까지 나아가는 것을 자진하여 억제한다. 한 저자는 이렇게 강조하기도 한다. "우리 연구의 한계를 설명하고 발견된 사실들을 요약하기 위해 논문에 '한계' 와 '권고' 절이 추가되었다."

편집자들의 권력은 그들의 직업적 상황에 의해 스스로 제한된다. 모든 편집자들은 널리 구독되며 자주 인용되는 저널을 출판하고자 한다. 그들이 어떤 저자 한 명에 의존하지는 않는다 해도, 일반적으로 채택할 만한 원고를 꾸준히 제공하는 저자들에 의존하게 마련이다. 마찬가지로 저자들은 어떤 편집자 한 명의 결정에 의존하지는 않으며, 그들의 연구 분야에서 아이디어의 자유 시장이라는 권력을 행사한다. 거절당한 저자들이 자신의 논문을 보낼 수 있는, 비슷하게 동등한 권위를 지닌 다른 저널들이 존재하는 한, 편집자들은 자신의 저널에 실을 만하지 않다고 판단했던 논문이 다른 저널에 실릴지도 모른다는 가능성에 직면하게 된다. 더 상황이 나쁘다면, 자신이 거절한 논문들이 과학 인용색인(SCI) 학술저널에 실린 것을 보게 될지도 모른다. 특정한 경우에 이런 고려할 점들이 중대한 문제가 되지는 않는다. 그렇지만 이런 고려사항들은 모두 편집자가 자신의 권력을 무책임하게 사용하는 데에 심각한 제한을 가한다.

필연적 일탈 |

과학의 동료 심사는 이상적 언술 상황의 일탈과 바로잡기 사이에서 충돌하는 균형을 통해 합리적 합의를 얻어가는 의사소통 체제다. 이런 일탈들은 이상적 언술 상황의 완전한 구현을 가로막기 때문에, 완전한 합리적 합의를 이루려면 그 일탈을 모두 제거해야 할 것처럼 보일지도 모른다. 이상적 사회에서 이뤄지는 과학의 동료 심사라면, 방해받지 않는 저자의 주도권, 끊임없는 주고받기, 저자와 편집자와 심사자들 사이의 제약 없는 공개성이 허용될 것이다. 이런 환경이 널리 퍼진 뒤에야 비로소 동료 심사의 의사소통이 합리적 합의를 충분히 구현할 것이다. 그러나 동료 심사는 이상적 언술 상황을 제도화한 것이므로 실천의 문제다. 문제는 그것이 이상적 언술 상황을 충분히 구현하느냐가 아니라 그것이 "제약받지 않은 대화에서 이상적으로 동의할 만한 결과에 도달하며 정당화될 수" 있느냐이다.[5]

이런 지적이 동료 심사에서 이상적 언술 상황의 충분한 구현, 즉 채택된 논문의 질과 과학계 일반의 지적, 정치적 건강을 모두 다 보증할 만한 그런 구현의 본래 매력을 부정하려는 것은 아니다. 이것이 동시에 구현되기만 한다면, 잠재적 가치를 지닌 모든 연구결과가 적절한 동료들과 공유되며 거기에 적정한 신뢰가 주어지고 학술 저널의 지면이라는 희소 자원이 책임 있게 할당되는 상황을 보장할 수도 있으리라. 불행하게도 충분히 합리적인 합의를 추구하는 행위가 합리적 합의가 속한 과학의 생활양식을 따른다 해도, 그것은 마찬가지로 중요한 미덕이자 희소 자원인 '전문가의 시간(professional time)'과 경쟁할 수밖에 없다.

전문가의 시간을 절약해야 할 필요는 모든 학문 분야에서 절대 명제다. 이 때문에 동일한 논문을 여러 다른 저널에 중복해 제출하는 데에는 강한 제약이 뒤따른다. 또한 이것은 동료 심사의 개선, 예컨대 편집자가 논문을 거절하기 前에 심사자의 보고서를 저자와 공유해야 한다는 제안 같은, 다른 의미에서 분별 있는 제안들에 대해 강력한 저항이 일어나는 이유이기도 하다. 이상적 언술 상황으로 나아가는 결정적 움직임은 저자의 지위를 개선하겠지만 편집자와 심사자의 전문가 시간을 희생해야만 할 것이다. 그런 움직임은 또한 과학의 자아반영인 연구보다 심사를 앞세움으로써 잠재적 가치를 지닌 과학을 창조하거나 적절한 시점에 소통하는 것을 방해할 것이다.

이상적 언술 상황의 완전한 구현은 필연적 한계를 지닌다. 이런 한계는 "극단적 형식으로 공존할 수 없는 원칙들 사이의 다소 편치 않은 타협"(Berlin 1978, p. 102)에서 생겨난다. 이상적 언술 상황은 우리가 점진적으로 지향해야 하는 목표로 여겨질 수는 없는데, 왜냐하면 그런 해석이 우리를 역설에 휘말리게 하기 때문이다. 합리적 합의가 다른 바람직한 미덕들에 끼칠지 모를 바람직하지 않은 결과는 상관하지 않은 채 우리는 그것을 우리가 추구할 수 있는 미덕이라고 당연하게 가정한다. 달리 말해, 우리는 "모든 미덕들은 확실히 병립할 수 있으며 사실상 서로 맞물려 있다"(Berlin 1978, p. 95)는 견해에 동의하는 게 틀림없다. 즉 우리는 계몽주의의 신화에 마땅히 동의하고 있다. 그렇지만 하버마스가 보기에, 동료 심사 같은 특정한 사회제도는 실천의 문제다. "사람들이 자유롭고 동등한 참여자로서 담론을 통한 의사-형성에 참여할 수 있다면 사회의 기본제도와 기본적인 정치적 결정들은 모든 관련자들의 비강압적 동의를 얻게 되리라고 가정할 수 있는데, 이런 가정의 토대는 다름 아니라 조정(arrangement) 모색의 문제다"(1979, p. 186).

그리하여 합리적 동의를 맹목적으로 추구한다면 바람직스럽지 못한 비용을 치르는 일은 불가피할 것이다. 즉 이상적 언술 상황을 완전히 구현하려다 보면, 전문가의 시간을 평가절하하거나 새로운 과학을 제때에 인증한다는 동료 심사의 중심 목적을 점진적으로 훼손하지 않을 수 없게 된다. 이런 이유 탓에 새로운 과학저널 또는 학술저널이 창간될 때마다 사실상 동일한 규제들, 그리고 이상적 언술 상황의 일탈과 바로잡기 사이에서 사실상 동일한 균형을 지닌 동료 심사가 합의 아래 다시 창조된다.

논문 출판과 과학 지식의 지위 |

동료 심사가 보여주는 합리적 합의는 인식론의 함의를 지닌다. 과학 보고서와 동료 심사 문서들은 매우 다른 발화수반적 기획(illocutionary enterprises: 화자가 발화에 담아 청자한테 전하는 경고나 약속 등과 같은 어떤 언술행위 – 옮긴이)이다. 과학 보고서는 인식과 관련되는데 진술과 세계를 잇는 연결고리로서 진리를 주제로 삼는다. 과학 보고서의 지배적 언술 행위는 확증적인 것인데, 글 쓰는 이가 자신의 신념체제는 "진리를 탐구하는 어떤 절차, 예컨대 관찰, 조사, 논증의 결과물로서" 생성됐음을 보여주는 그런 표현이다.[6] 실험과 이론의 논문 모두에서 이런 진리 탐구의 절차는 결론에 확실성을 부여하도록 설계된다.

이와는 대조적으로, 동료 심사 문서는 규정과 관련이 있다. 그것은 저자와 편집자 그리고 심사자를 잇는 상호주관적 연결점으로서 진리를 주제로 삼는다. 그리하여 인식 과정의 결과물은 동료 심사에서 최소한 처음으로 조정 과정에 의해 인증을 받는다. 이런 인증은 그것이 인증하는 과학의 인식론적 지위를 감소시키게 마련이다. 왜냐하면 인식의 주장이 세계에 대한 검증에 의해 판단되기보다는 절차에 따른 동료의 합의에 의해 판단되기 때문이다. 동료 심사가 인증하는 지식은 오로지 논증에 기초를 둔다. "경험주의 이후의 과학철학은, 논증 참여자들 사이에서 합리적 동기에 의해 이뤄지는 동의라는 불안정한 토대가 바로 우리의 유일한 기초이며 도덕의 문제뿐 아니라 물리학의 문제에서도 그러하다고 주장할 만한 합당한 근거를 제공해왔다"(Habermas 1982, p. 238).

활발하게 논쟁을 거친 주장들은 동료 심사 이후에 애초의 지위로 복원된다. 즉 과학이 의도하는 대로 다시 세계를 향한다. 그리고 동료 심사의 과정은 눈에서 사라진다. 출판이 이 과업을 수행하는데, 동료 심사라는 인식론의 부담에서 과학 보고서를 자유롭게 한다. 출판은 지식이 인증되었음을 보여주는 절차의 흔적을 모두 말소시키는 상징적 행위다. 이런 흔적 말소를 통해 출판은 동료 심사에 의해 훼손됐던 신뢰도를 최소한 일시적이라 해도 다시 살려낸다. 즉 주장은 다시 전적으로 세계에 관한 것이 된다. 동료 심사 문서들은 일단 그 목적에 봉사하고나면 일반적으로 다시 면밀히 검토할 수 없게 되며, 과학 보고서는 오로지 다른 보고서들(과학의 공식적 문헌)의 맥락 안에서만 읽힌다.

이런 과정의 결과로, 이들 보고서 안의 주장들과 그 진실성이 처음 인증되는 과정들 사이의 관련성은 체계적으로 외면한다. 출판으로 나아가면 동료 심사가 인증한 지식의 논증적 토대 전체는 체계적으로 왜곡된다. 공적 영역에서 볼 수 있는 것은 오직 과학 보고서, 즉 확실한 지식을 향한 지속적 행진에 참여하는 또 하나의 발걸음이다.[7] 하버마스의 말을 빌리자면, 이것은 체계적으로 왜곡된 의사소통의 제도화이다. "그런 경우에 최소한 한 쪽은 자신이 성공 지향적 태도로 행동하고 있으며 의사소통 행위의 겉모습을 유지하고 있을 뿐인데도 이런 사실에 대해 스스로 속고 있는 것이다"(1984, p. 332).

경쟁적 설명들 |

이상적 언술 상황은 동료 심사에 대해 한 가지 설명을 제공한다. 그런데 과학사회학의 기능주의와 '스트롱 프로그램(strong program)'이 이와 다른 두 가지 설명을 제공한다. 좀더 보수적인 동료들과는 다르게, 스트롱 프로그램의 지지자들은 전통적 주제인 과학의 사회적 구조에 한정해 분석하기를 거부한다. 대신에 그들은 과학자들이 내세우는 지식 주장에 대한 그들의 시각을 담금질한다. 그들은 이런 과학의 지식 주장도 사회학적으로 해석할 수 있어야 한다고 역설한다. 연구의 초점을 이렇게 맞춘다고 해서 과학이 합리적 기획이며 합리적 합의가 동료 심사와 과학 모두의 목적이라는 주장을 포기해야 하는 것은 아니다. 사회구성주의(social constructivism)의 좀더 근본적인 모형, 예컨대 울가와 라투르의 『실험실 생활(Laboratory Life)』이나 라투르의 『작동 중인 과학(Science in Action)』이 제시하는 모형에서 볼 때, 합리성은 설명되기보다는 이리저리 빠져나가 변명된다. 라투르와 울가는 경제적 권력을 수사비유(trope)로 삼아 설명한다. "수정하기에는 너무 큰 비용이 드는 진술들의 집합이 실재라고 얘기되는 바를 구성한다." 이런 실재의 창조에서 합리성은 끼어들 곳이 없다(1979, p. 243)

10년 쯤 뒤에, 라투르한테 수사비유는 물리적인 권력으로 탈바꿈한다. 과학은 "멀리 떨어져 있는 낯선 사건, 장소, 사람들에 원격작용을 끼치는" 수단이 된다. 만일 우리가 이런 사건, 장소, 사람을 움직이고 안정화하며 결합할 수 있게 만든다면, 만일 "그것들을 카드 패처럼 쌓고 모으고 뒤섞을 수 있다면……그러면 처음에는 다른 곳과 마찬가지로 미약했던 작은 지방도시나 어느 구석의 실험실, 또는 보잘것없는 회사들도 멀리 떨어진 여러 다른 장소들을 지배하는 중심이 될 것이다"(1987 p. 223). 이런 설명은 합리성과 비합리성의 차이를 포기하는 것이다. "합리성과 비합리성에 관한 이 모든 일은 그 길을 가로막고 선 그 연합체를 누군가가 공격한 결과다"(Latour 1987, p. 205). "기술과학(technoscience)의 네트워크에 관한 연구를 계속하고 싶다면, 우리는 뒤틀린 신념을 바로 펴야 한다. 그리고 합리적 사고와 비합리적 사고 사이의 대립을 없애야 한다"(p. 185).

동료 심사는 이런 규범들에 따라 분석될 수 있다. 마이어스는 이런 분위기를 담은 논문에서, 동료 심사는 과학 논문에서 주장이 허용될 수 있는 수준을 절충한다고 역설한다. 그 수준이 높을수록 논문의 지위는 더 높아진다. 논문의 지위가 더 높아질수록 절충은 더 어려워진다. 자신의 관점을 뒷받침하게 위해 마이어스는 생물학 논문 두 편의 출판 과정을 자세히 살폈다. 각 경우에 논문의 저자는 가장 폭넓으면서도 가능한 주장들이 가장 권위 있는 전문가 포럼에서 채택될 수 있도록 애쓴다. "나의 연구 대상인 두 생물학자들은 편집자와 심사자들이 출판을 허용할 만한 최고 수준의 주장을 하려고 시도한다"(Myers 1985, p. 602).

그렇지만 하버마스에 따르면, 의사소통 행위를 모두 권력 획득 경쟁으로 환원하는 것은 잘못이다. "영향력과 가치를 지향하는 행위 같은 의사소통의 일반 형식들에는 발화수반적 행위가 따른다. 그래서 이런 일반 형식들은 상호이해를 위해 사용되는 언어의 구속 효과에 의존한다. [이와 대조적으로] 돈이나 권력 같은 조절 매체는 타자의 상황에 자아를 끼어들게 만듦으로써, 그리고 발화수단적 결과(perlocutionary effects, 오직 성공만을 지향하는 언술 행위의 결과)를 일으킴으로써 상호작용을 유도한다"(1987, p. 280; 1984, p. 292도 보라). 그렇지만 의사소통 행위를 권력과 동등하게 바라본다는 것은, "유인과 억제를 통해 경험적 동기에서 생기는 구속과 이성에 따른 동의를 통해 합리적 동기에서 생기는 신뢰 사이에 놓인 엄격한 구별"(p. 280, 원저자의 강조), 그 결정적 차이를 인정하지 않는 것이 된다. 의사소통 행위와 권력을 동등하게 바라본다는 것은, 합리성과 비합리성의 실재적 차이들, 그리고 상호이해를 지향하는 의사소통 행위와 체계적으로 왜곡된 의사소통 사이의 실재적 차이들에 둔감한 것이 된다. 권력의 관점에서만 분석한다면, 동료 심사는 너무 단순해지며 제대로 인식되지 못한다.

여기에서 벗어나, 마이어스는 동료 심사 자료에 대한 세 번째 설명방식으로 기능적 설명을 시도한다. 이런 설명은 "원고들이 더욱 전문화한 저널들에 실리는 과정에서 출판 과정이 어떻게 작동하는지, 다른 분야의 연구자들 자신의 연구 프로그램 바깥에서 제기되는 그런 종류의 주장으로부터 연구자들을 어떻게 보호하고, 그리하여 변덕스런 목표 재조정이나 연구 프로그램의 급증, 자원의 분산을 막는 데 어떻게 기여하는지의 사례 하나를 보여줄 것이다"(1985. p. 623). 그러나 라투르와 울가 같은 급진적 사회구성주의자들한테 그런 설명방식은 아무 것도 설명해주지 못한다. 오로지 권력만이 실재이며 기능과 합리성은 부수 현상이다. 하버마스의 관점에서 보면, 기능주의는 다른 이유에서 결점을 지니고 있다. 기능주의의 자기조절 체계는 의사소통 행위를 본질상 다른 어떤 체계 기능으로 환원함으로써 의사소통 행위를 설명할 수 있기 때문이다.

이상적 언술 상황과 달리, 기능주의와 급진적 구성주의는 모두 합리성을 설명하지 못한다. 급진적 구성주의는 합리성을 인공물이라며 일축하고, 기능주의는 그것을 체계의 자기유지와 동등한 것으로 바라본다.

합리성에 관한 논쟁은 공통의 양식을 따른다. 합리성은 이른바 그 필요조건들, 즉 논자는 시종일관해야 하고 모순의 법칙에 유의해야 하며 긍정식(*modus ponens*)에 의해 제약되어야 한다는 필요조건으로 설명된다. 그런데 상대주의자들은 이처럼 일반개념이라 일컬어지는 것들에 대해 가정의 반증사례를 동원해 공격한다(예컨대 Hollis and Lukes 1982). 내 생각에는 진정 필요한 것은 다른 곳에 있다. 즉 공허하지 않은 합리성의 정의, 동시에 '다양한 합리성들'이 존재함을 고려하는 합리성의 정의가 필요하다. 이것은 갈라진 기본 신념들과 다른 문화의 추론 양식이 비합리성으로 간주되는 게 아니라 또 다른 종류의 합리성으로 간주된다는 직관이다(Shweder 1986).

이상적 언술 상황은 우리한테 이렇게 어떤 정의를 제공한다. 이런 이론적 구성물은 합리성을 하나의 과정으로 정의하지 산물로는 정의하지는 않기 때문에, 수렴은 단지 규정적 이상일 뿐이라고 주장한다. 실제에서, 이상적 언술 상황은 다양하게 나타날 것이다. 그래서 그것은 다른 문화들 사이에 존재하는 다양한 합리성들뿐 아니라(Shweder 1986, pp. 188-190) 특정 문화들 내부에도 존재할 법한 폭넓은 차이들, 일반적으로 동료 심사의 특징을 이루는 동료 심사자들의 다양한 판단들과 같은 차이들 때문에 곤란한 처지에 빠지지는 않는다. 그리하여 이상적 언술 상황 덕분에 합리성이 여전히 중심을 이루는 동료 심사를 수사학으로 정의할 수 있다.

10

『종의 기원』의 기원

1836년 10월 2일, 55개월의 항해를 마치고 비글호가 영국 해안 앞바다에 정박했다. 다윈의 짐꾸러미에는 붉은 가죽에 싸인 작은 책 한 권이 섞여 있었다. 이른바 『붉은 노트(Red Notebook)』가 그것인데 그 3분의 2는 지질학 기록들로 가득했다. 다윈은 항해 중에 수집했던 견본들을 처리하고 가족들을 만나느라 바빠서, 곧바로 자신의 관심을 글쓰기와 사유에 집중하지 못했다. 그러나 이듬해가 시작될 무렵에 그는 항해일지를 손질해 여행도서 한 권을 내는 동시에 『붉은 노트』에 추가 표제어들을 만들었다.

이 장에서 수사학적 분석의 주제로 삼으려는 것이 바로 1837년 전반기에 작성된 이 표제어들, 즉 '빛나는 파편들'(Herbert 1974. p. 247)이다. 이 파편들은 진화이론에 대한 다윈의 초기 성찰을 담았으며, 나중에 돌연변이에 관한 노트의 첫 권을 시작하기로 한 다윈

의 결심으로 이어졌다. 이 짧은 기록을 완독하는 것은 곧 위대한 사상의 탄생을 경험하는 것이다.[1]

자기설득으로서 수사학 |

수사학적 분석은 특정한 청중을 설득하려는 의도를 지닌 공공의 텍스트에 적합할 것이다. 그런데 어떤 근거로 문체, 논거 배열, 그리고 논거 발명의 고전적 범주를 『붉은 노트』에 적용할 수 있다는 말인가. 분명히 독자를 의식하지도 않고 되는대로 써서, 많은 경우에 거의 무슨 뜻인지도 모를 만큼 축약된 것인데도 말이다. 그 근거는 자아의 이론에서 비롯한다. "자아는 형식은 물론이고 아마 존재 자체도 주변의 사회 질서에 의존한다"(Harré 1984, p. 256). 자아 창조의 제1단계는 인격의 형성인데, 인격이란 사회 질서에서 "심리적 공생"을 통해 생기는 개개의 공적 존재이다. 이 과정에서 "한 인격은 어떤 특정 사회에서 일상적으로 쓰이는 심리적 적성이나 특성에 관련된 사람됨의 기준을 만족시키기 위해 또 다른 인격을 [보충하여] 공공에 드러낸다"(p. 105).

자아라고 부르는 단 하나의 내적 존재는 바로 우리 각자를 이루는 인격에서 생겨난다. 즉 "인격이라는 존재는 우리 사회에 작동하는 인격의 개념에 바탕을 둔 자아의 이론을 우리가 믿음으로써 창조된다"(Harré 1984, p. 26). 자아라는 것이 우리가 믿게 된 이론이라면 그 본질은 수사학적이다. 더 나아가 (과학 이론과 같은) 특정 신념의 네트워크는 자아의 영역에서 이뤄지는 수사학적 처리의 산물임이 틀림없다.

이런 자아의 관점은 심리작용에 따르는 우리의 일상적 은유와도 조화를 이룬다. 『붉은 노트』의 후반부에서 다윈은 진화에 관해 두 가지 다른 생각을 하고 있었던 것 같다. 일련의 표제어들에서 그는 진화의 가능성을 두고 자신과 논쟁을 벌였다. 찰스 샌더스 피어스는 이런 은유를 철학의 영역으로 끌어들여 이렇게 말한다. "한 인격은 절대로 한 개인이 아니다. 그의 생각은 그가 '자신에게 말하고 있는' 바이다. 즉 시간의 흐름 속에서 방금 태어난 다른 자아한테 말하고 있는 바이다. 누구나 논리적으로 생각할 때 그가 설득하려는 대상은 바로 비판적 자아다.……[더욱이] 인간의 사회 집단(이 말이 넓은 뜻으로 이해되든 좁은 뜻으로 이해되든 간에)은 개개 유기체의 인격보다 더 높은 지위를 지닌다는 점에서 일종의 느슨하게 압축된 인격이다"(1955, p. 258).[2]

전기작가, 역사학자, 사회철학자, 인지심리학자들은 모두 다윈의 지적 발달을 보여주는 증거로서 다윈의 노트에 대해 당연한 관심을 지녀왔다. 그러나 아무도 이런 표제어들을 특수한 장르로 일관하여 다루지는 않았다. 즉 그것은 정체성을 갖춘 청중을 향해 의도된 공공의 문서나 서신도 아니며, 자신의 미래 자아라는 특정 청중을 위해 짜인 일기도 아니다. 또한 청중의 편의를 위해 먼저 만든 그런 문서들의 첫 번째 초안도 아니며, 심리학자 청중 앞에서 자아발표를 하는 로르샤하(Rorschach : 무의미한 잉크 반점들을 해석하게 함으로써 심리상태를 알아보는 검사법 - 옮긴이)나 주제통각검사(TAT, 제시된 그림을 보고 무슨 일이 일어나고 있는지를 설명하게 하여 심리상태를 알아보는 검사법 - 옮긴이)의 프로토콜도 아니다.

'노트'의 청중은 오로지 다윈 자신이었다. 노트의 주장은 특별한 종류의 언술-행위인데, 그런 행위의 인식론적 지위는 눈에 띄게 변화하는 것이다. 『붉은 노트』에 담긴 언술-행위가 변화하는 인식론적 지위를 지닌다는 점은 『붉은 노트』를 정확하게 해석하는 데 본질적 측면이 된다. 이어 이뤄지는 수사학적 분석은 이런 측면을 아주 잘 포착한다.

자기설득의 지표로서, 문체 I

『붉은 노트』에는 두 가지 문체가 나타난다. 암호 같은 문체와 간결한 전보 문체가 그것이다. 전보 문체는 빅토리아 시대의 산문 규범 대부분을 유지하지만 관사(a, an, the – 옮긴이)나 연결사(주어와 술어를 잇는 be 동사 등 – 옮긴이), 존재함을 뜻하는 'there'를 자주 생략하며, 격식에 맞춘 표준적 축약어를 쓴다.

> 화산 폭발은 단층 활성 지층에서만 (유의점. 암석의 유동과 연계된 단층 ∴ {초기에} 바다에 덮여 있을 때). — 최초 단층 & 분출은 최초 활동시기에만, 따라서 바다에 덮여 있을 때 발생할 수 있다. 왜냐하면 그 이후에는 너무 두꺼워 작은 주입의 반복으로도 뚫리지 않을 응고 화성암으로 덮이니까.[3]

전보 문체의 특징에 더해, 암호 같은 문체로 인해 연결어(접속사, 관계사 등 – 옮긴이), 특히 논리적 연결어는 보이지 않는다. 구문론의 일탈은 너무 심해 의미론의 연결을 의문스럽게 만들며 마침표도 심하게 일탈적이다.

▫

두 타조가 함께 사는 중립 지대에 관해 고찰할 것; 큰 놈이 작은 놈을 잠식한다. — 점진적으로 변하지 않음: 한번에 생성. 만일 한 종이 변화한다면: 〈변화〉 기억할 것: 화산에 대한 나의 생각: 섬들. 융기된. 그 뒤에 고유한 식물들 창조됨. 만일 그런 단순한 점들 때문이라면; 그러면 어떠한 산도. 큰 것에 대한 새로운 창조에 덜 놀라는데, 그건 잘못. —오스트레일리아의 산 = 만일 화산 섬에 대해 그렇다면, 육지의 어떤 지점에 대해서도. = 그러나 이웃 대륙의 후광에 영향 받은 새로운 창조: ≠ 마치 어떤 것이든 |

어떤 지역들에서 {일어나는} 창조는 고유의 특징을 지고 있는 게 분명하다: (1987a, p. 61)

전보 문체는 일종의 속기다. 모든 속기가 그러하듯이 그것은 말을 하는 속도와 그것을 글로 적는 속도 사이의 차이를 줄이기 위한 것이다. 그러나 암호 문체는 좀더 복잡한 연원을 지닌다. 맨 끝이나 거의 맨 끝에 찍히는 마침표에 의해 틀이 잡히는 개별 언어 덩어리가 구축하는 청크(chunk: 반복된 노출을 통해 하나의 단위로 인식되는 자극 – 옮긴이)인, 이런 문체의 구절들은 거의 해석하기 어렵다.[4] 한꺼번에 단기기억에 저장된 의미론의 구성요소들에서 작동하는 구문론의 규칙들이 어떻게 그런 일련의 언어 연상을 만들어낼 수 있을지는 이해하기 어렵다. 더욱 그럴듯한 얘기는, 그 일련의 언어 연상이 이런 규칙들이 적용되기 이전의 단계를 보여준다는 것이다. 이렇게 해석해본다면, 각각의 덩어리(chunk)는 개별적으로는 힘들게 복구됐을 것이며, 생각과 동시에 말이 이뤄졌던 것이 틀림없다.

100개가 안 되는 낱말들의 앞뒤에 떨어져 나타나는 다음의 두 가지 말을 생각해보자:

기억할 것. '침강' 우스파야타(남아메리카 안데스산맥 아콩카과산 남쪽의 해발 3863m 지대- 옮긴이) 그 흔적은 나무숲 외에 없음

나무숲 외에 우스파야타에서 침강의 흔적을 볼 수 없었다는 점은 간과하지 말자.

나의 해독에 따르면, 자기명령 즉 "기억하라"는 명령이 있고 나면 앞의 말에서 네 개의 언어 덩어리들이 장기기억 저장소에서 연속적으로 불려나온다. 첫 번째는 두 번째를, 두 번째는 세 번째를, 세 번째는 네 번째를 불러낸다. 이런 해석으로 『붉은 노트』를 읽다보면, 생성문법의 심리적 실재를 경험하게 된다. 두 번째 일련의 언어, 즉 문장은 촘스키와 그 지지자들의 구문론적 규칙과 비슷한 심리적 규칙들을 통해 첫 번째 문장에서 파생한다.

암호 문체에 대한 이런 관점은 근래의 심리과정 이론들과도 일치한다. 그것은 생각이란 무엇인가를 따지는 이론에 의존하지 않는다. 이런 관점은 오히려 생각이 장기기억에 명제의 형식으로 저장된다는 킨치의 개념이 그럴듯하며(Klatsky 1980, pp. 196-199), 내적 표현의 체계, 즉 최소한 자연어만큼이나 복잡한 내적 코드의 체계가 분명히 존재한다는 포더의 성찰이 그럴듯하다고 바라본다(1975, p. 172; p. 156도 보라). 만일 포더가 옳다면 암호 문체는 그런 코드의 심리적 실재를 보여주는 증거가 된다. 암호 문체에 대해 다른 해석

들도 확실히 가능하다. 그러나 모든 해석은 다윈의 말이 사유의 순서를 따르면서도 보통 언술의 서열 규범에서 눈에 띄게 일탈한다는 사실을 고려해야만 한다.

『붉은 노트』에서 우리는 수사학적 분석을 작동시킬 수 없는 중대한 한계에 이른다. 암호 문체에서 표제어들은 어떤 문턱에 다가서는데, 그 너머에서 해석은 그때그때의 분석을 허용할 수밖에 없다. 문체가 이보다 더 무질서하다면 의사소통의 필요조건인 이해가능성의 규범을 수행하지 못할 것이다. 암호보다 더 무질서한 문체라면 이 또한 수사학 이론에서 제외될 것이다. 왜냐하면 "자신이 틀릴 가능성을 이해하지 못한다면 누구도 믿음이란 것을 지닐 수 없기 때문이다. 믿음을 위해서는 진실과 오류(진실한 믿음과 그릇된 믿음) 사이의 대비를 이해할 수 있어야 하기 때문이다. 그러나 이런 대비는……해석의 맥락에서만 생길 수 있으며, 그런 해석만이 객관적이고 공적인 진실의 관념을 지닐 수 있게 한다"(Davidson 1984, p. 170; Quine 1976, p. 235도 보라). 데이비슨은 생각과 혼잣말을 동일하게 보지 않는다. 복합 신념은 말할 줄 아는 생물한테만 가능하다는 게 그의 주장이다. 이와 다른 모든 관점은 거의 공허하다 싶을 정도로 폭넓은(예컨대 개들이 저 풀숲에 여우 한 마리가 있다고 믿는 것과 같은) 신념의 개념에 의존하는 게 틀림없다.

『붉은 노트』에서, 다윈의 고찰이 최종적 정식화에 접근할수록, 그의 문체는 출판된 산문의 규범과 비슷해진다. 그의 말들이 이런 규범에 접근할수록, 이와 동시에 그것들은 공적 영역의 주장에 대해 언행이론이 규정하는 규범들, 즉 명확할 것, 진실할 것, 진실에 대해 책임질 것 같은 규범에 접근한다.[6] 그러므로『붉은 노트』표제어들의 인식론적 지위는 변화하는 것이다. 그 언술-행위들이 암호 문체에 근접할수록, 공적 주장들에 공통적인 타당성 주장은 유예하는 상황에 더 가까워진다. 이런 유예는 다윈 사상의 초기 단계에서 그가 어떤 대상 지시(reference)나 신념도 확정할 준비가 되어 있지 않았음을 보여준다. 혼란이나 무책임도 작동하지 않는다. 거꾸로, 다윈이 자기주장의 완전한 진실성에 대해 명확한 의식을 갖지 않는 한, 다윈은 내적 개념의 변화를 가속화하는 데 핵심적인 '신념의 유예'를 계속 유지할 것이다.[7] 다윈의 사적인 정신세계에서, 문체는 그 공적 기능을 포기하여 더 이상 설득의 수단이 아니다. 그 대신에, 문체는 표제어들이 인식론적 지위를 지님을 보여주는 증거를 제공하기에 다윈이 신봉하는 신념의 상대적 안정성이 어느 정도인지를 보여주는 지표가 된다.

지적 발전을 앞서 보여주는 배열 |

또한 『붉은 노트』의 논거 배열은 다윈의 생각이 전진하는 과정을 보여주는 지표다. 배열은 그의 지적 발전을 앞서 보여준다. 중요한 이론적 정식화와 나중에 연결되는 주제들은 따로따로 출현하여 서열을 형성하고 서로 뒤엉키게 된다.

여행을 마친 직후에 쓴 『붉은 노트』의 표제어들에서, 다윈은 지적 생애의 세 가지 주요동기 가운데 두 가지를 이루게 될 주제, 즉 '지질 변화의 원인'과 '종의 본성과 기원'에 집중했다.[8]

 I. 남아메리카와 태평양의 지질학적, 광물학적 특징 (유럽과 비교해)

A. 화성(火成) 변동

    1. 지각의 침강과 융기

        a. 산맥의 생성, 화산 그리고 지진

        b. 그 패턴

        c. 화산과 지진의 작용

    2. 용암의 작용

B. 수성(水成) 변동: 해양의 작용

    1. 개흙이 쌓여 육지 형성

    2. 육지의 침식

    3. 표석의 이동

    4. 빙하 작용

Ⅱ. 남아메리카와 태평양의 생물지리학

A. 식물상과 동물상의 공간 분포

    1. 기후 효과

    2. 장애 효과

    3. 적응의 문제

B. 식물상과 동물상의 시간 분포

    1. 종의 절멸 (화석 기록)

    2. 종의 창조: 후손

실제 표제어들이 이런 개요가 제시하는 것보다 훨씬 덜 유기적인 것이라 해도, 그 순서는 다윈의 무르익은 정식화를 미리 보여주는 흐름을 드러낸다. 이 개요를 따라 부호로 표시하고 14개의 주제 집단으로 배열한, 31개 표제어들의 대표적 순서는 다음과 같다.

◻

ⅠA, ⅠA,

ⅡA,

ⅠA, ⅠA,

ⅡA,

ⅡB, ⅡB, ⅡB, ⅡB,

ⅡA,

ⅡB,

ⅡA, ⅡA, ⅡA, ⅡA, ⅡA, ⅡA,

ⅡB, ⅡB,

ⅠA,

ⅡB, ⅡB,

ⅡA, ⅡA,

ⅠB,

ⅠA, ⅠA, ⅠA, ⅠA, ⅠA

이렇게 표시하고 보면 두 가지의 대비되는 경향이 눈에 띈다. 첫째 경향을 보면, 다윈은 지질학적인 것과 생물지리학적인 것을 여기저 기에 흩뿌렸다. 둘째 경향을 보면, 그는 한 벌의 표제어들 안에서는 동일한 주제를 추구했다. 흩뿌림의 경향은 다윈의 완숙한 이론에서 지질학과 생물지리학이 밀접하게 연결됨을 미리 보여준다. 분리의 경향은 그가 자신의 지적 노력을 두 갈래로 나누려 했던 결정을 예 견하게 해준다. 『붉은 노트』를 끝낸 뒤에 그는 '지질학에 관한 노트 A'와 '돌연변이에 관한 노트 B'를 동시에 시작했다.

개요에서는 전혀 나타나지 않는 세 번째 경향이 있다. 특정 주제에 관해서는 짧고 단절된 표제어들 뒤에 좀더 긴 구절들이 뒤따르는데, 거기에서 이런 주제들은 서로 조화를 이룬다. 식물상과 동물상의 공간 분포에 관한, ⅡA 줄에서 앞쪽 2개의 생물지리학적 표제어들을 보자.

1. 웹스터 남극 식물: ―
2. 아니다. 광견들. 아조레스 제도. 비록 여러 개씩 나뉘어 있지만.
   (1987a. p.60)

이어 화석 퇴적물에 관한 더 긴 분량의 생물지리학 표제어인 식물상과 동물상의 시기별 분포가 뒤따른다. 여기에서 다윈은 보통 확산하는 세력권을 지닌 종이 전 세계의 가뭄으로 인해 일반적으로 매장됐을 것으로 추정한다.

건기에 관해 W. 패리시. & 매저러를 참고〔.〕 1791. 전 세계에 일반적으로 악화된 것으로 보임. {시드니에서도 그랬을까, 역사 참조? 필립스.} | 1826.27.28 시드니의 대규모 가뭄. 이로 인해 스터트 선장의 원정이 시작됐다. ―| ¿1816년에 또 다른 가뭄(?). ―[10]

4쪽 뒤에서 다윈은 시간과 공간을 통한 분포를 연결해 강력한 단일의 정식화를 내놓는다.

보통의 타조가 속한 것과 같은 종류의 친족관계(패티세. & 다른 종류의 포멀리어): 야생 라마의 최근 멸종: 전자의 경우에는 장소, 후자의 경우에는 시간.(즉, 시간 흐름의 결과로 생긴 변화) 친족관계가 됨. 전자의 경우에 구분되는 종이 접합[분리]된 것이기에, 우리는 조상 종의 존재를 믿어야 한다: {∴} 점진적 변화나 퇴화가 아님. 환경에 의한: 만일 한 종이 다른 종으로 정말 변한다면 그것은 분명히 돌연한 것이다. 아니면 종은 멸종할지 모른다. = 이런 종의 〈접합〉 {표현}은 중요하다, 각자 자신의 한계 & 표현됨. ― 칠로에 섬의 기어다니는 생물: 퍼나리우스. 〈카라카라〉 칼란드리아; 접합만이 점진적 변화를 보여주지 않는다:―(1987a. pp. 62-63)

이 구절에서 우리는 앞선 주제들의 연결을 자연적 필연성, 즉 자연 세계에 관한 어떤 이론의 관계 안으로 옮기게 된다. 이렇게 주제에서 이론으로 넘어가기는 ∴라는 기호에서 두드러지게 예시된다. 다윈은 사유의 결과로서, 자연법칙이라는 필연적 관계를 갑자기 인식하기 시작했음을 나타내는 '그러므로(therefore)'의 뜻으로서 이 기호를 추가해 사용했다.

여러 주제가 얽혀 있는 구절들의 배열이 점차 다윈의 최종 산문이 담을 문체적, 유기적 규범에 접근하면서, 그 이론적 내용도 완숙한 이론의 규범, 즉 식물상과 동물상의 시간과 공간 분포는 동일한 자연법칙에 종속한다는 이론으로 향한다. 『붉은 노트』의 배열을 살펴보면, 주제들이 이론으로 탈바꿈하는 과정을 볼 수 있다. 그러나 이전에는 나뉘어 있던 주제들이 밀접하게 연결되는 구절들 안에서, 우리는 적절한 논거 배열의 영역을 떠나 논거 발명 쪽으로 건너간다.

◻

지성의 유희 |

이론에서 이론으로. 『자서전』에서 다윈은 자신의 가장 중요한 지적 업적인 진화이론에 대해 회상할 때에, 그가 말하는 '이론'은 주제에 따라 낮은 수준으로 연합한 원리들의 뒤죽박죽 수집품이 아니라 종의 기원에 관한 충분히 명료한 일련의 신념들을 뜻한다. 그것은 언뜻 보기에 예외인 것처럼 보이는 것들을 아우르는, 그 범위 안의 모든 사실들을 설명하는 것이다. 그가 이론이라 함은 공공적으로 보증할 수 있는, 그리하여 그가 과학계 안의 자기 명성을 걸고 완전히 헌신할 수 있는 것을 의미한다. 1838년 말에 이르러서야, 다윈은 자신이 그런 이론을 손에 넣었다고 느꼈다.[11]

이 과정에서 다윈의 생각은 세 단계를 거치는데, 각 단계는 서로 다른 발견의 규범에 의해 지배된다. 항해 기간에 다윈은 견본을 수집한다. 그가 간혹 자신의 계획이 놀라운 결론에 이를 수도 있음을 알았다 하더라도, 그는 그런 결론을 낳을 만한 이론을 개발하지는 않는다. 항해를 끝낸 뒤부터 1840년까지, 다윈은 두 번째 단계를 거친다. '노트'에서 자신의 수집품들에 관해 깊이 사유하고 그것들의 이론적 함의를 지속적으로 고찰한다. 이 단계는 맬서스주의의 계시와 함께 절정에 이른다. 이로써 다윈은 '종은 변하는 산물'이라는 신념에서 출발해 이런 현상에 대한 참 원인의 이해로 옮아간다. 마침내 그는 '연구할 만한 이론'을 지니게 된다. 맬서스 이전에 그는 "진정한 베이컨주의 원리에 따라 연구했으며, 어떤 〔포괄적인 진화의〕 이론도 없이 사실들을 대규모로 수집했다"(1958, pp. 119, 120, 130). 1839년 초에 다윈은 그 작업의 마지막 단계인, 자기 관점의 충

분한 명료화와 공적 발표라는 단계에 들어선다.[12]

다윈의 지적 발전 가운데 가장 창의적인 두 번째 단계를 이렇게 바라보는 것은, 다윈의 '노트'가 일련의 선행 이론들을 담고 있으며, 다윈이 최종의 정식화로 나아가면서 그가 창안하고 폐기한 모든 진화적 설명들을 담고 있다는 최근 학계의 합의된 인식과는 눈에 띄게 다른 것이다.[13] 예컨대 그루버는 다윈이 한때 모나드 (monad, 모든 존재의 기본으로 여겨지는, 더 이상 나눌 수 없는 단자(單子)-옮긴이) 이론을 정식화하기도 했다고 주장한다.

> 만일 종이 끊임없이 창조되고 있다면, 종은 끊임없이 파괴돼야 한다. "이런 변화의 경향성에서는……형상의 수를 늘 균등하게 유지하기 위해 종의 사멸은 필수적이다"[1987a, pp. 175-176]. 생명의 기본 형상인 "모나드들이 끊임없이 형성되며……"[p. 175], 이들은 한정된 수명을 지닌다. 모나드 하나가 생존하는 동안에 그것은 진화를 겪는다. "가장 단순한 것은 그보다 더 복잡한 것이 될 수밖에 없다……"[p. 175]. 모다드의 생명이 끝나면 그것은 사멸하며 그와 더불어 그것이 이룬 모든 종도 사멸하는 것이 분명하다[p. 177]. (1981, p. 136)

다윈의 모나드 이론에 대한 연구에서, 그루버는 사적 의미를 공적 단언으로 드러낸다. 그러나 다윈의 '노트'에서 강조되는 바는 바로 이런 주장들이 탐험적 성격을 지닌다는 점이다.

1. 종의 균형을 말한다면 바로 이런 물음이 생긴다. "그렇다면 가정된 형상의 수를 균등하게 유지할 어떤 이유라도 있는가[?]."[14]

2. "모나드들은 끊임없이 형성된다"는 구절은 어떤 가설 이전의 것이다.

3. 모나드들이 한정된 수명을 지닐 가능성은 고려되었지만, 결국에는 거의 곧바로 거부된다.

4. 따라서 그루버의 최종 판단 배후의 생각은 그 판단의 진실성을 완전히 부정하는 어떤 언설에 깊숙이 기대어 있다.[15]

콘은 다음과 같은 정의에 기대어 선행 이론들이 존재했음을 변론했다. "이론이란, 그것이 설명하는 주제 영역의 본질요소를 포착하려는 시도로 이해할 수 있다."[16] 그는 이런 정의를 길잡이 삼아 '노트'의 표제어들을 재구성하여 종의 기원에 관한 신념의 네트워크를 형성할 수 있음을 보여준다. 콘이 선행 이론들과 동일한 것으로 바라보는 것은 다름 아니라 바로 이런 네트워크다. 그러나 콘의 재구성물이 사실상 이론들이라 해도, 그것은 다윈의 이론은 아니다. 그것은 다윈이 시험적인 것으로 여겼을 뿐인 정식화 과정을 이론과 동일시하는 것이다.

그루버와 콘은 선행 이론들을 찾아내어 보여주고자 하는데, 그런 방식은 '노트'의 특성을 잘못 해석하는 것이다. 선행 이론들이 존재했다고 주장하는 학자들은, 다윈이 책임 없이 본래 사적인 언어로 표현했던 생각들에 다윈을 묶어두고 있다. 다윈의 이런 사적 언어는 창의적 노력의 선행 조건인 지적 자유와도 비슷한 것이다. "나는 '가능성' 안에 머문다 ― / 산문보다 더 공정한 집에 ―"라고 에밀리 디킨슨은 말한다(1963, Ⅱ, 506). 『붉은 노트』에서 다윈이 머문 곳도 이런 집이다. 주제들은 빠르게 움직이는 정신의 운동 안에 놓여 있고, 이론들은 치수가 꼭 들어맞는지 시험을 받는다. 이런 지적 유희의 정신은 다윈의 발전 가운데 가장 창조적인 단계를 지배한다.

이런 단계의 시기에, 라이엘의 대작인 『지질학의 원리(Principles of Geology)』가 다윈을 압도하여 그 지적인 발걸음을 잘못 내딛게 했다. 1835년에 다윈은 윌리엄 다윈 폭스한테 보낸 편지에서 "나는 라이엘 선생의 열정적 문하생이 되었다"고 썼다(1985―, I, 460).

사실 『붉은 노트』에 나타난 하나하나의 이론은 다윈이 창안한 것이 아니라 라이엘한테서 빌려온 것이다. 화산과 지진의 공통적 원인, 지질 운동에 끼치는 물의 지질학적 영향, 섬과 해안 기후를 완화하는 데 끼치는 주변 해양의 효과 따위가 그렇다. 더욱 중요한 것은, 라이엘이 그랬듯이 다윈도 과거 지질 변동의 원인이 그때와 동일한 일반 수준의 강도로 현재에도 작동하고 있다고 주장했다.

그러나 다윈의 문하생활도 그가 스승에 도전하는 것을 막지는 못했다. 다윈은 폭스한테 보낸 같은 편지에서 "나는 라이엘 이론의 일부분을 훨씬 더 크게 확장하고 싶은 유혹을 받고 있다"고 썼다. 다윈은 출판물을 통해 산호초의 형성에 관한 라이엘의 이론에 도전하려고도 했다. 사적으로 그는 라이엘 지질학의 핵심을 이루는 주제인 라이엘의 종의 기원 이론에 의문을 제기하곤 했다.

『지질학의 원리』 2판에서 라이엘은 진화를 고찰하고는 거부했다.

한 지역의 소금물이 소금기를 지니는 중간 단계들을 모두 거쳐 민물이 된다 해도, 결코 해양 연체동물이 하천에 사는 종으로 점진적 변형을 이룰 수는 없을 것이다. 왜냐면 그런 변형이 아무리 감지할 수 없을 정도로 천천히 일어날 것이라 해도, 훨씬 이전에 소금기 있는 물이나 민물을 좋아하는 다른 종족들이 하천의 변화를 스스로 이용할 것이고, 그리하여 각각 때가 되면 그 공간을 독점할 것이기 때문이다.(Ⅱ, 174)

『붉은 노트』에서 다윈은 라이엘이 그토록 단호하게 거부한 진화라는 전제를 지적 유희 속으로 끌어들였다. "전자의 경우에 구분되는 종이 접합[분리]된 것이기에, 우리는 조상 종의 존재를 믿어야 한다: {∴} 점진적 변화나 퇴화가 아님. 환경에 의한: 만일 한 종이 다른 종으로 정말 변한다면 그것은 분명히 돌연한 것이다." 왜 '분명히'라고 했을까. 만일 점진적 변화에 반대하는 라이엘의 주장이 견실하고 보편적이라면(그것이 나중에 그렇게 판명된 것처럼 '선결 문제 요구의 허위'가 아니라, 그것이 증명하고자 했던 바를 가정한다면), 진화는 분명히 돌연하게 일어나야만 한다. 그리하여 진화는 돌연변이를 수반한다. 이런 상황에서, 다윈은 라이엘 이론을 지적 유희 속으로 옮겨놓는다. 그러면서 그는 자신만의 이론적 정식화를 끄집어낸다. 이론 하나가 아니다. 다윈은 서둘러 중단할 수 없는 긴 탐험에 나선다.

사실에서 이론으로 1833년 8월 무렵에, 다윈은 파타고니아 북부에서 수집에 몰두하고 있었다. 그곳에서 그는 아베스트루츠 페티세라는 희귀한 형태의 타조가 산다는 얘기를 전해 들었다.[17] 이 새는 보통 타조보다 더 작은 조류로서, 색깔도 더 어둡고 다리도 더 짧았다. 같은 해의 크리스마스 무렵에 그는 항해 선박에 동승한 예술가 콘라드 마튼스가 사냥한 타조 요리를 저녁식사로 먹으려고 자리에 앉았다. 처음에 다윈은 그 새가 일반 타조 종의 새끼라고 생각했다. 하지만 식사 뒤에 페티세의 얘기가 기억났고, 그제서야 그는 자신과 동료들이 막 먹어치운 그 새의 머리, 다리 그리고 몇 가닥의 깃털들을 간신히 구해냈다.

그 일이 있고 나서 석 달 안에 쓴 것으로 보이는 짧은 기록에서 다윈은 마음의 변화를 자세히 설명했다. 그는 그 작은 새의 다른 서식범위를 집어내고는 이렇게 말했다. "다른 박물학자들이 무슨 얘기를 하더라도, 나는 그런 가르침에서 벗어난 확신을 지니게 되리라. 인디언과 가우초(유럽사람과 인디언의 혼혈아 - 옮긴이)가 따로 존재하듯이, 남아메리카에는 두 가지 종의 레아(Rhea: 아메리카 타조 - 옮긴이)가 존재한다는"(1963, p. 274).

당시에 다윈은 탐험에 참여한 박물학자의 자격으로, 그의 일상업무인 견본 수집을 하고 있었다. 그렇지만 이듬해 3월에 이르러, 그는 특별하게 고찰해야 할 종 하나를 찾아냈다. "그러나 더욱 일반적으로 흥미로운 점은, 의문의 여지없이(내게는 그렇게 보인다), 스트루치오 레아 외에 또 다른 타조 종이 존재한다는 것이다. ―" (1985―, Ⅰ, 370; 1977, p. 8도 보라). 두 해 뒤인 1836년 중반에, 집으로 돌아오는 여정의 막바지에, 페티세는 조류학의 기록들에서 다시 나타난다. "결론적으로, 나는 스트루치오 레아가 위도 41°에 있는 리오니그로의 약간 남쪽만큼이나 머나먼 라플라타 땅에도 서식한다는 점을 다시 밝히고자 한다: 그리고 페티세가 중립적 세력권인 리오니그로 부근 지역인 파타고니아 남부에서 자리를 잡고 있다는 점도"(1963, p. 272; 1987b, p. 109와 Sulloway 1982, p. 337도 보라).

잉글랜드에 돌아온 지 첫 해인 1837년의 3월 12일에, 다윈은 조류학자 존 굴드가 그의 종 동정(identification)을 확인해 새로운 종에다 발견자를 기리는 이름을 붙여주었다고 보고했다(1985―, Ⅱ,

11). 이틀 뒤에 굴드는 동물학회에 다윈의 신종 발견을 보고했다. 같은 모임에서 다윈은 그 주제에 관한 논문 한 편을 낭독했다. 학회 간사의 말에 따르면, 다윈은 추정을 거부하고 "레아 아메리카나는 위도 41도의 리오니그로의 다소 남쪽 지역만큼이나 머나먼 라플라타 지역에 서식하며, 페티세는 남부 파타고니아에서 나타난다"고 진술했다고 한다 (1977, p. 40). 이 때에 새롭게 명명된 '레아 다위니아이' 는 다윈의 공적인 저술에서는 모습을 드러내지 않았다.

그러나 그의 사적인 글에서는 사라지지 않았다. 그가 동물학회에 발표한 뒤 며칠이 지나서 다윈은 그가 공개적으로는 기피했던 진화론적 고찰을 사적으로 시작했다. 그는 『붉은 노트』에 이론화를 위한 지점으로서 필요한, 두 종의 영역 사이에 있는 중립 지대를 집어낼 만한 표제어 하나를 써 넣었다(Sulloway 1982, p. 381). "두 타조가 함께 사는 중립 지대에 관해 고찰할 것." 두 종의 타조가 인접 세력권을 공유한다는 것은 하나의 사실일 뿐이다. 그러나 이것은 다윈의 사유에 심오한 영향을 끼칠 운명적 사실이었다. 다윈은 『자서전』에서 그의 삶에서 가장 창조적인 시기에 관해 이렇게 말했다. "이런 사실들은……종이 점진적으로 변한다고 가정해야만 설명될 수 있다는 점이 분명했다. 그리고 그 주제는 내 머리를 떠나지 않았다"(1958, pp. 118-119).

뒤이은 두 달 안에 이런 고찰의 첫 번째 결과물이 나타났다. 자주 등장하는 주제인, '변이를 통한 유전(descent with modification)' 에 관한 것이었다. "우리가 아베스트루츠를 두 타조 종으로 바라볼 때, 확실히 다르다.……그런데도 공통의 부모를 찾아야 한다고 논증되어야 하나? 왜 가장 가깝게 동류에 속한 종 두 가지가 같은 지역에서 출현했을까?" 조금 뒤에 나타나는 표제어는 변이를 통한 유전을 훨씬 더 강한 주장으로 언급한다. "나는 그런 변화의 가능성을 강하게 논증하는 두 타조에 유의한다. — 그것들을 공간 안에서 바라보는 것처럼 시간 안에서도 그래야 할 것이다"(1987a, pp. 70, 175). 여기에서 물음표는 사라진다. 생략되기는 했어도 구문론은 이제 규칙에 준하는 것이 된다. 이것은 사적인 설득이 완수되었으며 신념은 다윈의 전문가적 자아를 구성하는 이론적 진술의 네트워크에서 상대적으로 안정적인 요소가 되었음을 보여주는 징후다.

다윈의 고찰에서 두 번째 주제는 우량종의 결정에서 "중립 지대"가 중요함에 관한 것이다. 1838년 5월 중순 무렵에, 타조들은 종의 결정에 대해 명확히 정식화한 규칙의 한 사례가 된다. "모든 지역 & 강(class)에 나타나는 유사성은 우리에게 말해준다. ¿O〔오페티오리니쿠스〕. 조절자 & O. 파타고니쿠스. 중립 지대가 확인될 때까지, 그것을 변종들이라 부르자. 그러나 두 타조는 우량종, 왜냐하면 〔잡종번식 없이〕 상호결합 때문."[18] 얼마 뒤에 쓰인 표제어 하나는 그런 종 분화의 필요조건을 내비친다. "영역의 '분리'는……변화의 관점으로 나아간다. —타조 마찬가지임—"(1987a, pp. 277, 304).

이후 1838년 중반 무렵에, 맬서스주의의 계시가 있기 불과 몇 달 전에, 두 타조 종이 공유하는 중립 지대에 관한 다윈의 고찰은 안정화했다. 변이를 통한 유전에 의해 만들어지며 지리적 장애에 의해 격리되는 변이들은 우량종을 형성할 수 있다. 일정 시간이 지난 시점에 그들의 영역이 인접한다 해도, 이들은 잡종번식하지 않을 것이다.

22년의 공백 이후에야 『종의 기원』에서 다시 공개적으로 타조들이 제시된다. 그러나 그것들은 중대한 이론적 결론의 근거가 아니라 가까운 동류 종의 지리적 연속을 보여주는, 변이를 통한 유전이라는 개념으로 가장 잘 설명되는 현상의 예시로서 소개된다.

여행하는 박물학자는……북에서 남으로 여행하며 특정하게는 구분되지만 분명하게 관련이 있는 존재들의 연속적 집단들이 서로 대체하는 방식을 보며 충격을 받지 않을 수가 없다. 가깝게 동류에 속하면서도 서로 다른 새들이 내는 비슷한 새소리를 듣고, 거의 같은 색조를 띤 알들 그리고 구조는 거의 비슷하지만 똑같지는 않은 둥지를 본다.

마젤란 해협 근처의 평원들에는 레아(아메리칸 타조)의 일종이 서식한다. 그리고 북쪽으로 라플라타 평원들에는 같은 속의 다른 종이 산다. 동일한 위도에 있는 아프리카와 오스트레일리아에서 발견된 것들과 같은, 진짜 타조 또는 에뮤가 거기에는 살지 않는다……이런 사실들에서, 우리는 시간과 공간을 관통하여, 육상과 해상의 동일한 지역에 걸쳐, 그러나 그 물리적 조건들과는 무관하게, 어느 정도 깊은 유기적 유대가 널리 퍼져 있음을 본다. 박물학자는 분명 호기심을 거의 느끼지 않을 터여서 이 유대가 무엇인지 탐구하는 데로 나아가지는 않는다.

이 유대라는 게, 나의 이론에서 볼 때는, 단순히 유전성이다……(1964, pp. 349-350).

'노트'와 『종의 기원』의 논증에 나타나는 중요한 차이는, 다윈이 확신한 것과 다윈 생각에 최초의 청중을 설득할 만한 것이 서로 대비를 이룬다는 데 있다. 이것이야말로 방금 살펴본 것을 포함해 논증의 구성에 나타나는 일정 범위의 차이들을 유일하게 설명할 수 있다. 이런 설명은 '노트'와 『종의 기원』의 논증 전략에서 가장 두드러지게 나타나는 차이에도 적용된다. 즉 인공선택과 자연선택의 유비는, 『종의 기원』에서 매우 크게 확대되어 나타나는 데 비해 '노트'에서는 매우 사소한 의미만을 지니게 된다.

문제 풀이로서, 과학 |

『종의 기원』에서 그러하듯이 '노트'에서 다윈은 진화적 변화의 본성에 관심을 기울인다. 두 곳 모두에서 다윈은 유비와 일반화를 구성하고 사실 또는 논증으로 이들을 뒷받침한다. '노트'와 『종의 기원』의 설득 전략에는 차이가 나타나지만, 다윈이 택한 추론의 본성에는 불균형이 존재하지 않는다. 그의 사고는 통상적인 문제 풀이를 닮았으며, 가설-연역의 방법론과 같은 과학적 사고의 어떤 특정 모형은 아니었다.[19] '노트'에 관해 다르게 주장하는 학자들은 다음과 같은 구절을 인용한다. "나의 이론 전체에서 {종종} 추구된 논증의 노선은 귀납을 통해 어떤 대상을 가능성으로 구축하는 것 & 그것을 가설로 삼아 다른 대상에 적용하는 것이다. & 그것이 문제를 풀 수 있을지 살피는 것이다." 확실하게도, 이것은 다윈이 가설-연역의 방법론을 이용했다는 증거인 것처럼 보인다. 그러나 그렇지 않다. 그는 가설의 구성과 검증을 따로 분리하는 데에, 그러니까 가설-연역적 방법의 핵심인 그런 분리를 이루는 데 끊임없이 곤란을 겪었다고 나중에 증언했다. "모든 사실들을 돌연변이 법칙으로 귀납한다면, 나는 가능성 있는 연역을 볼 수 없게 될 것이다"(1987a, pp. 370, 410).

◻

지적 유희의 정신이 '노트' 표제어들을 모두 지배하기에 그것은 방법론에서도 다음과 같은 것들을 지배한다. 첫 번째 통과지점에서 다윈은 휴월(당시 영국의 과학철학자-옮긴이)이 고유하게 과학적이라고 설명했던 양식에다 자신의 사고를 맞추려 시도한다. 두 번째 통과지점에서 다윈은 그의 생각을 설명한 첫 번째 정식화에 심각한 한계가 있음을 인식한다. 그리고 우리도 마땅히 인식해야 한다. '노트'의 핵심은 '결정되지 않은 유동의 상태'[20]인 것이다.

다윈의 사고는 또한 보수주의라는 점에서도 통상의 문제 풀이와 닮았다. 최근 학계의 합의를 정리하면서, 로버트 리처즈는 "생각을 쉽게 버리고 대체하기보다는 간직하고 수정하는 고집스러움"을 보인 다윈에 관해 언급한다(1987, p. 83). 그러나 리처즈나 그의 선행 연구자들은 어느 누구도, 이런 보수주의가 다윈만의 유별난 특징이 아니라 우리가 자아의식을 유지하려면 일반적으로 지니게 되는 정신적 특징이라는 점을 지적하지는 않는다. 개연성 있는 해석으로 보면, "어느 날 한 사람의 신념과 다음 날 그 사람의 신념 사이에는 분명히 연속성이 존재한다."[21] 더욱이 이런 신념들은 뜻대로 바뀔 수도 없다. 언뜻 보기에 이런 주장은 직관에 반하는 것으로 비치지만, 그것은 논리적 진실을 단순하고도 명료하게 보여준다.

세상과 관계없이 세상에 대한 나의 신념을 바꿀 수 있다고 말한다면 그것은 자기모순이다. "만일 나의 신념이라는 게 사실들에 의해 강제된 것이라고 생각할 수 있다면 나는 그 신념을 믿으리라"(Swinburne 1984, p. 63). 사실 이것은 『종의 기원』의 그 유명한 첫 번째 구절의 주제이기도 하다. "박물학자로서 H. M. S. 비글 호를 타고 다니면서, 나는 남아메리카 서식생물들의 분포에서, 그리고 그 대륙의 과거 서식생물과 현재 서식생물의 지질학적 관련성을 보여주는 확실한 사실들을 보면서 무척이나 충격을 받았다. 이런 사실들은 내게 종의 기원에 관해 어떤 빛을 던져주는 것 같았다. ……"[22]

보수주의에 관한 일반 주장은 갑작스런 통찰의 섬광에 대해 다윈이 증언했던 두 가지 사례를 설명하지 못하는 게 분명하다. 자연선택에 관해 다윈은 이렇게 말한다. "일순간 그런 생각이 났다." 종다양성과 생태적 서식공간 수용력(niche capacity)의 연관성에 관해서는 이렇게 말한다. "나는 그 길에 있는 바로 그 지점을 기억할 수 있다.……그때에 기쁘게도 내게 해법이 떠올랐다"(1958, pp. 120-121).

그러나 보수주의라는 관점과, 통찰이라는 사실 사이에 충돌이 존재하지는 않는다. 통찰이 일상의 발걸음보다 더 큰 논리의 발걸음은 아니다. 통찰은 결코 논리적 발걸음이 아니라 심리적 상태이며, 절박한 지적 문제에 직면한 상황에서 일어나는 갑작스런 개념의 재구성이라는 경험이다(Köhler 947, pp. 188-210을 보라). 우리가 통찰을 경험할 때 마주하는 갑작스러움은, 통찰 가능성의 밑바탕에 있는 심리적이고 합리적인 과정, 즉 갑작스러울 필요 없는 과정에 관해 아무것도 얘기해주는 바 없다. 더욱이, 통찰이라는 사실이 개인 신념이라는 게 본질상 보수주의라는 데에 반하는 증거일 수는 없다.

다윈의 인식론적 문체에 관한 이런 설명은 그의 천재성을 담아내지 못한다는 점에서 반박될 수도 있겠다. 그러나 한 천재의 비망록만 따로 떼어놓고 볼 때 그런 천재성을 보여줄 필요는 없지 않은

가. 또 증거 없이 그렇게 가정하는 것은 구성의 오류를 범하는 일이다. 다윈의 '노트'에 나타난 개별 표제어들은 개별적으로 이론에서 이론으로, 사실에서 이론으로 이동한다. 이런 이동이 '노트' 전체와 다윈 생애의 업적이 명백하게 목격했던 지적 위업의 증거를 보여주지는 않는다고 해서, 다윈에 대한 우리의 시각이 위태로워지는 것은 아닐 것이다. 『붉은 노트』 표제어들은 오직 널리 인정받는 다윈의 천재성을 되돌아보는 관점에서만 "빛나는 파편들"이다.[23]

이 장에서 나는 자아 안에서 일어나는 수사학적 과정으로 다윈의 가장 창조적인 시기를 적절하게 설명할 수 있다고 주장한다. '노트'는 자기 설득의 드라마를 상연한다. 즉 다윈은 새로운 관념과 사실들의 돌진에 의해 전진하도록 추동되지만, 다른 한편으로는 일관된 신념의 네트워크로서 자아를 유지할 필요에 의해 제지된다. 다윈의 완전한 이론에 담긴 요소들이 그 최종의 모습에 접근하면서, 그 문체도 초기의 정신적 과정에 가깝게 닿았던 표현 수단에서 벗어나 공적인 장을 예견하는 표현의 수단으로 변화해 나갔다.

이런 문체의 변화과정에 부합하여, '노트'의 논거 배열도 그 성격이 변한다. 즉 단절된 사실들과 개념들이 연합하고, 뒤엉키며, 마침내 점점 더 기본법칙 같은 진술들에 통합되어 간다. 그러나 '노트'의 고유한 특징은 이런 진술들에 있지 않다. 오히려 그것은 가장 지리멸렬하고, 거의 이해할 수 없는 표제어들에서 시작되는 정신적 과정에 존재한다. 이들은 '노트'만의 특유한 인식론적 특징을 가장 분명하게 보여주는데, 그것은 기존 주장들의 충분한 진실성에 매몰되지 않도록 하는 '훈련된 결핍(disciplined lack)'이며, 또한 진화

적 변형을 가하여 최종 이론에 이르게 하는 '결함(deficiency)'이기
도 하다.

제 **3** 부

과학과 사회

11

사회적 규범의 등장

여러 명문의 에세이들을 통해 로버트 머턴은 과학에서 발견을 누가 먼저 했느냐를 따지는 발견의 우선권 분쟁이 흔히 생각하듯이 불행한 개인들이 겪는 궤도이탈은 아니라는 명제를 발전시킨다. 오히려 그것은 사회학의 분석을 위한 전략적 연구 지점을 구성한다. 사실 이런 갈등들은 과학 활동의 중심에 있는, '공유주의적 경쟁(communal competitiveness)'이라는 패러독스로 나아가는 길을 열었다. 과학 지식의 전반적 진보가 주로 개인의 노력을 공동의 목표에 상대적으로 종속시켜 얻어지는 것이라 해도, 과학자들의 경력 향상은 오직 그들 개인의 노력을 인정받을 때에만 획득된다.

이런 패러독스, 그리고 그것이 낳은 우선권 갈등이 언제나 과학 활동의 하나였던 것은 아니다. 그것은 17세기 중반 영국에서 비롯한 역사 현상이다. 당시 사람들은 과학에 관해 숙고하면서 과학 발전에 가장 적합한 사회 구조에 관한 그들의 생각을 바꾸었다. 따라서 과학의 사회적 규범은 17세기에 변화했다고 말할 수 있다.

머턴의 저작은 그런 변화를 촉진하는 구조적 조건들을 찾아내는 데 사회학적 분석이 필요함을 보여주는 한 예이다. 그렇다 해도 규범들 자체가 등장하여 지지를 획득(또는 상실)하는 맥락에 대해서는 수사학의 분석이 적절하고도 필요하다. 클리포드 기어츠가 보기에, "이데올로기가 정서(sentiment)를 의미(significance)로 변형해 그것을 사회적으로 유용하게 만드는" 것은 오로지 사회적 세력과 수사학의 상호작용을 통해서만 가능하다.[1] 수사학 이론 안에서 연구하는 토머스 패렐도 이와 동일한 변형 과정을 말한다. 그에 따르면, 애초 화자가 청중의 몫으로 남겨놓은 사회적 합의는 이런 변형 과정을 통해 사회 규범들을 만들어낸다. 패렐한테 그 등장, 즉 "애초에는 생각만 했던 것들을 점차 산출해내는 수사학적 과정의 능력은 다소 마법적 분위기마저 띠는 것처럼 보인다"(1976, p. 11).

이 장에서 나의 목적은 이런 '분위기'를 분석하고, 그 마법을 수사학의 분석으로 번역하려는 것이다. 나는 사회학이 이미 폭넓게 파고들었던 사례를 일부러 분석 대상으로 택했다. 이런 재검토, 즉 같은 주제를 비판적으로 나란히 다루는 것이 수사학 분석과 사회학 분석을 될수록 분명하게 대비함으로써 사회 변화를 설명하는 데 수사학적 분석이 가치 있음을 드러낼 수 있기 때문이다.

아래의 사실들은 논란의 여지가 없다. 17세기 초에 과학자들은 대개 독립적으로 연구했으며, 그들 노력의 산물을 편지나 책을 통해 확산시켰다. 과학자들은 때때로 발견의 순서에 대해 관심을 나타냈을 것이다. 그러나 그런 관심이 제도적 규범은 아니었다. 17세기 말 무렵에 상황은 근본적으로 달라졌다. 발견의 우선권에 관한 관심은 바로 그런 규범이 되었으며, 학술지에 먼저 발표하는 것이 우선권의 기준이 됐다.

베이컨의 『새로운 아틀란티스』에 나타난 협동적 과학관 |

이런 수사학의 이야기를 어떤 소설 작품으로 시작하려면 먼저 수사학의 연구 범위에 대해 어느 정도 설명할 필요가 있겠다. 『새로운 아틀란티스』(1627)는 유토피아 소설이지 논증은 아니다. 그러나 아리스토텔레스한테 수사학은 오직 논증에 관한 것만이 아니라 설득의 모든 수단에 관한 것이다. 『새로운 아틀란티스』는 소설이긴 하되 어떤 차이를 지닌 소설이다. 그것은 한 사회가 협동을 통한 과학의 진보 위에 세워질 때에 가장 훌륭하다는 주장을 편다. 그것은 논증을 통해 설득하기보다는 그 사회의 혜택을 생생하게 제시하는 방식으로 설득에 나선다. 이 작품에서 '살로몬 전당'은 벤살렘 섬의 왕국에서 지성의 중심이다. 그 목표는 원대하다. "원인과 사물들의 비밀스런 운동에 관한 지식, 그리고 가능한 모든 것들에 영향을 끼치는 인간 제국의 경계 확장"이다(Bacon 1937, p. 480). 살로몬 전당의 구성원들은 이런 목표를 추구하며 나중에 왕립학회에 위임된 여러 기능을 수행한다. 구성원들은 모임을 열어 서로 정기적으로 의견을 주고받고 그 결과를 출판한다.

살로몬 전당에서 과학은 전적으로 협동 활동이며 확고한 노동 분업에 따라 추구된다. 예컨대 실험과 추론은 다른 연구자 집단들에게 따로따로 위임된다. 더욱이 살로몬 전당의 과학은 넓은 의미에서 협동적이다. 그것은 민족주의나 제국주의의 흔적을 전혀 지니지 않는 활동이다. "우리는 교역을 지속하며……그것은 하나님이 가장 처음 만든 피조물, 즉 오로지 빛을 위한 것이다"(Bacon 1937, p. 469).[2] 신의 존재를 언급한 것은 적절하다. 과학조차도 경배의 형태가 된다. "왜냐하면 자연 법칙들은 하나님 자신의 법칙이기 때문이다"(p. 459). 벤살렘 왕국에서 과학은 그 자체와, 일반 사회 그리고 신의 목적과 완전하게 조화를 이루는 활동이다. 그리고 그것은 국가의 정치적 목적에 결코 종속되지 않는다(p. 489). 비록 새로운 지식의 발견이 경쟁적 활동은 아니라 해도(벤살렘 어디에도 경쟁은 없다) 발견을 이룬 자들은 발탁되어 명예와 보상을 얻는다.

『새로운 아틀란티스』에서 베이컨은 설득의 매개수단으로 유토피아적 상상의 고매함을 강조하는 은유를 사용한다. 이를 위해 베이컨은 그의 은유에서 행로(tenor)와 매개수단(vehicle) 사이의 거리를 다양하게 바꾸며 "A와 B의 까다롭고 알기 힘든 관계"를 알맞게 조정한다.[3] 예를 들어 『새로운 아틀란티스』에서 시종일관하여 베이컨은 지성과 정신의 계몽에 대한 은유로서 빛을 이용한다. 이런 비유에서 빛과 창조 행위 사이에 관념적 거리는 없다. 〈창세기〉에서 그런 것과 마찬가지다. "하나님이 가라사대, 빛이 있으라 하니 빛이 있었더라." 그러나 같은 저작에서 베이컨은 과학의 의사소통(행로)을 교역(매개수단)에 비유하고, 과학 지식의 증가(행로)는 제국의 전진(매개수단)에 비유한다. 뒤의 경우에 그가 이런 비유를 사용할 때 교역과 제국주의 모두와 과학 사이에 관념적 거리는 더욱 늘어난다. 교역은 빛 안에 존재하는 것이나, 제국은 인간적인 것이므로(Jardine 1974, pp. 202-205와 비교하라).

□

스프랫 『왕립학회사』에 나타난 잠재적 갈등 |

1662년에 '자연 지식의 향상을 위한 런던 왕립학회'가 창설되기 전부터, 영국인들은 과학의 진보를 위한 수많은 계획들을 공표했다. 그 계획들을 낳은 모태는 명백하게 『새로운 아틀란티스』의 살로몬 전당이었다(Jones 1961, pp. 170-176과 317을 보라). 왕립학회가 창설된 지 5년 만에 출간된 스프랫의 『왕립학회사(History of the Royal Society)』는 이런 전통 안에 놓여 있다. 그것은 왕립학회의 역사라기보다는 오히려 그 조직의 선언문이다. 또 국내와 초국가의 협동을 이상적인 자연과학의 진리 추구 과정으로 바라보는 베이컨주의 신화를 논증으로 분명하게 구현한 것이다(Sprat 1667, p. 99 ff.). "함께 연구하고 사유하며 서로서로 발명을 돕는" 영국인들, 모든 계급의 "여러 사람들이 결합된 힘"을 조화롭게 하는, "번듯한 정식 회의체가 있다면 그 얼마나 많은 진보가 이뤄질 수 있겠는가"라고 스프랫은 말한다(pp. 28, 39, 427). 이런 협동적 목표들은 영국에만 한정되지 않았다. 과학은 "통일된 국가들의 보살핌을 받을 때에" 번성한다(p. 3). 거의 모두를 포용하는 협동이란 "만인의 교신과 의사소통이 지닌 이점"을 뜻하며 국경을 넘나드는 자유로운 정보의 교환을 의미한다(p. 424).

그러나 『왕립학회사』에는 협동 정신과 어울리지 않는 다른 목소리도 있었다. "발명은 영웅적인 일이라 저 밑의 세속적 천재는 닿을 수 없는 더 높은 곳에 있다.……평범한 사람들에게는 좌절을 안겨줄, 그런 일천 가지 난관들이 폐기 선고를 받으리라.……엄격한 사려분별의 규율이라면 거의 용서하지 못할 어떤 변칙과 지나침도 용인되리라"(p. 392). 발명을 너무 과장해 바라보는 이런 관점은 너무도 분명하게 '명예욕'에서 생기는 태도인데, 그것은 유토피아적 협동과는 병존하지 못한다(p. 74).

협동 정신과 훨씬 더 삐걱거리는 것은 스프랫이 발견을 일종의 자본으로 바꿔놓은 일이다. 그 소유자는 사회에 더 나은 보호를 요구한다. "이미 시작된 것에 작은 것을 일부 추가하는 사람들이 대개 그로 인해 부유함을 누리는데도, 발견자 자신이 누리는 대접이라고는 멸시와 빈곤뿐인 경우가 거의 대부분이다……그들의 연구가 이룬 열매는 자주 그 후손이 아니라 다른 곳으로 넘어간다"(p. 401). 베이컨과는 대비될 정도로, 스프랫의 신화에서 영웅적인 것과 상업적인 것은 떼려야 뗄 수 없을 정도로 연결된다. 동료들은 "가장 공고한 영예를 수확하게" 되지만, "또한 이윤의 가장 큰 부분을 여전히 보유하는, 가장 강력한 보증을 함께 받게" 될 것이다(p. 75).

경쟁을 주장하는 스프랫의 다른 목소리는 또한 국경을 뛰어넘는다. 과학의 전진은 영국의 제국주의적 운명에서 절대 요소다. 영국적 특성은 과학뿐 아니라 지배력에, 그리고 사실상 제국에 아주 잘 어울린다(pp. 113-115, 420). 그러므로 영국은 "유럽의 다른 모든 나라들보다 우위에 선, 철학 연맹의 선두라는 주장을 정당하게 내놓을 수 있다"(p. 113). 더욱이 런던은 그런 이상의 중심지이자 "대양을 지배했던 제국들 가운데 가장 위대한 자, 강대한 제국의 선두"다(p. 87). 제국주의와 과학은 함께 작동한다. 과학의 전진은 "제국을 확장하는 데……가장 좋은 수단인 상업의 전진"을 물질적으로 원조할 수 있다(p. 408). "만일 그렇게만 된다면 영국인은 담론뿐 아니라 현실에서도 상업의 달인에 이를 것이다. 영국인들은 무력은 물론이고 노동을 통해 그 일을 시작해야 한다"(p. 423).

스프랫이 협동을 칭송하는 대목에서, 그는 베이컨주의 식의 교역과 제국주의를 은유의 매개수단으로 이용했는데, 은유는 이런 활동들과 자연과학 사이에 관념적 거리를 만들어낸다. 이때에 자연과학의 활동 목적은 "모든 인간의 능력을 증진시키고 그들을 오류의 속박에서 자유롭게 하는 것이며……이것은 제국을 확장하는 일보다 더욱 위대한 영광이다"(분류되지 않은 헌납서간에서).

> 모든 나라 출신의 회원들에 의해, 〔왕립학회에서〕 미래에 유익할 여러 위대한 일들이 시작됐다. 이런 수단을 통해, 그들은 모든 시민 국가들 곳곳에 견실한 지성을 정착시킬 것이다. 그리고 왕립학회를 만인의 은행으로, 세계의 자유항으로 만들 것이다. 이런 정책이 영국의 교역에 효과가 있는지 나는 모른다. 그렇지만 이것이 철학〔자연과학〕에 효과가 있을 것은 분명하다.(p. 64)

사실, 과학의 전진은 당시 제국주의 전쟁과 대비되어 "무지와 그릇된 의견"에 맞서는 "모든 시민국가들"의 전쟁처럼 묘사된다(p. 57).[4] 그러나 스프랫이 점점 애국주의로 기울면서 문제는 크게 달라진다. 영국의 해양 지배는 그 목적을 "새로운 과학을 위한 것을 본국으로 가져오고, 물질의 지구에서 영국이 그러한 것과 같은 비율로, 지식의 지구에서도 다른 나라들보다 우위에 선 발견들을 이루는"데 둔다(p. 86).

이런 구절에 나타난 목표들은 잠재적으로만 갈등적이다. 스프랫(또는 당시의 어느 누구도)이 '왕립학회의 협동적이고 초국적인 목표들' 과 '영국의 민족적이고 제국적인 야심에 대한 과학의 종속' 사이에 어떤 불일치를 인식하고 있었다는 징후는 없다. 아마도 모든 이들이 왕실의 보호 아래 세워진 **초국적** 사회라는 모순어법의 잠재성을 내다보지 못했던 것 같다. 가능성을 생각건대, 스프랫이나 왕립학회 창설자들 모두에게 이런 과학의 종속화는, 당시에 막 형성되던 애국주의의 훌륭한 표현인 '과학에 대한 사회적 지지' 라는 또 다른 논증과 다를 바 없었을 것이다. 한 명의 저자가 저작의 일관성을 일부 희생한다 하더라도 지적 싸움을 회피할 수는 있다. 하지만 현실의 사회 집단이 협동과 경쟁, 즉 초국주의와 제국주의를 동시에 추구한다면 사회 집단 자신과 충돌하는 길에 설 수밖에 없다는 것은 자명한 일이다.

뉴턴-라이프니츠 논쟁 |

왕립학회의 창설자들, 그리고 초대 서기인 헨리 올덴버그의 생각에, 왕립학회는 베이컨의 관점에서는 핵심이자 스프랫의 논증에서는 짐인 협동과 초국주의를 쌍둥이 덕목으로 구현한 것이었다. 올덴버그의 말을 빌리자면, "과학의 대상은 너무도 광범위하기 때문에 그 주제를 속속들이 규명하려면 하나 이상 국가들의 통합된 천재성이 필요하다"(Birch 1968, I, 317). 네덜란드의 호에겐스한테 보낸 편지에서, 올덴버그는 "전혀 의심할 바 없이, 우리가 서로를 위하여 진솔하고 정기적인 서신을 계속 주고받으며 변함없는 발걸음으로 전진한다면, 우리는 장래에 과학의 모든 분야에서 상당한 진보를 이룰 것입니다" 라고 썼다(1968, V, P. 583). 플랑드르의 수학자인 르네 슬루세한테는 과장된 열변을 토했다. "우리와 함께 당신의 모든 걸 거십시오. 프랑스와 이탈리아인들이 그러했던 것처럼. 우리는 당신네 모든 인민들, 모든 독일인들 그리고 네덜란드인 전체가 그 노고를 우리의 노고와 제휴하길 간절히 원합니다"(III, 537-538).

올덴버그의 수많은 편지들 곳곳에서 영국인이든 대륙인이든 모든 과학자를 회원으로 받아들이고 고무하려는 지치지 않는 그의 노력을 분명히 볼 수 있다.[5] 실제로 그는 왕립학회의 초대 서기(유럽을 아우르는 서기로는 마지막이었다)로 활동하면서 여러 분쟁들을 중재했다. 이것은 왕립학회가 대륙에서 매우 크게 신뢰를 얻고 있었기에 가능한 일이었는데, 올덴버그는 다 해결하지는 못했지만 여러 분쟁들을 중재할 수 있었다. 여기에는 발견의 우선권을 둘러싼 분쟁들도 포함됐다. 그리고 그런 분쟁들 대부분은 영국과 대륙의 경쟁자들 사이에서 벌어졌다.

분쟁들이 일어나는 과정에서, 스프랫 『왕립학회사』에 나타난 상충하는 수사적 목표들은 현실의 사회적 규범이 되어갔다. 그 사회적 규범은, 모두 이해관계를 위하면서도 동시에 그것에 반하는 활동을 했던 초대 특별회원들과 서신왕래자들 사이에서 현실적 행동의 기준이었다. 학회의 초창기 몇 년 동안에도 과학 소유권의 문제가 등장했다(1966, II, 291, 486). 또한 발견등록부를 언제든 열람할 수 있었지만, 발견 우선권 분쟁은 곧잘 터져 나왔다. 후크와 뉴턴 사이, 후크와 오주 사이, 호이겐스와 월리스-렌 사이, 호이겐스와 월리스 사이, 회라에트와 닐러, 호이겐스와 후크 사이, 렌과 오주 사이, 후크와 메르카토르 사이의 분쟁이 그랬다.[6]

후크와 뉴턴, 그리고 월리스와 렌의 분쟁에서 이들은 모두 영국인이었다. 그렇지만 다른 분쟁들에서 갈등은 과학자들끼리의 분쟁이면서 동시에 영국과 대륙 사이의 분쟁이었다. 올덴버그한테 보낸 서신에서, 영국의 수학자인 존 월리스는 같은 나라 동료들에 관한 한 경쟁의 동기 같은 것은 없다고 말했다. "프랑스인과 독일인은 어쩐지 모르지만, 영국인에게 끊임없는 명예욕이 없다는 점만은 확실하다"(Oldenburg, 1975, X, 4).[7] 그러나 좀더 일상적인 그의 견해는 이런 유토피아적 정서와 모순된 것이었다. "우리나라 사람들이 이러하기를 나는 오로지 소망한다. 내가 대체로 보기에 우리나라 사람들이(특히나 가장 뛰어나지만) 발견한 성과물을 제 때에 출판하는 일에서 지금보다 조금 더 앞서 나아가기를. 그리하여 이방인들〔외국인들〕이 우리들 중 누군가가 저자가 되는 영광을 거둬가지 않기를."[8]

이런 국제적 분쟁들은 미적분의 최초 발견자가 누구인지의 문제를 둘러싸고 뉴턴과 라이프니츠 사이에 벌어진 논쟁에서 정점에 이르렀다. 빅터 터너가 즐겨쓰는 사회이론에 따르면, 이런 언쟁은 사회 드라마(social drama)이다. 그들이 분쟁에 참여하는 한, 사회 드라마의 배우들은 통상의 시간이 아니라 극적인 시간에 따라 살아가며, 그들은 일상적이지 않은 고조된 반응을 드러낸다(1982, pp. 9-10).

비록 사회 드라마에는 식별할 수 있는 행위나 무대가 등장하지만, 미적분 분쟁처럼 복잡하고 기나긴 드라마에서 실제의 연속된 사건들 위에다 그 자리를 정확히 찾아 그리려는 시도는 헛된 일일 것이다(1978, p. 79). 그렇지만 지금 우리의 관심사가 되는 텍스트, 즉 1715년 왕립학회 회보에 실린 미적분 분쟁에 관한 익명의 요약문「'교류 서신'이란 제목의 책자에 관한 설명」을 해설할 때에, 이 이론이 여기에 완벽하게 조응하지 않는다고 해서, 그 이론의 값어치가 떨어지는 것은 아니다. 「설명」은 특정한 사회 드라마를 위기 국면으로 몰아갔던 근본적 분열과 화해하고자 한 사회의 대변자들이 시도하는 '교정' 단계의 분명한 형식이다(1982, pp. 69-70, 78).

미적분 분쟁은 1710년대에 정점에 달했다. 1712년에 분쟁 사태로 인해 압박을 받은 왕립학회 회장은 미적분 발명의 우선권을 두고 뉴턴과 라이프니츠 사이에 벌어진 20년 논쟁을 조사하기 위한 국제적 위원회를 소집했다. 이들은 50일 안에 뉴턴을 옹호하고 라이프니츠를 비난하는 보고서를 냈다. 그리고 그 증거로서 『분석의 전개에 관한 존 콜린스 등의 서신』이라는 문서 선집을 냈다. 이것은 흔히 『교류 서신』이라는 짧은 라틴어 제목으로 알려져 있다. 1715년 학회의 《철학 회보》에는 『교류 서신』의 축약판인 「설명」이 실렸다.

교정의 단계에서는 어떤 시도도 성공적이지 못한 듯하다. 「설명」으로도 그랬고 그에 앞섰던 조사에서도 그러했다. 조정 기구의 구성과 그 후속으로 발행된 문서들은 너무 심각할 정도로 타협적이어서 신뢰를 완전히 훼손했다. 「설명」은 "누구도 자신의 소송에서 증인이 될 수 없다. 심판자가 매우 불공정하여 만국의 법을 거스르는 행동을 하려고 한다면, 그는 누구라도 자신의 소송에서 증인이 되는 것을 허용해야 한다"라고 주장한다(Hall 1980, p. 284). 그러나 「설명」을 쓴 익명의 저자는 다름 아니라 뉴턴 자신이었다. 이것이 그가 했던 최악의 행동은 아니다. 왕립학회 회장으로서 뉴턴은 직접 조사위원들을 뽑았으며, 위원회의 심의를 단계별로 면밀하게 관리했고 그 보고서를 철저히 감독했다.

이런 뻔뻔스러운 행동은 미적분 분쟁보다 훨씬 더 큰 의미를 지니는 것이었다. 초국적 국가였던 교회의 몰락을 목도한 16세기 중반부터, 국가 간 행위에 대한 합법적 통치자는 존재하지 않았다. 그로티우스(네덜란드의 법학자, 1583-1645 - 옮긴이)가 "언제나 실행되는 것은 아니라 해도 구속력을 지닌다고 일반적으로 여겨지는 확실한 공동의 의무들이 존재하지 않는지 살펴보기 위하여, 그리고 어떤 이상적인 것을 내놓기 위하여" 새로운 장을 여는 『전쟁과 평화의 법』(De Jure Belli et Pacis)을 저술했던 시기도, 바로 이런 국가간 통치의 부재를 감내해야 했던 첫 번째 세기이자 왕립학회의 세기였다(Figgis 1960, p. 246). 과학계의 공동 의무들(이른바 사회적 규범들)을 집행하는 수단으로서 왕립학회를 정당화하려 했던 올덴버그의 시도들도 국제법에 대한 이런 전반적 요구라는 당시의 맥락에서 바라봐야 한다. 그러나 뉴턴의 터무니없는 행동은 왕립학회를 과학 분쟁의 조정 능력을 갖춘 초국적 기구로 바꾸고자 했던 올덴버그의 노력을 완전히 허사로 만드는 신호가 됐다.[9]

라이프니츠와 뉴턴 사이의 분쟁을 교정하려는 데에는 실패했지만, 그렇더라도 「설명」은 살로몬 전당의 상상과는 정반대에 선 과학의 상상에 생기를 불어넣는 데에는 성공했다. 그것은 과학이 전적으로 경쟁적이며 전적으로 민족적인 특성을 지닌다는 주장을 극화한 것이다. 「설명」은 극 중 등장인물 둘을 만듦으로써 이런 수사학적 상상을 현실화했다. 하나는 명예와 천재성, 영국을 대표하는 뉴턴이고, 다른 하나는 부도덕과 지식 도둑, 대륙적 음모를 보여주는 라이프니츠다. 「설명」은 라이프니츠가 유죄 또는 뉴턴이 무죄라고 우리를 설득하지는 않는다 해도, 이런 쌍둥이식 성격 규정에 의해

◻

두 사람의 차이가 사실상 화해할 수 없는 것이라고 믿게 한다.

　뉴턴은 「설명」을 판사 앞에서 검사가 하는 논고의 형태로 만듦으로써 이런 화해 불가능을 기정사실화한다. 여기에서 가차 없는 언어의 공격은 자기만족이 아니라 의무의 이행이 된다. 다음의 긴 구절에서(이런 길이는 그의 법정 변론 기술을 적절히 보여줄 만하다) 뉴턴이 빈정거림과 역사적 증거를 결합해 라이프니츠의 신뢰도를 통렬히 공격했음을 볼 수 있다.

　이 편지를 받고서 뉴턴 선생은 앞서 언급된 네 가지 [수학의] 수열 모두 라이프니츠 선생과 그가 예전에 의견을 주고받았던 것이라고 답장을 썼다.……그러자 라이프니츠 선생은 자신의 주장을 그만두었다. 뉴턴 선생은 또한 1676년 10월 24일자의 같은 편지에서 라이프니츠 선생이 요구했던 바대로, 그의 회귀 분석 방법에 관하여 추가 설명을 했다. 1677년 6월 21일자 편지에서 라이프니츠 선생은 추가 해명을 요구했다. 그러나 직후에 뉴턴 선생의 편지를 두 번째 읽고 나서, 그는 1677년 7월 12일자로 답장을 보내 그가 원하던 바를 이제야 이해하게 되었다고 말했다. 그리고 그는 오래 된 그의 논문에서 자신이 이전에 뉴턴 선생의 회귀 분석 방법들 가운데 하나를 사용하였던 적이 있음을 발견했으나, 그가 그때 우연하게 사용하였던 예제에서는 훌륭하다고 할 만한 결과가 나오지 않았으며, 그후로 그는 더 인내하지 않고 그것을 사용하는 데 마음을 두지 않았다고 하였다.

　그러므로 그는 역산의 방법을 발명하고 나서 잊어버리기 이전에 몇 개의 직접수열, 그리고 당연히 그것을 찾아내는 방법을 가지고 있었다. 그래서 그가 예전의 자기 논문들을 부지런히 검색했다면 그는 아마도 이 방법도 또한 예전 논문들에 존재함을 발견했을는지도 모른다. 그러나 그는 자신의 방법들은 잊어버리고 뉴턴 선생의 방법에 대하여 쓰고 있는 것이다.(Hall 1980, p. 279).

아프리카 응뎀부 족 연구에서 빅터 터너는 그들의 사회 드라마가 사회의 가장 깊은 갈등과 일치할 때까지 확대되는 경향을 지닌다는 점을 발견했다. 또한 위기는 그들의 갈등을 드러내고, 교정은 갈등을 각인하는 경향을 띤다고 한다(1982, p. 70). 우선권 분쟁을 국가 간 투쟁의 한 요소로 보는 뉴턴의 관점을 설명해주는 것이 바로 이런 경향성이다. 영국에서, 영어판 저널에서, 뉴턴은 재판관이자 배심원인 청중에 말을 하고 있으나, 오직 영국인 청중한테만 말하고 있음은 분명하다(Hall 1980, pp. 309, 310, 313).[10]

또한 확대되고 심화하는 사회 드라마의 이런 경향성을 보면, 미적분 분쟁이 궁극적 쟁점에 관한 어떤 차이를 대변한다고 믿는 뉴턴의 확신을 이해할 수 있다. 라이프니츠는 한 사람으로서, 한 수학자로서 틀렸을 뿐 아니라 모든 방식에서, 그리고 모든 수준에서 틀렸다. "이 두 신사가 철학(과학을 하는 방법론)에서 매우 다르다는 점은 인정되어야 한다. 한 사람은 실험과 현상에서 생기는 증거에 따라 나아가며 그런 증거가 부족한 곳에서 멈춰 선다. 다른 사람은 가설에 사로잡혀 실험에 의하지 않고서 검증 없이도 믿을 만하다며 그 가설을 제의한다." 사실상, 라이프니츠는 물질세계의 운행에서 전지전능자가 하는 구실에 관해서조차 실수를 범하고 있다(Hall 1980, p. 314)!

사회 드라마는 그것이 결국에 주요 분쟁 관련자들에서 벗어나

독립하고자 한다는 특징도 지닌다. 미적분 분쟁의 경우에, 논쟁의 불꽃이 라이프니츠나 뉴턴의 부채질로 일어났던 것과 마찬가지로 이제는 다른 이들의 부채질에 의해 계속된다. 그리고 언쟁은 라이프니츠가 숨진 뒤에도 지속됐다. 언쟁이 진행될수록 언쟁은 더욱 깊어지고 더욱 암흑 속에 빠져들었다. 반대의 동기는 자동으로 의심을 받게 되었으며 모든 중재의 시도는 실패했다. 뉴턴의 「설명」이 나온 무렵에, 그 분쟁은 화해 불가능한 이데올로기적 관점들을 둘러싸고 벌어지는 해결 불가능한 논쟁으로 변질되었다. 어떤 두 과학자가 우선권에 관해 다툴 때마다 다른 모습으로 나타나는 그런 신랄함을 일찌감치 보여준 그런 논쟁이 되었다.

우선권 분쟁에서 경쟁자들은 통제력을 잃는 경향을 보인다. 이 때문에 그런 분쟁의 출현을 줄이고, 현실에서 돌발적으로 일어난 분쟁들을 규범적 예의라는 경계 안에 두려는 관리상 단순한 해법이 긴요하게 되었다. 그러나 우선권의 이야기를 다음 단계, 즉 제도적 대응이 적절한 수준에 접근하는 단계로 옮겨가기 전에, 우리는 잠시 멈춰 뉴턴이 일부러 전혀 따져보지 않았던 두 가지 가정을 좀더 꼼꼼히 따져봐야 한다. 하나는 우선권 분쟁이 다름 아니라 지적재산권 분쟁이라는 점이며, 다른 하나는 그 분쟁이 성격상 민족적이라는 점이다.[11]

재산으로서 우선권 |

미적분 분쟁에서 중요하게 걸린 문제는 그 분야의 수학에 대한 영속적 소유권의 문제였다. 즉 그것이 영국인의 발명품이며 영국인의 과학적 천재성이 낳은 산물임을 배타적으로 확인받는 것이다. 우선권에 의해 확인되는 과학의 소유에 이처럼 관심을 두게 된 것은 전적으로 역사적 현상이다. 과학이 필연적으로 우선권을 의식하는 것은 아니라는 얘기다. 근대 과학의 규범은 고대 그리스의 규범이 아니며 과학으로 불릴 만한 중세 활동의 규범도 아니다. 과학에서 독창성(originality)에 대한 관심은, 17세기 중반에 이르러서야 비로소 대강 지금의 형태를 띠게 되었다.[12]

사실, 이런 형식은 너무도 설득적이어서 오늘날 과학 행위의 산물을 어떤 의미에서 한 개인의 배타적 재산처럼 말하는 일은 자연스러워 보인다. 왜 그럴까? 17세기에 과학 재산권에 관한 최소한 두 가지의 인식이 생겨났다. 호이겐스의 견해를 보면, 과학적 발견의 명예는 "만일 어떤 도움도 없이 발견을 이루었다고 확고하게 말할 수 있다면, 발견의 시기와는 무관하게 발견한 사람들 모두에게 평등하게 돌아가야 한다"(Oldenburg 1968, V, 362). 미적분에 관해 라이프니츠와 벌인 논쟁에서, 뉴턴은 매우 다른 견해를 피력했다. "두 번째 발명자한테는 권리가 없다. 유일한 권리는 최초의 발명자한테 있다. 나중에 다른 이가 동일한 것을 따로 찾아낸다 해도, 최초 발명자의 권리를 가져가 그 권리를 최초 발견자와 다른 이 사이에 나누는 것은 부정행위가 될 것이다"(Hall 1980, p. 305; p. 308도 보라).

과학 재산권에 관한 어떤 관점도 자본주의의 등장과 동반했던 재산법의 혁명을 언급하지 않고서는 설명할 수 없다. 공동출자회사 같은 기업의 새로운 형식들은 새로운 법을 요구했다. 동시에 사회의 상업화는 기존 노고들의 법적 지위를 바꾸었다. 어느 때부터인가 쟁기나 책은 재산, 즉 동산의 형태가 되었다. 이제 사상 처음으로 쟁기에 대한, 또는 책에 대한 관념도 재산의 형태가 되었다. 이것은 매우 다른 형식이며 법률에 비추어 생소한 것이었다. 특허와 저작권은 발명가와 저자들한테 일종의 독점권을 주었다. 제조하고 출판할 권리는 배타적으로 소유할 수 있었다. 재산처럼 사고팔 수도 있게 되었다.[13]

뉴턴과 호이겐스는 모두 우선권이 이런 신종의 무형 재산에 대한 권리를 확립한다고 주장한다. 물론, 정확하게 말해 법률적 권리는 아니다. 과학적 발견의 우선권은 빌려줄 수도 없고 반환될 수도 없으며 매각할 수도 없다. 그러나 우선권은 재산권과 정확하게도 유사한 것이다. 우선권에 대한 적절한 주장은 모든 과학자 개개인 속에 또 다른 이의 소유를 인정해야 한다는 의무를 만들어낸다(Hart 1980, pp. 257-258).

공동의 권리라는 호이겐스의 견해는 널리 퍼지지 못했다. 그런 견해는 재산권에 관한 낡은 사상, 즉 대체되어 사라지고 있던 사상에서 나온 것이었다. 예컨대 공유지에 대해 소작인들이 공유하는 권리라는 중세적 개념은 이미 위태로운 상태였고, 18세기 이후에는 살아남을 수 없는 처지였다. 반면에 뉴턴의 견해는 살아남았다. 그것은 분명하게 스튜어트 왕조의 새로운 법률 위에 의기양양하게 올라탔다. 발명과 저작물의 배타적 소유권은 보장되었는데, 발명은 독점법의 면책조항에 의해, 그리고 저작물은 저작권법에 의해 보장되었다(Jenke 1949, pp. 284-285, 289). 그런 배타성이 위세를 떨치는 분위기에서, 오로지 공동연구자들만이 그리고 정확히 동시에 독자적 발견을 이룬 사람들만이 우선권을 공유할 수 있었다.

그러나 왜 우선권은 개인의 재산권이자 국가의 재산권이 되었을까? 돌이켜보건대 우리는 자본주의, 민족주의 그리고 그 쌍둥이인 제국주의가 긴밀히 연계돼 있음에 놀랄 필요가 없다. 당시 세기 중반에 영국 안에서 농업과 제조업 모두는 나중에 결국 산업혁명을 일으킬 초창기 자본주의에 조응하여 경쟁의 경향으로 다시 구성되었다. 국제적으로 보자면, 원료와 시장을 찾아 나선 영국은 당혹스럽게도 잇따르는 전쟁과 동맹에 개입되었다. 그 유일한 공통분모는 국가들의 경쟁이며 제국의 목표였는데 이것은 영국이나 왕립학회나 모두 공유했던 바이다. 1713년 위트레흐트 조약이 그 신호가 됐던 이 시기의 끝 무렵에 영국의 식민지 경쟁자인 프랑스와 네덜란드는 반세기 동안 끌던 전쟁 탓에 기진맥진했다. 반면에 영국은 50년에 걸친 민족과 상업의 승리 덕분에 활력을 띠고 있었다. 이런 활력은 왕립학회의 후원 아래 이뤄진 영국 과학의 융성에 매우 분명하게 나타났다. 「설명」에서 영국 제국의 기초이기도 한 일련의 가치들이 뉴턴의 법정 변론술에 활기를 제공했던 것은 우연이 아니다.

우선권 분쟁의 처리 |

우선권을 둘러싼 다툼의 가능성이 지속적 위협이 되지 않도록 하려면, 우선권을 결정할 만한 관리상 단순한 수단을 마련해야만 했다. 그 수단은 설득력을 지녀야 했다. 즉 국제과학분쟁재판소 같은 초국적 조정기구가 없는 상황에서도 과학계가 받아들일 수 있어야 했다. 마침내 왕립학회가 택한 수단은 지금도 자리를 지키고 있다.

과학적 발견은 배타적 재산이 되었고, 지금까지 그대로 이어지고 있다. 이것은 저작권과 유사한 권리, 개인적이면서 동시에 국가적인 권리에 의해 견지된다. 그 우선권은 날짜가 적힌 저널의 출판에 의해 통상적으로 보증되었고 지금도 그러하다. 이런 절차는 경쟁 우위를 위해 필요한 소유권을 확정해주는 동시에 공유해야 할 필요에 따른 지식의 전파를 보장해준다. 그것은 잠재적으로 상충하는 두 가지의 사회적 규범을 동시에 만족시키는 것이기에, 날짜 적힌 저널의 출판은 '공유주의적 경쟁'이라는 패러독스를 자연스럽고 우아하게 해결하는 방법처럼 보인다(Zuckerman and Merton 1973, p. 465과 비교하라).

그러나 17세기의 과학자들한테 문제는 훨씬 더 불분명했다. 우선, 인쇄와 출판의 구분은 당시에 매우 현실적 문제였다. 출판(publication, 발표)은 공중에 공개함이며 사상을 공유하는 것이었다. 인쇄(printing)는 이런 목적을 위한 수단의 하나일 뿐이었다. 1665년에 올덴버그한테 보낸 편지에서 아드리앙 오주는 일반적인 견해를 보여주었다. "나는 서신에 담긴 과학적 내용을 인쇄하는 것과, 그런 내용을 잘 알고 있으면서 서신을 빌려 베낄 수 있는 사람들한테 그 서신을 보여주는 것이 서로 어떻게 다른지 잘 모르겠다" (Oldenburg 1966, II, 518). 어떤 과학 발견에 관해 말하면서, 비스카운트 브라운크너(왕립학회 창설자 중 한 명—옮긴이)는 그 저자가 "나 자신과 다른 이들한테 같은 내용을 전달함으로써 (비록 인쇄물은 아니라 해도) 출판했다"라고 말했다(Oldenburg 1975, X, 291). 강의도 출판의 수단이었다. 렌은 강의를 '충분한 출판'이라고 여겼다(Birch 1968, I, 48). 이런 관점에서 보자면, 강의와 편지는 날짜가 적힌 저널 출판과 동등했다. 그러나 17세기의 후반기에 그런 인식은 사라져갔다. 사실, 이런 마지막의 두 설명은 우선권 분쟁에서 구체적으로 드러난다.

17세기 과학자들은 출판이 어떤 의미인지뿐 아니라 완결된 연구물의 전파가 우선권을 보호하는 최선의 수단인지에 관해서도 결론을 내리지 못했다. 호이겐스는 완전한 출판에 대한 대안으로 진행 중인 연구물은 철자 바꾸기 방법으로 발표하자는 제안을 내놓았다(Oldenburg 1968, V, 556). 올덴버그가 철자 바꾸기라는 대안을 제시한 것은, 그가 과학 발견의 시간상 우선권을 왕립학회 창립 문건의 명문 규정을 통해 마련할 수 있으리라고 확신했기 때문이다(Weld 1858, p. 527). 그는 끊임없이 이런 견해를 널리 알렸으며 그 자신도 분쟁을 해결하기 위해 철자 바꾸기 등록부를 이용했다.[15]

1665년에 올덴버그는 그 절차를 정식화하자고 제안했다. "올덴버그 선생은 학회의 일부 회원을 대표하여 제의 하나를 제출했다. 특별회원 누구나 이전에 없었던 철학적 개념 또는 발명을 이루게 되고 열망을 지니게 될 때에, 그것이 완전한 모습을 갖춰 마침내 세상의 빛을 볼 때까지 그것을 어떤 상자에 넣어 봉인하여 학회의 서기들 가운데 한 명에 위탁하고, 나중에 빛을 보게 하는 것이다. 이 것은 저자들에게 발명의 우선권을 확고하게 해줄 것이다"(Birch 1968, II, 24: p. 212도 보라).

그러나 등록은 문제가 없지 않았다. 올덴버그가 무척 자랑했던 등록부는 불완전하다는 것이 분명해졌다.[16] 그리고 왕립학회가 올덴버그의 제의를 수용했다 해도, 그들은 특별회원들이 완성품과는 거리가 먼 프로젝트들을 등록하려는 유혹을 받을 것이라는 점을 우려했다. 개정안에서 그들은 등록된 발명은 모두 "대략 1년 이후에는" 완결되어야 한다고 요구했다(Birch 1968, II, 25).

1670년대 무렵에 이르러, 새로 창간된 《철학 회보》에 출판하는 간편한 방편을 통해 우선권을 보호하는 것을 선호하는 쪽으로 기울었다(Oldenburg 1975, X, 67). 17세기의 마지막 20년 동안에, 정식 출판으로 나아가는 추세는 두드러졌다. 1683년에 왕립학회는 무언가를 글에 담아 유지하는 기록의 중요성을 강조하는 결의안을 통과시켰다(Birch 1968, IV, 251).

1686년 무렵에, 정식 절차의 분명한 징후들이 나타났다. 파팽의 논문은 낭독되고 등록되고 출판되었으며 핼리, 후크, 보시우스와 드보의 논문도 마찬가지였다.[17] 시간상 우선권을 보증하는, 날짜 적힌 저널의 출판을 향한 추세는 이내 완전히 확립되었다. 그들의 완성된 발견 또는 발명에 대한 설명을 인쇄물로 출판함으로써, 과학자들은 그 결과물을 공유하는 동시에 이런 결과물이 그들의 소유라는 주장을 확립했다. 지식에 대한 소유의 권리를 구축하는 수단을 만들어냄으로써, 과학자 사회는 수사적 실재를 사회적 실재로 바꾸어놓았다.

사회적 발명의 함의 |

우선권 이야기가 여기에서 끝난다면 그것은 오도될 수 있다. 그렇게 되면 그것은 경쟁적 저널의 원고가 접수된 각각의 날짜에다 과학의 보상체제를 맞추는 후속 조처들이 한결 같이 긍정적이었음을 의미할 수도 있기 때문이다. 그러나 우선권에 대한 집착은 왜곡된다. 즉 그것은 과학의 역사를 잘못 전하며, 과학의 진보에서 독창성의 중요성을 과장한다.

어떤 중요한 사례에서든 우선권의 실재적 문제는 아마도 해결될 수 없을 것 같다. 노벨경제학상 수상자인 조지 스티글러는 이렇게 주장한다. "어떤 개념이 기술적 정의나 고도로 특화한 분석 이상의 것일 때에, 시간적 우선권은 절망스럽게도 불분명하다. 한계효용체감, 수확체감, 수량설, 불완전고용 균형이론과 같은 경제학의 중요한 사상들은 누가 처음 발견했는가? 나는 모른다. 그러나 이런 모든 개념들은 그것을 중요한 것으로 만든 사람들이 언급하기 이전에 이미 오랜 역사를 지니고 있었다는 것은 상식이다"(1965, p. 3).

토마스 쿤의 고전적 분석인「동시 발견의 사례로서 에너지 보존」은 물리학에 나타난 이런 문제의 상세한 사례를 보여준다. 쿤은 이렇게 결론을 내린다. "〔과학자들의 연구물에서〕 우리가 보는 것은 사실 에너지 보존의 동시 발견이 아니다. 그보다는 그 이론을 간략하게 합성해낼 수 있는 실험적이고 개념적인 기본요소들이 급속하게, 무질서하게 등장하고 있었음을 볼 수 있다"(1977, p. 72).

우선권에 대한 집착은 독창성을 강조하여 과학에 중요한 다른 요인들을 배제하게 만든다. 가설의 검증, 특정 분야 지식의 축적, 이론의 정제와 정교화, 이런 것들은 과학의 진보에서 세 가지의 중요한 구성요소들이다. 여기에서 독창성은 기껏해야 둘째가는 요인이다(Stigler 1965). 더욱이 미적분과 자연선택 이론만큼 위대한 발견들은 여러 개가 거의 동시에 출현한다. 뉴턴과 다윈이 없었더라도 미적분은 17세기 말 무렵에 발견되었을 것이며, 자연선택도 19세기 중반에 발견되었을 것이다.

그런 발견들이 사실상 피할 수 없는 것이라 한다면, 우선권이 보증하는 독창성은 과연 얼마나 중요한 것일까?[18] 더 나아가, 상당한 독창성을 지녔다는 과학자들조차도 대부분의 경우에는 대체로 훨씬 더 평범한 능력을 보인다. 심지어 뉴턴과 다윈도 자신들의 위대한 통찰에 담긴 의미를 헤아리면서 과학자의 삶 대부분을 보냈다.

사실 우선권에 집착하다보면 독창성을 강조하게 되는데, 어떤 독창성은 과학의 진보에 실제로 걸림돌이 되기도 한다. "독창적인 연구물이 자주 오해를 불러일으킨다는 것과는 별개로, 독창적 연구물의 과도한 비율은 과학의 진보를 지체시킬 수 있다.……독창적 연구물의 비율이 너무 커질 때에, 이론들은 제대로 완숙에 이르지 못한다. 그것들은 그 안에 담긴 진리의 잔류물을 다 뽑아내지도 못한 채 각하되거나, 그 내용이 다 정돈되고 응용범위가 어느 정도 정확하게 확인되기도 전에 수용된다. 그 결과로, 서투름은 점점 축적된다"(Stigler 1965, p. 14).

마지막으로 우선권에 대한 지나친 관심은 과학자들의 노력을 왜곡한다. 과학자들은 "지식의 진전에 대한 관심"을 희생하더라도, "인정받기에 대한 관심"을 지니도록 고무된다(Merton 1973, p. 338). 다른 말로 하자면, 우선권 강조의 실제적 효과는 그것이 의도하는 효과, 즉 과학의 진전을 촉진한다는 효과를 위협하는 셈이다. 모든 과학 논문에서 이런 정반대의 경향들 때문에 생기는 긴장의 사례를 찾을 수 있다.

내 분석이 옳다면 수사학은 사회 변동에서 핵심적인 요소이며, 수사학 분석은 사회학 분석의 핵심 성분이다. 그러나 수사학과 사회학의 분석이 지닌 상호보완의 성질은 더욱 깊은 친연관계를 보여줄 수 있다. 이 장을 쓰면서 나는 우선권 분쟁을 수사학 분석의 전략적 연구 지점으로 삼을 때에 느꼈던 자연스러움에 스스로 놀랐다. 어떤 수사학자도 이전에 이 영역을 거쳐간 적이 없다. 그러나 초기 근대 과학의 수사학을 연구하는 누구도 이 법정 변론의 에베레스트를 외면할 수 없을 것이라는 점은 확실하다.

그렇지만, 이런 우선권 분쟁을 사회학 연구의 전략 지점으로 보았던 로버트 머턴의 인식에 대해 처음에는 책임 있는 학자들 사이에 저항이 일었을 것이다. 머턴은 개척자로서 당당한 자부심을 품고서 이런 저항이 존재함을 밝힌 바 있다. 그는 1958년에 쓴 글에서 동료 학자인 찰스 길리스피의 다음과 같은 말을 인용한다. "머턴한테 보낸……메모에서, 그런 현상(동시 발견―옮긴이)이 과학적 발견에 너무도 일반적으로 나타난다는 것이 놀랄 만한 점이라 해도 나는 그 문제가 별로 중요하지 않은 것은 아닐까 하는 의문을 품었다고 썼다. 당시에 내가 '가치 없다' 는 말을 했다고는 믿지 않으나 그와 비슷한 생각을 했다는 기억이 난다"(Merton 1987, p. 22에서 인용).

이에 더하여 머턴의 중심 통찰과 나의 수사학 분석이 서로 자연스럽게 들어맞는다는 점이 나를 놀라게 한다. 부분적으로 이런 자연스러움의 근원은 수사학을 사회학적 증거의 범주로 바라본 머턴 자신의 의식 안에 존재한다. 예를 들어 우선권에 관한 논문에서 그는 "과학에서 재산권은 어떤 과학자가 결과를 도출하는 과정에서 했던 뚜렷한 구실을 다른 과학자들이 인정하는 데 있다"고 주장한다.

이런 주장을 뒷받침하기 위해 머턴은 우선권을 행로로, 재산권을 매개수단으로 삼는 은유를 이용하여, 예컨대 "램세이는……레일리한테 '대기 중의 질소를 연구할 수 있도록 허락해줄 것' 을 요청한다"(1973, pp. 294-295; 나의 강조 표시) 같은 텍스트를 사용한다. 머턴의 이 글이 본문이 아니라 각주에 나타난다는 점은, 그에게 사회학이 주인이며 수사학은 하인이라는 사실을 보여주는 분명한 수사적 증거다.

그러나 베이컨, 스프랫, 올덴버그, 그리고 뉴턴의 수사학에 대한 분석에서, 나는 머턴의 중심 명제, 곧 단순히 확증할 수 없는 그 무엇이 관련돼 있는 것 같다는 명제가 본질적으로 옳았음을 확인했다. 그것은 너무도 명확하고 완벽한, 정말 운 좋은 발견이었다. 사실 근대 과학의 사회적 제도를 만든 개척자들의 집단 심리를 관통할 수 있는 능력에서 수사학의 분석은 아주 정확한 것처럼 보였다. 예를 들어 스프랫의 글에서 비유가 많은 언어 양식들은 머턴이 말하는 막 생겨나 서로 충돌하는 과제들이 어떤 것인지 보여준다. 이런 충돌의 징후는 명백하게 스프랫도 의식하지 못했고, 3세기에 걸쳐 독자들도 의식하지 못했다.

머턴의 결론을 이용했기 때문에 나의 수사학 분석은 새로운 영역을 개척한 머턴의 연구물과 같은 인식론적 지위를 누릴 수는 없다. 우선권에 관한 나의 중심적 통찰, 이 장을 조직하는 통찰은 수사학이 아니라 사회학에서 빌려온 것이다. 그러나 사회학 분석과 수사학 분석 사이에서 너무도 뜻하지 않게 찾은 관련성은 두 개의 유사한 학제적 틀 사이에 더욱 일반적인 친연관계가 존재함을 보여주는 사례가 될 수 있다. 진정 그 어느 것도 인식론에서 우선하지 않을 것이다.

자본주의와 제국주의 같은 사회 세력들은 너무도 자연 자체처럼 보이며 너무도 비인격적인 것으로 보인다. 그런데 과학의 발견에서 우선권에 관한 관심이 그런 것처럼, 사실 이들은 근본에서는 수사학적으로 구성된다. 그러하다면 수사학과 사회학의 노동 분업(사회학은 여전히 사회 조건들의 구조적 결정요소를 다루며 수사학은 그것들의 상징적 내용과 스타일을 다룬다)은 여전히 유효할 것이다. 그러나 노동 분업은 인식론이 아니라 방법론의 근거들 때문에 유효할 것이다.

12

◼

재조합 DNA의 사회 드라마

모든 사회의 일상, 예컨대 다리를 건설하거나 보험 청구를 처리하는 일은 대립을 조장하기보다는 회피하도록 설계되어 있다. 그러나 대립을 완전히 피할 수는 없다. 때때로 깊게 자리 잡은 갈등, 흔히 "일상적 사교의 관습과 습관에 덮여" 잘 드러나지 않는 갈등들도 "긴장의 돌입이라는 공개적 에피소드를 통해" 스스로 모습을 드러낸다(V. Turner 1974, pp. 33, 35). 빅터 터너는 이런 에피소드들을 사회 드라마라고 부른다. 그 속에서 사회는 "갈등이라는 가공되지 않은 에너지를……사회질서라는 유익한 것으로" 순치시킨다(1967, p. 39)

사회 드라마는 위협에서 해결로 나아간다. 그리하여 특정한 갈등의 결과가 어떤 것이든 간에 사회의 응집력은 정상으로 유지된다. 누가 승자가 되건 간에, 사회는 패자가 아니다. 그래서 사회 드

◻

라마를 통해 사회는 공적 논쟁을 기존 가치의 재확인으로 전환하고자 시도한다. 그러나 실패한 사회 드라마도 있을 수 있다. 이런 경우에 사회 드라마가 상연되는 동안, 갈등하는 이데올로기들은 사회적 응집력을 희생하면서 헤게모니 경쟁을 벌인다.[1] 재조합 DNA 논쟁은 그런 사회 드라마다.

사회 드라마에는 네 단계가 있다. 첫째는 위반(breach)인데 사회적 일상에 계획적으로 도전하는 행위다. 잠재적 사회 갈등을 '위급한 돌출'로 만든다. 만일 신속하게 봉합되지 않는다면, 그 위반은 사회 드라마의 다음 단계인 위기(crisis)로 확대될 것이다. 위기는 "갈등하거나 적대하는 집단이 속한 가장 폭넓은 관련 사회관계들 안에서 어떤 현저한 분열과 공존하는" 상태다(V. Turner 1974, p. 35).

위기 다음에 이번에는 교정활동(redressive action)이 나타난다. 사회는 최고 재판기구에 가기 전에 비공식 중재부터 정식 재판에 이르는 수단을 통해 경쟁적 주장들을 재정한다. 비록 교정활동이 위기를 해결하려는 것이라 해도 어떤 사례들에서 그것은 "다투는 집단들의 화평"에 이르지 못하는 피상적 결과만을 내놓는다. 뒤이어 "지방색 짙고, 만연하며, 불만이 뒤끓는 분파주의"가 여전히 남아 있다면 사회 드라마의 네 번째이자 마지막 단계인 재통합(reintegration)을 해칠 것이다. 재통합 단계에 이르면 다투는 세력들은 새로운 현상 유지의 부분이 된다. 재통합에 실패한다면 그들의 적대 관계는 사회적으로 인정되고 합법화된다.

사회 드라마의 각 단계는 기능뿐 아니라 다른 측면에서도 구분된다. "각 단계는 그 자신의 언술 형식과 문체, 그리고 그 자신만의 수사, 그 자신만의 말 이외 언어와 상징주의를 지닌다"(V. Turner 1974, pp. 41, 43).

터너의 지적은 모든 사회가 근본에서 다 비슷하다는 것이 아니다. 그는 어떤 사회에서든 근본 갈등을 불러일으키는 쟁점들이 사회 드라마라는 형식의 측면에서 볼 때에 필연적으로 그러하다고 주장하는 것이다. 개별 사회가 지닌 저변의 갈등은 다 다르다. 미국 사회에서 가장 깊게 드리운 갈등의 하나로서 사회 드라마가 되는 것이 영국 사회에서는 주변적인 것으로 여겨져 옆으로 밀려날 수 있다. 또 소비에트 사회에서는 그것이 마르크시즘과 더 밀접히 관련한 근본 갈등의 사회 드라마가 될 수도 있다.

재조합 DNA에 관한 미국 사회의 강렬한 대중 논쟁은 처음에 지역적 사안이었다. 지구촌의 관심은 대체로 잔잔했다. 그 가이드라인이 법률로 굳어진 유일한 나라인 잉글랜드에서도 "논쟁은 훨씬 더 차분한 분위기였다. 너무 차분해 논쟁의 소리는 거의 들을 수 없었다.……일부 단체들은 주로 개인들의 실험실 안전 문제에 대해 도전했다. 그러나 대중 집회는 거의 없었다"(Morgan and Whelan 1979, p. 275). 재조합 DNA에 관한 옛 소련의 관심도 마찬가지로 차분했는데, 정치에 의한 과학 왜곡을 보여주는 '리센코 사건'의 또 다른 사례를 회피하려는 생물학자들의 바람 때문이었다. 소련에서 미국의 관심사는 의도적으로 잘못 전달되었다. 소련 과학자들에 따르면, 재조합의 지식이 남용될 수는 있다 해도 연구 자체는 위험하지 않다는 것이다. 재조합이 마르크시즘에 끼칠 영향에 한정해 학계 논쟁이 벌어졌지만 소련의 재조합 연구는 그런 논쟁과 함께 나란히 지속되었다.

갈등하는 이데올로기들 |

재조합 DNA 논쟁에는 서로 경쟁하는 두 가지 이데올로기가 등장했다. 기술 이데올로기와 사회 이데올로기가 경쟁한다. 기술 이데올로기는 결과적으로 재조합 연구의 찬성자들이 지지한 것인데, 그것은 "자연의 불가사의를 밝히려는 노동의 자유를 주장하며 근면하고 독창적인 탐구자의 기를 죽여서는 안 된다고 주장했던" 17세기의 실험과학 옹호에 뿌리를 두고 있다. 실험과학이 누구를 위해 멈추는 것은 아니기에 그런 자유는 필수적이다. "세상에 쏟아져 나오는 지식에 대한 무한한 열망은 실재하고, 그리하여 사람들은 당연히 그런 조류를 막고자 하는 바람을 지닐 것이다."[2] 이런 과학과 자연의 화합은 당연히 이로운 것이다. "자연의 아름다운 젖가슴이 우리 눈앞에 펼쳐질 것이다. 우리는 그 뜰에 들어가 그 열매를 맛보리라. 그리고 그 풍성함에 만족하리라"(Sprat; Jones 1961, pp. 206-207, 227에서 인용).

19세기 말에 이르러, 실험과학에 관한 초기의 열정은 많은 경우에 자연과학이 윤리적 지식을 포함한 모든 지식의 유일 원천이라는 관점, 즉 과학주의(scientism)로 전환되었다(Habermas 1971, pp. 4, 67, 71; Frank Miller Turner 1974를 보라). "사회에 끼치는 과학의 영향은 틀림없이 장기적으로 보아 결국에 유익하기" 때문에, 과학주의자라면 "거의 일어날 것 같지 않은 사건들은 사실상 불가능한 것으로" 해석할 것이다.[3] 과학자는 자신을 "더 넓은 맥락의 동기를 지닌 참여자로" 생각할 필요가 없다. 그저 그는 "될수록 효과적으로 자신의 과제에 전념하기"만 하면 된다(Burke 1969, pp. 30-31; 강조 삭제). 어떤 윤리적 쟁점들이 생겨나든, 그것은 위험 평가를 통한 훈련으로 여겨지고, 조사 활동을 지속하면서 그 잠재적 사회 비용을 체계적으로 무시하는 사회운동의 활동으로 취급될 것이다.

재조합의 반대자들이 지지하는 사회 이데올로기에 따르면, 과학의 진전에 문제가 없는 것은 결코 아니다. 과학의 목적이 반드시 유익한 것은 아니며, 그래서 사회에 영향을 끼칠 만한 과학의 의사결정에 과학자가 아닌 보통 사람들이 참여할 필요성이 제기된다. 기술 이데올로기처럼 사회 이데올로기도 그 위력을 초창기의 뿌리에서 끌어왔다. 기술 이데올로기에서 볼 때 과학이 에덴을 상징적으로 약속하는 것이라면, 사회 이데올로기에서 볼 때 그것은 타락의 위협을 상징적으로 보여주는 것이다. 과학자들은 아담부터 렉스 루서(슈퍼맨 시리즈에 등장하는 악당 – 옮긴이)에 이르는 일련의 계보 안에 놓여 있는 게 틀림없다. 파우스투스 박사처럼 그들은 "법칙에서 벗어난 것들을 보고 놀란다." 그렇지만 그들은 프랑켄슈타인 박사처럼 태연하게 〔그런 것들의〕 원인에 〔파고들며〕 "지식의 획득이 얼마나 위험한 것인지"를 깨닫지 못한다. 그 노력의 결과로서, 그들은 라파치니 박사처럼 "간음"에 의해 새로운 종을 창조하고, "더 이상 하나님이 이룬……산물이 아니라 아름다움에 대한 사악한 조롱만이 빛을 내는, 인간의 타락한 공상이 빚은 괴물 같은 결과"를 창조한다.[4]

도덕적으로 더 우월하다는 생각이 사회 이데올로기 전반에 퍼져 있다. 이런 우월성은 기술 이데올로기가 지닌 확고한 낙관주의와 마찬가지로 실질적인 것이 아니다. 과학과 과학자를 향한 정당화되지 않은 의심과 자주 결합하여 모호한 대중주의는 연구 저지 운동과 잠재적 사회 이익을 체계적으로 무시하는 프로그램을 촉진한다.

재조합 DNA 사회 드라마의 단계들 |

위반

재조합 DNA의 사회 드라마는 미국에서 과학의 적들이 아니라 과학자 자신들에 의해 시작됐다. 1974년에 공개된 버그 편지(Berg letter)가 위반을 처음으로 일으켰다. 사회 드라마의 첫 번째 단계에 적합한 수사의 특징이 담긴 문서였다. 그 편지는 "다른 집단을 대신하여" 행동하고 있다는 서명자 10명의 '이타적' 의도와 신념으로 채워졌다(V. Turner 1974, p. 38). 당시에 그리고 이후에 서명자 10명은 편지에 담긴 사회적 책임 덕분에 크게 칭송받았다. 그들은 자기 신념에 깊이 자극받아 '신속한 발표의 절박감'을 느꼈던 것이다(Morgan and Whelan 1979, p. 283).

이 편지는 과학계에서 가장 권위 있고 널리 배포되는 두 저널인 《사이언스》와 《네이처》에 곧바로 출판됐다. 편지는 과학적 분위기로 시작되었으나, 윤리적이며 정치적인 프로그램을 권고하는 것으로 끝을 맺었다. "최근 DNA 조각들을 분리하고 재결합하는 기술의 진전으로 인해 이제 실험실에서 〔인공적 환경에서〕 생물학적으로 활성된 DNA 분자를 구성할 수 있게 됐다."

그러나 재조합 과정은 결국에 "새로운 유형의 감염성 DNA요소를 창조하기에 이를 것이지만, 그 속성은 완전하게 미리 예측할 수 없다." 이런 재조합이 "생물학적으로 위험한" 것으로 증명될 수 있고 "예측 불가능한 결과"를 초래할 수 있기 때문에, 그 편지는 "이 분야에서 연구하는 모든 과학자들이 단결하여" 특정 유형의 재조합 DNA 실험을 자발적으로 '유예' (모라토리움)해야 한다고 촉구했다. 편지는 또한 어떤 회의를 개최하라고 권고했는데, 그 회의는 나중에 아실로마에서 열려 이런 문제들을 상세히 논의할 수 있었다 (Watson and Tooze 1981, p. 11; pp. 5-6도 보라).

버그 편지는 일차적으로 사회적 지식, 즉 '경험적 존재들의 제휴 관계'를 다룬다. 그리고 이차적으로는 기술적 지식, 즉 "탈인격적 현상들 사이에서 법칙에 의해 지배되는 관계"를 다룬다(Farrell 1978, p. 334). 그렇지만 사회적 의사결정은 기술적 의사결정과 같은 방식으로, 오로지 과학의 기준과 과학자들에 의해 이뤄졌다. 그들은 단순히 재조합의 위험만을 평가했던 것이 아니다. 대중이 어떤 결정에도 참여하지 못할 때 그런 위험들이 생길 수 있는 것은 아닌지를 확실히 보여주는 것이기도 했다. 아실로마 회의는 대중 전체를 위해 행동하는 도덕 행위자로서 스스로 권위를 부여하는 과학자들의 모임처럼 비쳐졌다. 대중은 단지 그 바탕이며 수동적인 배경이었다. 과학자들은 자신들이 '대변한다'는 사람들을 끌어들일 필요를 느끼지 못했다.

아실로마 회의에 참석한 과학자들은 버그 편지의 도덕적 지위를 추인했다. 그 주요한 결과로, 모라토리움 권고가 미세하게 조정됐다. 이제 갖가지 재조합 실험들에 대한 물리적 제한의 네 가지 단계 기준과 위험도에 따른 실험의 네 가지 단계 기준이 생겨났다 (Watson and Tooze 1981, pp. 44-47). 그렇지만 일부의 회의 참석자들은 버그 편지가 현명했는지에 심각한 의문을 던졌다. 사회적 책임에 관한 편지의 태도는 교육받은 지성을 본질적으로 포기하는 것이라는 공격을 받았다. 편지 서명자들의 한 명인 제임스 왓슨은 공공연하게 독설을 퍼부으며 비판적인 태도를 보였다.

> "왜……연구용 제노푸스[개구리] DNA가, 예컨대 소의 DNA보다 더 안전한가?"……
> 폴 버그[편지의 발기인]는 회의가 본래 주제로 되돌아가게 하려고 일어섰다. 그는 "우리는 어떤 결정을 해야 한다"고 말했다. 또 "우리가 그런 위험을 수량으로 측정할 수 있겠는가"라고 했다.
> 왓슨은 낮은 목소리로 감정을 터뜨렸다. "우리가 그놈의 위험을 측정할 수조차 없다니!" (Rogers 1977, p. 75)

왓슨의 격분은 아실로마 회의까지 열게 했던 우려에서 나온 게 아니었다. 그것은 측정과 위험 평가, 그리고 과학적 증거를 통해 도덕적 쟁점을 명확히 하려는 순전히 기술적 이데올로기에서 생겨난 것이다. 이런 이데올로기를 지지하는 사람들은 실험의 위험을 등급화하는 것은 과학적 근거를 전혀 지니지 못한다는 점을 강조했다. 아무도 재조합 DNA 실험으로 해를 입은 적이 없었다. 분자생물학자들이 위험 평가를 진지하게 사유하고, "만일 실험실 100곳에서 각각 과학자 10명이 해마다 100가지 실험을 한다 해도, 가장 심각하지 않은[가장 쉽게 일어날 것 같은] 사고도 평균 100만 년에 한 번 꼴로 일어날 것"이라는 점을 숙고한다면, 이런 '무해' 기록은 놀랄 만한 게 아니라는 것이다(Watson and Tooze 1981, p. 217). 그런 위험은 일상생활, 특히 "당신이 토목공사를 할 때에 100만 파운드 정도 쓰다 보면 누군가를 죽이게 되는" 그런 일상적 산업재해의 위험 상당수보다도 훨씬 더 낮다는 것이 분명했다(Morgan and Whelan 1979, p. 298).

위기

아실로마 회의가 최소한 부분적으로는 도덕적 충동의 결과였더라도, 회의는 회의 조직위원들에 의해 세심하게 관리됐다. 기자들의 취재는 마지못해 허용됐으며, 행동주의 단체들은 엄하게 배제됐다. 어떤 의사록도 공개되지 않았다. 그런데 이런 관리 조처들을 통해, 매우 엄중한 자율 규칙들을 따른다면 재조합 연구를 계속할 수 있게 허용한 아실로마 회의의 절충안이 보호될 것이라고 조직위원들이 믿었다면, 그것은 잘못된 생각이었다.

회의 직후에 위기의 시간이 찾아왔다. 그 시작의 신호는 '인민을 위한 유전공학 과학그룹'이 모든 아실로마 참석자들한테 보낸 공개 편지에서 나타났다. 하버드 대학과 매사추세츠 공과대학의 과학자들이 서명한 편지는 재조합을 '생물학 연구의 교차도로(cross road)'라고 명명하며, "자연 종의 장벽을 뛰어넘어 DNA 분자를 상호 연결하는" 재조합의 잠재력을 언급했다. 이런 연결은 심각한 부정적 결과를 초래할 수 있다고 이 편지는 말했다. "예컨대 라듐, 석면, 탈리도마이드 수면제, 염화비닐, 딜드린 살충제가 이미 일으켰던 것과 같은 비극적 결과들"을 초래할 수 있다는 것이다. 또 '인간 유전자 조작'도 나타날 수 있다. 그런 연구는 "전체 인구의 대규모 보건 수요"에서 다른 곳으로 관심을 돌리게 하는 이기적 이해관계의 음모에서 나온 결과라고 편지는 주장했다. 이런 동기를 드러내는, 그리고 무시무시한 결과를 피하는 유일한 길은 일반 대중을 직접……의사결정 과정에" 끌어들이는 것이다(Watson and Tooze 1981, p. 49). 편지의 목적은 분명하게 정치적이었다. 그것은 "매우 직접 관련된 사적 이해관계들의 권력 비율이 우세해서는 안 됨을 명백히 하기 위해", 아실로마에서 배제됐던 그룹이 갈등의 범위를 확장하려는 시도였다(Schattschneider 1975, p. 37: 강조 삭제).

재조합 연구를 계속하는 것에 반대한 모든 과학자들은 어떤 상징 언어를 공유했다. 캘리포니아 공과대학의 로버트 신샤이머 박사가 보기에, 분자유전학자들은 자연의 무대에서 환영받지 못할 침입자였다. "더 넓게 보면 우리는 우리 자신뿐 아니라 전체 생물권을 보호할 필요가 있다. 우리는 그 전체 생물권에 의지하여 살아가며, 어떤 의미에서 우리는 생물권에 점차 더 의탁하고 있다. 우리는 기묘하게 균형을 이루며 스스로 유지하는 생명의 세계 안에서 유전하였고 진화했다. 역사적 진화과정에서 나오지 않은 기괴한 발명들, 생물학적 혁신을 가지고서 우리가 그런 생명의 세계에 과연 어떤 혼란을 끌어들이게 될지 우리는 정말 예측할 수 있을까?"(Watson and Tooze 1981, p. 219). 콜롬비아 대학의 생화학자 어윈 샤가프는 분자생물학자들이 과대망상증에 걸렸다고 비판했다. "소수 과학자의 야심과 호기심을 만족시키려고 수백만 년 동안 이어진 진화의 지혜를 돌이킬 수 없을 정도로 거스를 만한 권리를 우리는 가지고 있는가?"(1976, p. 940). 하버드대학의 노벨상 수상자인 조지 왈드는 그런 과학자는 자연을 강간하는 것이라 했다. "나는 인간 생식세포 원형질이 지닌 신성불가침 법칙의 깊은 원리를 지키기 위해 내가 할 수 있는 모든 일을 할 것이다"(National Academy of Sciences 1977, p. 218).

◻

재조합 연구에 반대하는 비과학자들도 이와 같은 이데올로기-수사학의 세계를 공유했다. '지구의 친구들' 의 프랜신 심링은 재조합 DNA 논란을 '핵에너지 논쟁' 에 비유했다. "인간의 오류 가능성과 기술의 실패"의 결과로서, 어떤 사고가 "필연적으로 발생할 수 있음"을 우려하면서, 그는 "통제 불능의 새로운 유기체가 우연히 방출되는 바이오해저드(생물학적 위험), 즉 진화에 대한 개입이라는 함의를 고려"해야 한다고 말했다(Watson and Tooze 1981, p. 95). 미국 매사추세츠 주 케임브리지 시장은 분자생물학자들이 "치료할 수 없는 질병을 초래하고, 심지어 괴물을 내놓을지도 모른다! 이것이 프랑켄슈타인 박사의 꿈에 대한 답인가?"라고 우려했다(Rogers 1977, pp. 109-110).

이런 도덕적 공격에 반응하여, 애초에는 사회적 책임성에 관한 쟁점에서는 분열돼 있던 과학자 다수가 기술 이데올로기 아래에서 하나가 됐다. 그것은 조건 없는 과학 탐구의 자유, 연구의 실용적 혜택, 그리고 결국에는 반대자의 비합리성 등을 강조하는 신념체제였다.[5] 아실로마 회의에서는 버그 편지의 1차 서명자였던 제임스 왓슨 단 한 사람한테서 특유의 의견 차이가 나타났던 것이 나중에는 재조합 연구 지지자들의 합의된 이데올로기가 되었다. 애초에 연방수준의 규제 절충안을 막으려 했던 왓슨의 태도는 대립이 커지면서 재조합 연구의 지속을 허용하는 어떤 절충안의 이데올로기적 버팀목이 되었다.

1977년 3월에 국립 아카데미 포럼에서 스탠퍼드 대학의 스탠리코헨은 어윈 샤가프의 말에 이렇게 응수했다. "이런 저런 말들을 들어보면, 당신이 생명의 신비를 풀기 위한 인간의 과학지식 추구를 요 몇 해 동안 개탄해왔음을 보여준다." 로버트 신샤이머가 한 말에 대해 같은 대학의 폴 버그는 이렇게 답했다. "신샤이머 박사는 '만약에 그랬더라면'이라고 말해왔다. 앞으로도 '만약에'라는 말을 끝없이 가지고 갈지도 모른다. 그런데 그 모든 '만약에'에 답할 방법은 존재하지 않는다."

인디애나 대학의 트레이시 선본은 이런 응답에 힘을 더해주는 신념을 다음과 같이 깔끔하게 표현했다. "행동의 동기를 비난하거나 반대자를 인격적으로 비방하는 것은 과학자들한테 유익하지도 어울리지도 않는다. 순수한 과학 쟁점들은 오로지 사실들을 통해서만 과학적으로 해결할 수 있다. 사실이 부족할 때에는 될수록 사실 확보를 통해, 그리고 그게 안 되면 이성의 법칙을 통해 해결될 수 있다"(National Academy of Sciences 1977, pp. 56, 84, 287).

아실로마 회의의 결과로서, 재조합 연구 행위에 대한 연방 수준의 가이드라인이 정식화됐다. 논쟁의 위기 국면 동안에, 이 연구의 찬성자들은 일반적으로 지속적 활동을 지켜주는 방패로서 이 가이드라인을 지지했다. 반면에 반대자들은 재조합 연구를 더욱 더 규제하거나 없애는 법률 제정과 법원 판결을 위해 투쟁했다. 정반대 이데올로기의 대치는 무수한 영역에서, 책에서, 여러 정기간행물에서, 청문회에서, 공공포럼에서 재연됐다(Watson and Tooze 1981을 보라; Grobstein 1979와 Lear 1978을 비교하라). 반대자들이 보기에, 각 영역은 새로운 청중, 즉 "가장 직접 관련된 사적 이해관계들의 권력 비율이 우세해서는 안 됨을 명백히 하기 위해" 갈등의 범위를 넓히는 새로운 기회였다. 새로운 기회는 모두 이런 연구가 위험하다는 현실을 정당화하는 것이었다. 위험이 애초부터 없다면 왜 이런 모임들이 요청되고 왜 이런 청문회들이 소집되는가? 시간이 흐를수록 찬성자들은 더욱더 수세에 몰림을 느꼈다.

1977년 말에 논쟁은 극도로 악화됐다. 의회는 법률의 제정을 심각하게 고려하고 있었고, 두 해안의 실험실들 모두가 기존의 연방 수준의 가이드라인을 어겼다는 주장이 제기됐다. 법원에는 재조합 실험 계획에 대한 실험 금지 가처분 신청이 제출된 상태였다 (Watson and Tooze 1981, pp. 251~297). 돌이켜보건대, 재조합 찬성자들은 그 해의 국립과학아카데미의 포럼을 이렇게 언급한 바 있다. 포럼은 "아마도 상황이 우리한테는 바닥인 것 같다. 그 포럼의 구조를 볼 때 포럼은 과학자들이 50 대 50으로 분열돼 있는 것처럼 보이게 하려고 마련됐다"(Watson and Tooze 1981, p. 258). 이것은 연구의 반대자들이 잠정적으로 승리했음을 마지못해 인정하는 것이었다. 포럼 이후에 찬성자들의 수사학은 훨씬 더 억제되지 못했는데, 이는 아마도 지속되는 좌절에 대한 표현일 것이다. 누구보다도 솔직하게 말을 했던 제임스 왓슨은 반대자들을 세 부류로 나누어놓았다. 즉 '기인들', '무자격자' 그리고 '빌어먹을 놈들'이었다 ("Recombinant DNA Research" 1977, p. 26). 양극화는 이보다 더 심화될 수 없을 지경이었다. 이 단계는 사회 드라마의 세 번째 국면으로 나아간다.

교정활동

위기 국면에서 재조합 연구 반대자들은 악전고투하여 논쟁을 과학계의 통제에서 끄집어냈고, 이어 그들의 주장을 비교적 통제되지 않는 대중적 논쟁의 영역으로 가져가는 데 성공했다. 그렇지만 쟁점이 결론을 맺게 될 곳은 이런 영역이 아니라, 특별히 사회적 토론 종결에 기여하는 영역으로서 최고법원을 포함한 법원, 지방의회, 그리고 바로 국회 안이었다. 사실을 보자면, 법원과 입법부 모두가 연구 반대자들의 바람을 다 실현하지도 않았고, 찬성자들의 우려도 현실로 나타나지 않았다. 법원들은 찬성자들한테 유리한 판결을 내렸다. 그렇지만 법원은 기술 이데올로기를 진심으로 지지하지도 않았다. 지방법원이 판결을 내렸을 때 지방법원은 기술 이데올로기의 어조로 말했다. "그 실험은 인간의 보건 또는 자연환경에 어떤 실질적 위기도 부여하지 않는다. 왜냐하면 (1)그 물질들이 실험시설에 갖춰진 최대한의 격납에서 벗어나리라는 가망성이 거의 없고, (2)만일 그렇게 벗어난다 해도 재조합 DNA 분자들은 생존하지 못할 것이며 실험실 환경 밖에서 자멸할 것이고, (3)사용되고 있는 특정 바이러스는 인간 질병에 어떤 의미도 지니는 것이 아니기 때문이다"(Watson and Tooze 1981, p. 297). 최고법원에 따르면, 실험 자체는 함축적으로 볼 때 헌법에서 합당하게 보호된다. "입법 또는 사법 명령은……카뉴트(잉글랜드, 노르웨이, 덴마크 왕을 겸했던 역사 인물 - 옮긴이)가 시대의 흥망성쇠를 주무를 수 있었던 것 이상으로 과학 정신이 미지의 것을 탐구하려는 것을 저해하지는 못할 것이다."[6] 그러나 이것은 가까스로 과반수를 넘긴 다수의 견해였다. 네 명의 판사는 다른 견해를 지지했다. "특허 법률의 범위를 확대하거나 축소하는 것〔전에 없이 새로 창조된 극소 유기체를 포함하거나 배제하는 것〕은 의회가 할 일이지 본 법정이 할 일은 아니다. 이번처럼 특허 신청된 구성물이 특이하게도 대중적 관심사를 내포한 바에야 특히 그러하다"(Watson and Tooze 1981, p. 510).

재조합 연구 반대자들이 성공을 기대했어야 했던 곳은 바로 법원이 아니라 입법부였다. 법원과 다르게, 입법기구들은 반대자들이 성공적으로 일으킨 일종의 대중적 압력에 반응하도록 설계돼 있다. 그러나 입법부 청문회의 균형 구조로 인해 수가 막혔다. 보통사람들은 서로 경쟁하는 과학자들과 행정가들이 쏟아내는 전문가 증언, 즉 일반인이 그 결론을 충분히 평가할 수도 없는 전문가 증언을 오랫동안 지켜봐야 했다. 더욱이 시간이 흐르면서 논쟁을 끝낼 만한 생물학적 재난을 구체적으로 보여줄 수도 없었다. 질질 늘어지게 마련인 논쟁의 성격과 겹쳐, 이런 분위기는 점차 입법 처리과정의 활력을 떨어뜨렸고 마침내 재조합 법률 제정의 우선순위는 법제화 가능성의 문턱 아래로 떨어졌다.

결국에 재조합 연구 찬성자들은 한편으로 자신들이 지닌 대중적 수사학의 힘과 논조를 유지하면서도, 한편으로 반대자들을 흉내내어 그 정치적 처리과정을 자신들의 이해관계대로 활용했다. 그들은 정책입안자들에 영향을 끼칠 수 있는 비공식 통로를 개설했다. 뜻을 함께하는 동료한테 보낸 서신에서 록펠러 대학의 노턴 진들러는 담론 이면의 변증법을 보여준다. 그 목적은 합리적 동의를 끌어내기보다는 영향을 끼치고자 하는 것이다. "폴 버그한테도 전화로 말했지만, 오래 전부터 나는 내가 잘 하고 있는지 그 결과를 따져보느라 바쁘다. 너무 일찍, 아니면 너무 늦게 밀어붙이지는 않았는지? 제대로 사람들을 만난 것인지? 진실을 말하는데도 사람들이 화를 내지는 않을지? 거짓을 말하지 않으면서도 '진실'을 얼마나 멀리까지 펼 수 있을지?"(Watson and Tooze 1981, p. 259).

이런 일들이 한데 어우러져 입법화를 앞질러나갔다. 이제 "딱딱

한 정치"에 수사학적 분노와 좌절을 분출하는 것은 반대자가 할 차례였다. '지구의 친구들'의 팔레마 리페는 "기적같이 단 일년 만에 발견된 그리고/또는 개발된 새로운 데이터"에 대해 냉소했다. 그 데이터는 안전성을 보증했지만, 단지 제한적인 보증일 뿐이었다. 그 보증이란 것도 기존 연방 수준의 가이드라인에 따라 새롭고도 더 위험할지 모를 실험들이 승인될 것이었기에 더욱 신뢰하기 힘든 것이었다. 게다가 그런 상황은 당장에 더 심화되는 듯했다. "생물학, 생태학의 새로운 조망을 계속 열어 넓힐수록, 우리가 지금 거의 알지 못하는 것은 훨씬 더 알지 못하는 것이 될 것이다"(Watson and Tooze 1981, p. 378).

재통합

빅터 터너는 사회 드라마의 마지막 국면인 재통합에 대해 양자택일의 해석들을 제시한다. 먼저, 건전한 재통합은 투쟁 집단들과 그들의 갈등 이데올로기를 새로운 사회적 종합으로 통합하는 데 관여한다(1974, p. 41). 이런 가능성은 재조합 DNA 논쟁에서 거의 현실로 나타나지 못했다. 시종일관 양분된 행동 또는 활동정지 상태에 의해, 교정의 공식기구들은 종합보다는 외통수를 조장했다.

터너의 덜 긍정적인 두 번째 재통합 개념인 "경쟁하는 무리들 사이의 회복할 수 없는 분열을 사회적으로 인정하고 합법화하는 것"도 역시 현실로 나타나지 않았다. 재통합 대신에 목적들의 끝 모를 충돌만이 존재했으며 눈에 보이지 않는 공동체의 결속, 달리 말해 터너가 **코뮤니타스**(communitas)라 부른 사회의 궁극적 결속력을 지속적으로 해치는 일 없이 특정 갈등이 해결된 것인지 아닌지의 물음은 여전히 열린 채로 남은 불편한 휴전만이 존재했다. 터너한 테는 "완결된 사회 드라마의 통일성이야말로 코뮤니타스의 기능이다. 극이 완결되지 않거나 해결될 수 없다면 코뮤니타스가 존재하지 않음이 증명된다 할 것이다"(1974, pp 41, 50: pp. 46-47도 보라).

사반세기 전에 샤츠슈나이더는 '해결할 수 없는 정치적 갈등들'이 존재함을 인정했다(1975, p. 122). 동시에 그는 미국 사회에 이런 갈등이 있다 해도 미국 사회는 약화하지 않는, 아마도 강화하는 활력을 지니고 있기에 살아남을 것이라고 확신했다. 그의 확신은 사회 위협적 균열이 끊임없이 심화하더라도 지속적으로 이해관계는 변화하고 긴장은 상호 상쇄하기에 일상적으로 회피된다는 믿음에서 나왔다. 그렇지만 재조합 DNA 논쟁은 과학과 기술에 관해 반복적 갈등을 보여주는 그런 균열의 사례일 것이다. 그 모든 갈등들은 목적의 충돌이라는 한 가지 닮은꼴을 보여준다. 그 닮은꼴이란 미국인은 거의 완전하게 보호되는 과학 기술의 혜택을 바라면서도 거의 완전한 보호에 수반하는 위험은 전혀 원치 않는다는 점이다.

몇 해에 걸쳐 진행된 불소화, 상업용 초음속여객기(SST, 이 여객기가 산화질소류를 직접 방출해 오존층을 파괴할 수 있다는 일부 과학자의 경고에 뒤따른 논쟁 - 옮긴이), 그리고 핵발전에 관한 논쟁들은 그때그때 다른 특정한 우려보다는 갈등하는 이데올로기들의 충돌 때문에 격화되어 왔는데, 이는 모든 사례들에서 어느 정도 공통적이다. 그래서 "단지 '방사능'을 '불소'로 바꾸고, '원자력위원회'(AEC)를 '공중보건국'(PHS)으로 바꾸기만 하면" 핵 논쟁에 등장한 많은 말들이 불소화 논쟁으로 자리를 바꿀 수도 있다. 그리고 과학 기술 전문가들은 대중을 안심시키거나 이런 갈등을 풀고자 돕기보다는 단지 이런저런 이데올로기의 편을 지지하는 데 스스로 줄서는 듯이 보일 뿐이다. 그리하여 이런 논쟁에 의해 생성된 힘은 상호 상쇄하는 게 아니라 축적되고, 연약한 합의의 지층 아래에 있는 이데올로기의 산 안드레아스 단층과 같이, 사회 위협적 균열을 끊임없이 확대할 수 있다. 이런 분석에서 보자면, 어느 편이 특정 논쟁에서 이기느냐는 중요한 문제가 아니다. 누가 승자이든 사회는 패자가 된다. 그리하여 사회는 응집력을 더 잃고 생존력을 더 잃는다.

재조합 DNA 논쟁에 대한 이런 분석은 스리마일 섬 사고에 대한 패렐과 굿나이트의 분석을 확인하고 확장해준다(1981, pp. 283-284, 287). 사회적, 윤리적, 또는 정치적 딜레마를 풀려는 기술적 지식의 실패를 조명한 스리마일 섬 연구는 6일 동안의 제한된 사건 안에서 일어난 이런 실패를 상세히 기록했다.

패렐과 굿나이트는 사회 드라마의 한 국면인 위반에 대해 미시분석을 제공하고 있다. 이와 대조적으로 재조합 DNA 논쟁에 관한 나의 연구는, 비록 실패했지만 '완결된' 사회드라마에 대한 거시분석이며 패렐과 굿나이트의 연구를 더 확장된 다른 맥락에서 확인하는 것이다. 두 분석은 모두 위협적 재난에 대처하려는 시도가 실패한 데에는 충돌하는 사회활동 주장들에 책임이 있다는 결론을 내리고 있다. 패렐과 굿나이트가 보기에 이런 주장들은 산업 확장, 에너지 수요, 그리고 생태학적 신념의 '근원적 은유'를 통해 구현되며 내가 보기에 그 근원적 은유는 17세기 과학과 종교 사이의 분쟁까지 거슬러 올라갈 수 있다.[8]

그러나 중심 지점에서 두 분석은 일치한다. 즉 두 분석에서 결정적 물음은 과학 기술을 거의 절대적으로 보호하는 것이 사회를 위한 일이냐 아니냐가 아니라, 과학 기술이 사회 문제를 해결해주리라는 희망을 우리가 버릴 수 있느냐, 달리 말해 과학 기술이 그 흔적으로 남긴 문제들에 대해 합의할 만한 답을 얻을 수단을 과학 기술이 아닌 다른 곳에서 찾을 수 있느냐 하는 것이다.

그 답은 부분적으로 사회 드라마의 성격에 대한 더욱 심층적인 연구에 있다. 과학과 사회가 충돌하는 경우에 그 경계는 흐릿하고 청중이 사회 드라마의 참여자라는 점을 우리가 깨닫기만 한다면 터너의 개념은 충분한 정당성을 지니게 된다. 우리는 과학과 사회의 갈등에 정당하게 참여하는 만큼 우리의 이해관계에 적합한 행동을 일으킬 자격을 지닌다. 또한 우리는 "실험실을 모두 지역사회의 감독 활동에 개방하며, 그리고 실험실의 과학자와 기술자, 실험실이 속한 지역사회, 전체적 우선순위와 자원에 관한 전국 수준의 논의, 이런 '3자 의사결정' 구조를 결합하는 식으로 연구 계획을 짜는 연구방식, 통제와 감독을 받는 연구방식"을 요구할 자격을 지닌다 (Rose 1987, p 16).

전문가들이 더 많이 더 잘 알고 있다 해도 그들만의 합의에 앞서 이런 대중의 합의를 신뢰하려는 태도는 민주적 과정이 과학 연구의 전반적 방향을 결정하는 데에서 정당한 구실을 하고 있음을 의미한다. 이해할 만한 일이지만, 이런 명제에 대한 저항은 과학자와 연구자들 사이에서 흔히 일어날 수 있다. 특히 이런 저항이 정당화되는 것은 개별 사례(재조합, 불소화 논쟁)에서 볼 때 과학 또는 기술은 온화한 듯이 보이고 대중적 외침은 대체로 히스테리 같아 보일 때인 것 같다. 이런 사례들을 통해 우리가 기억해야 할 것은 진정한 쟁점은 특정한 추진계획의 결과가 아니라는 점이다. 진정한 쟁점은 전

■

문가들의 거만이며, 자신들의 이해를 위해 열린사회의 견제와 균형을 에둘러 가려는 그들의 시도다.

◻

실재 없는 대상 지시성

『마음의 개념(The Concept of Mind)』에서 길버트 라일은 몸-마음
의 문제는 잘못된 개념, 범주의 혼동에서 비롯한다고 주장했다. 이
에 비추어보면 논란 중인 많은 철학적 문제들도 비슷하게 잘못된
개념에서 비롯한다. 그러므로 언어 분석이 제대로 적용되면 이런
문제들은 사라질 것이다.

그런데 갈리는 이런 관점의 보편성에 예외를 들이댄다. 그는 우
리 문화의 중심을 이루는 개념들의 한 부류는 라일 식의 분석에 맞
지 않는다고 주장했다. 이런 개념들은 오해되지 않았다는 것이다.
갈리의 인상적인 말에 따르면 그것들은 '본질적으로 다툼의 대상'
이다. 서술적이지 않고 평가적인, 그래서 본질적으로 다툼의 대상
이 되는 개념들은 내적으로 복잡하며 다양하게 해석될 여지를 둔
다. 그러나 이런 다양성이 혼동의 결과는 아니다. 뒤이어 일어나는

분쟁의 모든 참여자들은 그들이 같은 개념에 관해 논증하고 있으며 모든 주장을 거슬러 올라가면 동일한 원천 또는 표본에 이른다고 가정한다.

기독교의 교리는 본질적으로 다툼의 대상이 되는 개념으로서 갈리가 선택한 사례다. 그것은 명백하게 평가적이며 내적으로 복잡하고 다양하게 해석된다. 그러나 기독교의 많은 종파들은 각각의 경우에 동일한 표본에서 유래한 동일한 교리에 관해 관점을 달리하고 있을 뿐이라고 한목소리로 말한다. 본질적으로 다툼의 대상이 되는 개념의 다른 사례로, 갈리는 '예술작품' 과 '민주주의' 를 선택했다.

여기에 하나를 더한다면 그는 과학철학에서 끊임없는 논쟁의 원천이 되는 실재론의 개념을 추가했을지도 모른다. 과학의 중심 용어들은 진정으로 대상을 지시하는가? 그것들은 문제의 현상을 실제로 일으키는 어떤 근저의 실재 구조에서 그런 측면들만을 선택한 것일까? 이런 실재는 본질적으로 실재에 대한 우리의 지각과 무관하게 존재하는가? 이런 물음들에 대한 다양한 답은 실재론의 개념이 내적으로 복잡함을 입증한다.

본질적으로 다툼의 대상인 모든 개념들이 그렇듯이 무엇보다 실재론의 복잡성은 혼동의 결과가 아니다. 모든 논쟁자들은 그들이 동일한 주제에 대해 논의하고 있다는 데 동의하는데, 이런 동의는 보편적으로 공유되는 철학 논쟁의 전통에서 유래하고 있다. 그리고 실재론의 개념은 확실히 평가적이다. 그리하여 실재론의 의미를 둘러싼 논쟁들은, 언어가 여러 기능들 가운데 한 가지 기능으로 실재라는 것을 설명하고 있는지에 관한 문제를 일으킨다. 이런 논쟁들에서 성공은 오로지 이런저런 입장을 지지하는 논증들의 질에 대한 우리의 평가에 달려 있다.

실재론의 개념이 본질적으로 다툼의 대상이라 하더라도 어떤 한 시점에서 볼 때, 실재론을 찬성하는 주장과 반대하는 주장이 모두 동등하게 설득력을 지닌다고 볼 필요는 없다. 사실, 실재론이 행한 전통적 방어는 너무도 설득력이 떨어져 실재론을 수선하는 일이 현대 과학철학에 상당 정도의 활기를 불러일으킨다. 그러나 또 다른 반응이 있을 수 있다. 즉 지적으로 훌륭하게도 마음과 무관한 객체의 존재를 필요로 하지 않는 태도, 진정 지식을 의심하지는 않으나 형이상학의 가능성은 의심하는 회의적 태도를 구성하는 것이다. 이런 태도는 철저하게 수사학적인 과학관, 즉 지식은 설득과 의견일치의 문제라고 보는 관점에 적합하겠다(일부 실재론자들이 말하는 것처럼 단순한 설득 또는 단순한 의견일치는 아니다).

이 장에서 나는 이처럼 철저한 수사학적 해석을 허용하면서도 철학적으로 방어할 수 있는 태도를 대략 살펴보고자 한다. 프로타고라스에서 니체와 그 이후에 이르는 계보를 따라 가다보면, 수사학의 인식론은 의심할 바 없이 확실하게 재구성될 수 있다. 그러나 나는 실재론에 낯선 전통들을 발굴하는 방식으로 철저한 수사학적 해석의 진실을 입증하려 하지는 않겠다. 그보다는 분석철학의 요새 내부에서 시작해 나의 주장을 세우고서 수사학적 상호작용이 지식을 구성한다고 보는 태도를 취하려 한다.

나의 주장은 두 가지다. 첫째, 현대 실재론자들의 철학적 태도는 그들이 옹호하는 실재론을 수반하지 않는다는 주장이다. 둘째, 실재는 수사학적 구성이라는 데 동의하는 태도가 실재론자의 연구물에서 그럴듯하게 유래할 수 있다는 주장이다.

◼

형이상학적 실재론 비판 |

강건한 형이상학적 실재론의 지적 방어에 나섰던 사람으로 리처드 보이드 이상의 인물이 없다. 보이드는, 과학의 성공은 비범한 일이므로 그에 대해서는 어떤 설명이 필요하다고 말한다. 가장 훌륭한 설명은 과학이 세계의 인과적 구조에 관하여 진실한 이야기를 하고 있다는 것이다. 실재론에 대한 이처럼 가장 강건한 해석에서 그 바탕이 되는 인과적 실재를 지시하는 것은 단순히 과학의 용어들이 아니다. 이 용어들 사이의 관계도 또한 대상을 지시한다. 힘, 질량, 그리고 가속도만이 대상을 지시하는 게 아니라, F=ma처럼 그들의 관계도 대상을 지시한다.

이처럼 가장 강건한 해석에서 보자면, 뉴턴의 물리학과 아인슈타인의 물리학 사이에 진정한 불연속은 존재할 수 없다. F=ma는 뉴턴 물리학의 보존된 질량은 물론이고, 아인슈타인 물리학의 변환 가능한 질량에도 모두 적용된다. 하지만 아인슈타인이 옳다면, 뉴턴은 틀린 게 아닌가? 우리는 힘, 질량, 가속도 사이의 고전적 관계가 상대성에도 재현된다고 말할 수 있는가? 만일 과학 용어들과 관계들이 참으로 대상을 지시한다면 우리가 그렇게 말하는 것도 정당화될 것이다. 그 경우에, 우리는 아인슈타인이 뉴턴을 수정했다고, 뉴턴 질량의 적용 범위를 아인슈타인이 광속보다 상당히 적은 속도의 계로 제한했다고 말해야 한다.

보이드의 태도에 반하는 것으로, 다음 두 가지의 일반적 주장이 있다.

1. 논리 순환을 피하기 위해 형이상학적 실재론자들은 그 인식론을 과학이 산출하는 세계와는 무관한 세계의 인과적 구조에 접근시켜야 한다. 그러나 형이상학적 실재론자들은 그런 접근법을 주장하지 않는다. 그렇게 주장한다면 그들이나 현대 철학자들 모두가 받아들이지 않을 주장에 의지하게 되는 셈이다.

2. 형이상학적 실재론은 옹호자들을 다음과 같은 귀납으로 인도한다. "시간이 지날수록 과학이론들은 참되고 정확한 예측을 한다. 이런 예측이 단순한 기적이 아니라면 과학이론은 진정으로 세계의 인과적 구조를 지시하는 것이다." 그러나 이런 귀납은 과학의 역사를 잘못 읽은 데에서 비롯된다. 그것은 과학이 보편적으로 성공적인 기획이며, 대체로 진실한 이론의 생산을 사실상 보장하는 방법론이라고 가정한다. 그러나 과학의 역사는 그렇지 않았다. "성실히 추구된 과학 탐구의 결과들은 압도적으로 많은 경우에 실패들이었다. 실패한 이론들, 실패한 가설들, 실패한 추측들, 부정확한 측정들, 틀린 매개변수의 추정들, 그릇된 인과적 추론들 등이 그렇다." 사실 "실재론자들한테 문제는 대개 **실패하는** 전략이 **가끔 성공하는** 것을 어떻게 설명하느냐의 문제다"(Fine 1984, pp. 89, 104).

형이상학적 실재론자들은 성공적 대상 지시(reference)와 과학의 성공은 상호 연관돼 있다고 가정함으로써 과학의 역사를 또 한 번 잘못 해독한다. 오늘날의 과학에서, '원자'는 참되게 대상을 지시하지만 '에테르'는 그렇지 못하다. 그러나 달톤의 대상 지시가 참되다고 해서 그가 원자에 관해 옳은 주장만을 한 것은 아니다. 반면에 오늘의 실재론자들한테도 허구인 에테르 이론들은 19세기 내내 눈에 띄게 성공적이었다(Laudan 1984, pp. 221-228).[1]

역사에 바탕을 둔 이런 논증들은 과학은 진보한다는, 또 훗날 성공한 이론들은 초기부터 그 범위 안에 성공적 이론들을 지니고 있다는 전형적 실재론의 주장을 압박한다. 아인슈타인의 질량과 뉴턴의 질량은 존재론으로 보아 양립할 수 없다. 마찬가지로 $F=ma$의 m과 $E=mc^2$의 m을 등가로 보는 것은 충분하지 않을 것이다. 왜냐하면 이런 공식 속의 등가성은 두 경우의 m이 편의적 허구라는 주장과 완전하게 양립하게 되기 때문이다.

좀더 방어할 수 있는 실재론을 위하여 |

이런 공격에 직면하여 현대의 실재론은 두 가지의 논증 전략을 채용했다. 첫 번째에 따르면, 과학의 모든 것이 아니라 일부가 대상을 지시한다. 두 번째에 따르면, 모든 과학, 사실 모든 지식은 참되게 대상을 지시하기는 하지만 대상 지시의 개념은 알맞게 수정돼야 한다.

대상 지시의 제한

이언 해킹과 낸시 카트라이트는 철학의 구분선 하나를 그음으로써 실재론을 그럴듯하게 교정하려고 시도한다. 한 쪽에는 진정으로 대상을 지시하는 과학 용어들과 관계들이 놓이고, 다른 쪽에는 그렇지 않은 것들이 놓인다. 해킹한테는 오직 실험이라는 수단을 통해 다룰 수 있는 과학적 실체들만이 실재한다.

분극 전자총은 반전성(parity)이 약한 중성 흐름에서는 깨짐을 증명해준다. 그러므로 전자들은 실험 조작에 영향을 받기 쉽다. 그러므로 전자는 실재한다. 그러나 중성 보존(boson)은 실재하지 않는다. "그것이 존재한다 하더라도 누구도 중성 보존들을 조작할 수는 없다"(Hacking 1983, p. 272; 1986과 1987도 보라). 카트라이트도 과학적 사실과 허구 사이에 비슷한 구분선을 긋는다. 그의 관점에서 보면, 상대적으로 경험에 가까운 낮은 수준의 법칙들에 속한 용어와 관계들은 진정으로 대상을 지시한다. 더 나아가 이런 낮은 수준의 법칙들은 인과적이다. "인과적 법칙들은 없앨 수 없다. 왜냐하면 그것들은 쓸모 있는 전략과 쓸모 없는 전략을 구분하는 데 필요하기 때문이다"(1983, p. 22). 그러나 물리학에서 지구 수준의 이론들, 예컨대 F=ma 같은 높은 수준의 일반화는 낮은 수준의 법칙들에 질서를 부여하기 위해 기획되는 유용한 허구들이다.

해킹-카트라이트의 구분선으로 인해, 우리는 실재론을 완전히 포기하지 않으면서도 과학의 역사에 대해 합리적 수준에서 정확한 설명을 받아들일 수 있게 된다. 그러나 그런 구분선 긋기가 실재론에 반대하는 일반적인 주장들이 제시한 어떤 문제도 해결하지는 못한다. 그 주장들은 모두 보이드를 반박하는 것만큼 카트라이트와 해킹에도 반대하며, 강건한 형이상학적 실재론에 반대하는 만큼 수정된 실재론도 반박한다. 어떤 구분선도 그렇게 그을 수는 없기에, 쟁점은 어떤 경우에도 해결되지 않은 채 남은 듯하다. "[래리 라우든은 카트라이트한테 보낸 서신에서 이렇게 말한다] 내가 알고 싶은 바는 우리가 취할 수 있는 이론적 법칙에 대한 증거와……우리가 취할 수 있는 이론적 실체에 대한 증거 사이에 어떠한 인식론적 차이가 존재하는가 하는 점이다. 예컨대 전자와 양성자가 존재한다고 장담하여 결론을 내릴 수는 있지만, 아마도 이론적 법칙이 진실하다는 결론을 내릴 자격이 우리한테는 없지 않은가 하는 점이다. 내가 보기에 그 둘은 아마도 인식론적으로 동등한 기반 위에 있는 것 같다"(Cartwright 1983, p. 97에서 인용). 다른 말로 하자면, 그 문제는 회피되어왔다. 그리하여 만일 마음과 무관한 실체들에 별도의 접근을 할 수 없다면, 해킹-카트라이트의 구분선은 그을 수 없다.

대상 지시의 수정

실재론을 살리기 위해 힐러리 퍼트넘과 도널드 데이비슨은 대상 지시의 개념을 바꾼다.[2] 퍼트넘은 형이상학적 실재론이라는 범주를 부인한다. "당신은 두 사물의 하나만을 집요하게 짜냄으로써(또는 그 하나에만 다른 어떤 일을 행함으로써) 두 사물의 상응관계를 집어낼 수는 없다. 마찬가지로 당신은 본체적 객체에 접근하지 않고서는 가정된 본체적 객체와 우리 개념의 상응관계를 집어낼 수는 없다"(1981, p. 73). 그렇지만 퍼트넘은 이렇게 주장한다. "테이블과 의자들은⋯⋯쿼크와 중력장이 존재하는 것과 꼭 마찬가지로 존재하며, 내가 이 단지 안의 물을 스토브에 올려놓고 불을 켰다면 끓었을 것이라는 사실은 그 물의 무게가 8온스 이상 나간다는 상황만큼이나 '사실'이다"(1987, p. 37). 그러나 무엇에 의해 사실은 사실이 되며, 무엇에 의해 반사실(counterfactuals, 어떤 것이 없었다면 다른 어떤 것이 일어나지 않는다는 인과적 사실 – 옮긴이)은 사실이 되는가? 퍼트넘은 내적 실재론, 즉 '개념적 상대성'과 전적으로 병립할 수 있는 실재론이 그것을 가능하게 한다고 말한다(1987, p. 17). 내적 실재론자들한테, 객관성에 관한 문제들은 오로지 세계에 관한 "이론 또는 설명 안에서" 이해된다. "'객체들'은 개념적 구도와 무관하게 존재하지는 않는다"(1981, pp. 49, 52).

퍼트넘에 따르면, 당신은 마음과 무관한 실체 없이는 사실을 얻을 수 없으며, 개념적 구도 없이는 마음과 무관한 실체를 얻을 수 없다. 매우 훌륭한 일이다 — 하지만 그렇게 되면 마음과 무관한 실체는 독립적으로 그 성격을 규정할 수 없게 된다. 퍼트넘은 진리, 즉 사실과 실재 사이의 관계는 "들어맞음의 최고 선"(ultimate goodness of fit)이라고 말한다(1981, p. 64). 그러나 만일 사실이라는 것이 우리가 알 수 있는 모든 것이라면, 어떻게 이런 은유가 제시될 수 있을까? 무엇이 무엇에 들어맞는가? 얼마나 잘 들어맞는가? 그리고 당신은 그것을 어떻게 아는가? 퍼트넘은 "'객체들' 자체는 발견되는 만큼 만들어진다"고 말한다(1981, p. 54). 그러나 요점은 그것이 어느 정도인지는 우리가 결코 말할 수 없다는 것이다. 이것이 형이상학적 실재론에 대한 퍼트넘 식의 비판적 해석이다.

퍼트남을 반박하는 두 번째 논증으로 동료 실재론자의 논증이 있다. 도널드 데이비슨은 '많아봐야 하나의 세계'만이 존재할 수 있다고 보는 실재론자한테 개념적 상대성은 통일성을 갖춘 해석이 될 수 없다고 주장한다(Davidson 1984 p. 187).[3] 개념적 상대성은 "구도와 내용, 유기적 체계와 유기적이기를 기다리는 무언가"의 이원론을 수반한다(p. 189). 그러나 오직 하나의 세계만이 존재한다면 이원론은 불가능하다.

벽장 안에 옷들을 유기적으로 정리할 수 있는 것처럼 이 세계 안에 객체들을 유기적으로 만들 수는 있지만, 옷장 자체를 유기적으로 정리할 수 없듯이 세계 자체를 유기적으로 만들 수는 없다(p. 192). 퍼트넘과 다르게 데이비슨은 실재론자한테는 명백히 모순어법이 되는 구절인 '상대적 진리'를 '개념적 상대성'이 수반한다는 점을 이해하고 있다. 철학은 실재론자한테 유일하게 적합한 목표인 '절대적 진리'(p. 225)를 겨냥해야만 하는 것이다.

데이비슨에 따르면, 언설들의 네트워크는 세계가 존재하는 방식, 현상 이면에 있는 실재를 정확히 서술할 수 있다. 더욱이 대상 지시가 고정된 곳은 바로 이런 네트워크 내부다. 다른 말로 하자면, 대상 지시는 언설들이 지닌 진리성의 부산물이 된다. 여기에서 대상 지시는 다른 이들이 기대해온 것처럼 "비언어로 설명되는 사건, 행위, 또는 객체들과 언어이론 사이에 직접 접촉이 이뤄지는 그 고유한 곳 또는 최소한 그런 어떤 곳"(p. 219)이 아니다. 그런 곳은 존재하지 않는다.

언어를 통해 실재에 접근하는 방법이 없는 것은 아니다. "성공적 의사소통은, 공유되며 대체로 진실한 세계관의 존재를 증명한다"(Davidson 1984, p. 201). 이에 따라 "언어의 가장 보편적 측면을 연구함으로써 우리는 실재의 가장 보편적인 측면을 연구하게 될 것이다"(p. 201). 언어에 관한 올바른 이론이라면 또한 실재에 관한 올바른 설명이 된다. "진리 이론의 구실은 문장들 사이사이에다 진리가 만들게 마련인 양식(pattern)을 설명하는 것이다. 그것은 그 양식이 어떤 곳에서 무너지는지 말해주지는 못한다. 그리하여 예컨대 세계에 관한 아주 많은 보통의 주장들이 진실할 수 있다면, 그것은 거기에 사건들이 존재하기 때문이라고 나는 생각한다. 그러나 진리의 이론이 비록 내가 제안하는 형태를 취한다 해도 존재하는 것이 어떤 사건들인지, 심지어 사건이 존재하기는 하는 것인지 구체적으로 밝히지는 못할 것이다"(p. 214).

데이비슨의 논증은 우리가 보는 것과 우리가 그 사례로 이해하는 것 사이에 존재하는 숨은 유비에서 비롯된다. 동전은 겉보기에 장방형으로 보인다 해도 원형이다. 물에 담긴 막대는 구부러져 보이지만, 직선이다. 유비를 통해 실재론자들은 세계가 다양하게 보일 수 있는데, 겉보기들은 단지 불변의 실재, 실체, 연장(延長), 본체가 현시한 것일 뿐이라고 말한다.[4] 데이비슨은 유사한 형이상학적 신념에서 학문적 동기를 얻었다. 즉 언어의 가장 보편적 측면은, 우리가 그것을 발견한다면, 그 바탕이 되는 실재의 중심 특징들을 정확하게 비추어 주리라는 것이다.

그러나 일상의 인식과 형이상학의 성찰 사이에서 유비는 효과적이지 않다. 실재론자와 비실재론자 모두가 보기에 동전과 막대기의 경우에서는 예컨대 '동전을 측정하다' 그리고 '막대기를 움켜쥐다'와 같이 유비의 문제와 별개인 어떤 독립된 사실이 존재한다. 또 세계 전체의 경우에 유비의 문제와 별개인 독립된 사실은 존재하지 않는다. 세계에서 분리된 사실도 존재하지 않으며, 비교할 만한 기초도 존재하지 않는다. 이것이 개념적 구도에 반대하는 데이비슨식의 논증이다.

그러나 유비가 효과적이라 해도 그것이 실재론을 과학에 대한 적절한 형이상학으로 확립하지는 않을 것이다. 물리학자와 실재론 철학자들은, 데이비슨이 넌지시 비춘 것처럼 세계에 대해 "대체로 진실한" 관점을 동일하게 공유할 수 있다(1984, p. 201). 그러나 타로

카드 해설가, 골상학자, 그리고 회의론자들도 마찬가지다. 동전이 뒤집히면 실제 모양도 바뀌고, 막대기가 물에 잠기면 실제 구부러진다고 내가 믿는다고 가정해보자. 그렇다 해도 내가 여전히 예측적인 물리학과 '대체로 진실한' 세계의 그림을 지니는 것은 가능하다. 그렇지만 그런 물리학은 과학과 상식 모두에 당연히 불쾌한 일이다.

왜 과학자는 실재론자인가 |

아인슈타인은 노년에 자신의 물리철학을 기념하려고 기획한 책에서 모순되는 듯한 두 가지 진술을 했다. 「자전적 수기」에서 그는 분명하게 실재론에 대한 지지를 밝혔다. "실재가 관측의 대상이 되는 것과 별개로 사유의 대상이 되는 것처럼 물리학은 실재를 개념적으로 파악하려는 시도다. 사람들은 이런 의미에서 '물리적 실재'를 말한다"(1959, p 81). 그렇지만 「비판에 대한 답변」에서 그는 이런 실재론의 밑동을 분명하게 도려내버린다. "얘기된 바와 같이 물리학의 '실재성'은 일종의 프로그램으로 이해될 수 있다. 그렇지만 우리가 그것에 선험적으로 매달려야 하는 것은 아니다"(p. 674). 아인슈타인의 진술 사이에 나타나는 이런 분명한 모순이 성공적으로 풀릴 때, 우리는 현대 실재론에 대한 대안을 얻게 될 것이다. 그리고 그것을 통해 과학의 실천과 그 수사학적 분석 모두와 병존할 수 있는 대안의 한 측면을 얻게 될 것이다. 또 왜 과학자들이 실재론자인지를 이해하게 될 것이다.

아서 파인에 따르면, 아인슈타인의 실재론은 흔들림 없는 두 가지의 중심적 교의를 지닌다. 자연세계는 관찰자와 무관하게 존재하며, 그것은 확률적이기보다는 결정적인 법칙들에 전적으로 종속되는 세계라는 것이다.[5] 그러나 이런 교의는 자연의 진정한 상태에 관한 한 가지 신조의 부분이 아니다. 오히려 그것은 아인슈타인이 인정할 만한 이론에 부여되는 '한 무리의 제약들'이다. 한 마디로 아인슈타인의 실재론은 동기유발적 성격을 지닌 것으로, 이성이 실재에 접근할 수 있다는 믿음이다. "실재의 합리적 성격에 대한 신뢰, 그리고 최소한 어느 정도는 인간의 이성이 그것에 접근할 수 있다는 신뢰[Vertrauen]에 대해서는 '종교적'이라는 말보다 더 좋은 표현이 없다. 이런 감이 없을 때에, 과학은 무의미한[geistlose] 경험주의로 전락한다. 만일 사제들이 과학을 이용한다면 너무도 나쁜 일이다[Es schert mich einen Teufel]. 어찌해도 그에 대한 치유법은 존재하지 않는다[ist kein Kraut gewachsen]."[6]

동기를 유발하는 실재론은 마음과 무관한 실체의 존재가 과학 행위와 유일하게 어울리는 규범적 원리라는 믿음이다. 의도는 끼어들 필요가 없다. 과학자는 실재론적 이론을 창조하려고 의도하는 것이 아니다. 그보다 그런 이론의 가능성은 과학 내 생활을 의미 있게 만드는 심리적인 닻이다. "실재론은 인간 행동을 일으키는 이성 이전의 샘물들(비이성적 행동들은 물론 아니다) 사이에, 종종 창조성의 원천 일뿐 아니라 창조적 노고에 대해 느끼는 깊은 만족감의 원천으로도 여겨지는 그런 샘물들 사이에 존재한다"(Fine 1986, p. 110).

동기유발적 실재론을 모든 과학에 일반화할 수도 있을 듯하지만, 양자역학은 걸림돌처럼 보인다. 확실하게도 양자역학은 완전하게 아인슈타인 식의 형식을 띤 동기유발적 실재론을 가로막는다.

여기에서 중심 교의 하나는 확실히 사라져야 한다. 즉 특정 자연의 보편 법칙, 예컨대 결정론적 법칙은 탐색될 수 없다. 그러나 관측자와 무관한 존재라는, 다른 중심 교의는 어떠한가? 이것은 임의의 고도 정밀성으로 아원자(원자보다 작은 양성자, 중성자, 전자와 그 이하 물질들 – 옮긴이)의 위치와 운동량을 동시에 확정할 수는 없다는 불확정성 원리에 의해 위협받지는 않는다. 그렇더라도 관측자와 무관한 실재를 믿음으로써 양자역학이 그 동기를 얻었다는 주장을 우리가 할 수 있겠는가? 양자역학은 온갖 규범들을 만듦으로써 비실재론을 신중하게 채택했는데, 그것은 매우 설득적이었고 엄청나게 성공적인 것이었다.

현상은 속이기 일쑤다. 잡히지 않는 쿼크의 탐색을 한 예로 들어 보자. 1969년에 네덜란드의 물리학자 코케데는 쿼크 모형에 관해 언급하면서 양자 비실재론의 전형적 어투로 말했다. 그것은 "최소한 한 순간만이라도 모형 그 자체 이상으로 여겨서는 안 된다. 다시 말해 그것은 아원자 입자들의 하드론 계(원자핵에서 강한 상호작용의 힘으로 반응하는 원자구성 입자들. 강입자라고도 불리며, 양성자, 중성자, 파이온 등이 포함된다.-옮긴이)에 바탕이 되는 역학, 아직까지도 불명료한 역학을 임시로 간단하게 표현한 모형일 뿐이다"(Pickering 1984, p. 91에서 인용).

1969년에 쿼크는 편의를 위한 상징물이었다. 하지만 1974년 무렵이 되자 그것은 거의 실재하는 것이 되었다. 파인만은 이렇게 말했다. "하드론이 쿼크로 구성된다는 개념을 뒷받침하는 여러 증거들이 존재하며, 그것을 반증하는 실험적 증거들은 존재하지 않는다.……이것을 진리로 받아들이자."

1982년 무렵에는 실재론을 향해 한 발짝 더 나아갔다. 즈바이크는 이렇게 말한다. "쿼크 모형은 세상 절반에 대한 탁월한 설명을 제공한다"(Pickering 1984, pp. 114, 147에서 인용; p. 270도 보라). 그리고서 20년이 지나기 이전에 최소한 해킹과 카트라이트의 그것만큼이나 강건한 의미에서, 쿼크는 이미 양자 물리학자들한테 실재가 됐다. 비실재론의 진술을 하고 있지만, 그들은 당대 동료들과 함께 세계의 인과적 구조를 드러낸다는 역사적 소명을 공유했다(Fine 1986, pp. 125-126도 보라).

동기유발적 실재론은 과학자들이 왜 이론이 하나의 실재 세계로 수렴돼야 한다고 믿는지를 설명해준다. 예컨대 그것은 스티븐 와인버그가 '하나의 참 이론'을 찾아나선 이유를 설명해준다. 또 "소립자물리학의 명백하게도 정확한 이론"에 대한 셀던 글래쇼의 언급을 설명해주며, "모든 가능한 관측들을 설명할, 완벽하고 일관되며 통일적인 물리적 상호작용의 이론"을 향한 스티븐 호킹의 바람을 설명해준다(Galison 1983, pp. 46-47에서 인용). 동기유발적 실재론은 고전물리학과 양자물리학의 단일성, 아리스토텔레스 생물학과 진화생물학의 단일성, 연금술과 화학의 단일성, 그리고 과학의 단일성을 과학이 다양하게 보증했던 갖가지 존재들 안에서 찾는 게 아니다. 동기유발적 실재론은 그것을 세계의 인과적 구조 발견을 연구의 목표로 삼아 보편 법칙의 형식으로 표현하려는 과학자들의 공통 신념 안에서 찾고자 한다.

수사학으로 정의하는 과학적 실재론 |

동기유발적 실재론은 과학 이론이 무엇 때문에 진실한지 말하지 않기에 거기에는 보완이 필요하다. 철저한 수사학적 분석과 여전히 병존할 수 있는 과학적 진리를 설명해야 한다. 그런 설명이 분석적 전통을 외면할 필요는 없다. 사실 내가 제안하는 설명은 콰인, 데이비슨, 그리고 퍼트넘의 관점과 비교할 때 강한 '가족 유사성'을 띨 것이다. 여기에 어떤 자가당착도 없다. 그런 관점들이 형이상학적 실재론과 병존할 수 있다 해도, 그런 관점들에 실재론이 뒤따르지는 않기 때문이다.

「경험주의의 두 가지 도그마」에서 콰인은 수사학적 분석과 병존할 수 있는 과학적 진리의 관점에 중심이 되는 논지를 밝힌다. "수리, 자연, 인문 등 전체 과학은……경험에 의해 충분하게 결정되지 않는다. 그 체계의 경계는 경험에 부합해야 하지만, 나머지는 체계의 정교한 신화 또는 허구를 모두 지닌 채 법칙의 단순함을 목표로 삼는다"(1961, p. 45). 이런 관점은 데이비슨(1984, pp. 230-231)뿐 아니라 퍼트넘도 대체로 공유한다. "'진리'란……경험들이 우리 신념들 안에서 스스로 재현되듯이 우리 신념들이 서로서로 그리고 경험들과 이상적으로 일치하는 그런 것이다"(Putnam 1981, pp. 49-50).

콰인의 은유인 '경험에 부합하는 경계'를 우리는 무엇으로 이해할 수 있는가? 확실히 그것은 뜻대로 환원할 수 없는 비언어의 구성요소가 의미에 담겨 있음을 암시한다. 퍼트넘이 말하듯이 "의미들은 단순히 머릿속에 존재하지 않는다"(1981, p. 19). 그러나 경험이 우리 신념체계 안에서 재현될 때에 경험은 우리 머릿속에 존재하며 다른 어디에 존재하는 게 아니다. 분명하게도, 그런 재현은 바로 우리 머릿속에서만 가능하며 우리 경험이 의미를 지닐 수 있는 것은 오직 그런 재현 때문이다.

우리 이론이 우리 경험과 합치해야 한다고 말하는 것이, 곧 여기 안에 존재하는 것이 저기 밖에 존재하는 것과 합치해야만 한다고 말하는 것은 아니다. 그보다 그것은 우리의 이론 언설들이 우리의 관측 언설들과 밀착해야 한다고 말하는 것이다. 관측 언설들에 대하여 "그 언어를 쓰는 화자들 모두가 동일한 동시 자극을 받았을 때에 동일한 판정을 내린다"(Quine 1969, pp. 86-87).[7] 과학, 즉 그 말의 네트워크가 적합한 배열구성 안에 적합한 이론 언설과 관측 언설을 담고 있다면, 이런 연결망은 우리가 알고 있는 한 과학의 진리를 재현한다. 분석학문의 전통 안에 과학수사학을 위한 지적 공간이 존재하는 것이다.

과학은 근본적으로 수사학적이라는 개념에 저항하는 사람들은 비행기가 난다, 남자는 아기를 낳을 수 없다, 스넬의 법칙은 폐기되지 않을 것이다와 같은 "원초적 사실들"을 들이댄다. 확실히 우리는 그런 사실들에 대해 의문을 품을 수 없다. 그러나 과학의 수사학이 이런 것들을 부정하는 것은 아니다.

물리학의 어떤 이론도 비행을 무시할 수는 없고, 생물학의 어떤 이론도 성을 외면할 수 없으며, 어떤 광학도 굴절을 망각할 수는 없다. 수사학이 주장하는 바는 "원초적 사실들"이라는 말이 모순어법이라는 것이다. 사실이란 그 본성에서 볼 때 언어적이다. 언어가 없다면 사실도 없다. 정의상으로 보면, 마음과 무관한 실재는 아무런 의미론의 구성요소를 지니지 않는다. 그 자체는 의미를 지니지 않으며 지식으로 직접 통합될 수도 없다. 대상을 지시함으로써 통합되는 것이 유일한 가능성이다. 언설의 후보들은 마음과 무관한 사실상 또는 원리상의 실재를 지시해야만 하는데, 그런 대상 지시는 인식론에서 유관한 집단들, 이 경우에는 학제 영역을 감독하는 과학자 집단들에 의해 승인받는 방식으로 획득된다. 그런 언설들만이 객관적이라고 여겨지는 지식 체계의 부분이 될 수 있다.

과학의 수사학은 과학에서 원초적 사실이 매우 중요하다는 점을 부정하지 않는다. 스넬의 법칙 같은 낮은 수준의 일반화, 분류학과 관측천문학 같은 본질적으로 서술적인 활동은 전체 과학의 부분을 이룬다. 어떤 과학도 그런 일반화와 활동을 무시할 수 없기 때문이다. 원초적 사실은 모든 이론에 속박으로 작용하기 때문에 심지어 과학혁명의 시기에도 내내 살아남아 존속하는 경향을 띤다. 과학 이론과 사실에 대해 해석이야 어떠하든 간에 프톨레마이오스, 코페르니쿠스, 케플러, 그리고 뉴턴이 똑같은 밤하늘을 설명할 때에는 한 가지 감각만이 존재했다. 내가 호소하려는 바가 바로 이런 감각이다. 과학에서 안정된 것은 물리적 객체들의 세계가 아니며 이론이 바뀌면 뒤이어 바뀌는 존재론도 아니다. 정확히 말하면 안정된 것은 권위가 몹시 훼손된 현상들의 세계이며 과학이 스스로 그에 부합해야 하는 유일한 세계이다.

수사학자들한테 과학은 직업전문가들 사이에서 의견일치를 획득한 언설들의 통일성 있는 네트워크다. 퍼트넘은 "'참'이란 한 무리의 사람들이 동의할 수 있는 명목일 뿐"으로 바라보는 관점을 애써 무시했다(1987, pp. 17-18). 그러나 과학 지식은 과학 언설들의 통일성과 경험적 정확성에 관한 의견일치를 나타낸다고 말하는 것,

과학의 다양한 방법들은 본질적으로 의견일치의 산물이라고 말하는 것이 과학의 권위를 훼손하는 것은 아니다. 오히려 그것은 복잡한 쟁점들에 관한 의견일치가 보여주는 최고의 인간적 성취, 바라건대 이 책이 증언하고자 하는 그런 성취에 찬사를 보내는 것이다.

그러므로 과학의 진리는 논증의 성취물이다. 이에 대해 퍼트넘도 거의 동의하여 이렇게 말한다. "지적 자유주의자와 지적 마르크스주의자 사이의 논증은 결국에 철학 논쟁과 같은 성격을 지닐 것이다.……그리고 우리 모두는 종교 또는 정치 또는 철학에서 저마다 관점을 지니고 그것을 논증할 것이며, 다른 이들의 논증을 비판할 것이다. 사실 심지어 정밀과학을 제외한 '과학'에서, 역사, 사회학, 그리고 임상심리학에서, 우리는 정확히 이런 성격의 논증들을 지니고 있다"(1981, p. 112). 왜 정밀과학은 배제되었을까? 왜냐하면 "엄밀성을 요하지 않는" 과학들과 다르게 정밀과학은 "합리성이라는 공적 규범, 아마도 과학의 다양한 방법론이 되는 규범에 호소할" 수 있기 때문이다(Putnam 1981, p. 111). 그러나 이것은 단지 정밀과학이 '동의에 대한 동의'라는 이차적 동의의 산물이라고 말하는 것일 뿐이다. 이것은 단지 확실성이라는 고결한 의미를 보증하는 것이지 인식론의 우월성을 보증하는 것은 아니다. 일부 과학을 정밀과학으로 부름으로써, 퍼트넘은 논증을 통해 획득하지 못한 인식론적 우월성을 자신의 수사 안으로 몰래 가지고 들어간다.

과학의 진리를 사실과 실재의 들어맞음이라기보다는 일정한 범위의 언설들이 지닌 통일성에 대한 의견일치로 여긴다면, 개념 변화의 정당화도 그것이 실재에 얼마나 더 근접했는지에 토대를 둘 필요는 없어진다. 그보다 과학의 진리는 과학, 즉 설득과정의 자연스런 결과이며, 잠재적으로 분열적인 언설들은 계속 유입되지만, 그럼에도 불구하고 새로운 의견일치를 만들어내려는 끝없는 노력의 자연스런 결과이다. 모든 사람들이 진지하게 전문가적 투자를 하는 틀인 기존의 의견일치에 이런 유입이 종종 위협적이기 때문에, 새로운 동의는 어떤 것이든 일종의 성취가 된다. 우리는 전문가적 투자가 닿는 영역 안에다 연구 프로그램들에 절대 중심이 되는 이론들을 두는데, 이런 경우에 새로운 의견일치는 당연히 드물게 일어난다.

그러나 상대적으로 중요한 개념의 변경이라고 해서, 상대적으로 소소한 것들보다 더 많은 철학 또는 수사학의 장치가 필요한 것은 아니다. 특별히 피해야 할 것은 경쟁적 패러다임이나 충돌하는 개념적 구도라는 대중적 인식이다. "화자들한테 거부되는 어떤 낯선 문장을 공동체적으로 우리를 강하게 귀속시키는 어떤 문장으로 바꾸고자 할 때, 우리는 이런 것을 구도의 차이라고 부르고 싶을 것이다. 다른 방식으로 증거를 조절하기로 마음먹는다면, 그 때에는 의견의 차이에 관해 말하는 게 더 자연스러울 것이다"(Davidson 1984, p. 197). 이렇게 해석한다면 '병존할 수 없는' 개념적 구도란 단지 변화를 극화하는 방식들일 뿐이다.

이런 진리의 이론이 존재한다면 우리는 실재론을 보증하지 않고서도 실재론적 분석을 수사학으로 정당하게 다시 설명할 수 있다. 한 가지 사례로서, 중력렌즈에 관한 해킹의 분석을 들어보자. 천체물리학자인 에드윈 터너는 이런 렌즈가 궁극적으로 과학적 가치를 지니는지 의심하면서도 그 존재 자체를 의심하지는 않는다. 중력렌즈는 "그 존재 자체가 희귀한 우주적 사건들에 의지하는 현상"이며,

그것은 "지구에서 서로 다른 거리로 떨어진 둘 이상의 천체들이 우연히 동일한 시선을 따라 늘어서고, 그리하여 하늘에서 동시에 같은 자리를 차지할 때에 일어나는" 사건들이다(1988, p. 54). 이언 해킹은 이런 렌즈의 존재를 의심한다. 실재하는 실체일 수 없으며 그 존재를 "우리가 믿는 것은……우리가 현상들을 통제하고 창조할 수 있게 하는, 서로 맞물린 낮은 수준의 무수한 일반화들 때문이다." 일례로 우리가 실험실의 실험에서 조작하는 미시적 실체의 존재를 믿는 것은 그런 일반화 덕분이다(1983, pp. 186-209; 1987과 1986도 보라).

비록 해킹의 판단기준이 정말 실재하는 것을 집어내려는 형이상학적 과업에서는 실패하고 있지만, 그것은 진정한 통찰을 포착하고 있다. 즉 무엇 때문에 과학자들은 자신들이 다루는 물리적 객체의 실재성을 믿게 되는지를 말해준다. 그렇게 해석된다면 해킹의 실재론은 수사학의 시각과 완전하게 병존할 수 있다. 비슷하게 다시 설명함으로써 다른 실재론자의 분석들도 병존할 수 있게 된다. 다시 설명함으로써 우리는 퍼트넘의 쿼크, 데이비슨의 패턴, 카트라이트의 낮은 수준 법칙들에 대한 수사학적 해석을 얻을 수 있다.[8]

과학을 바라보는 수사학의 관점은 넬슨 굿맨의 『세계 구성의 방법들』이 언급한 '급진적 상대주의'와 가깝게 닮았다(1978, p. x). 그 책에서 굿맨은 체계적으로 진리의 중요성을 감소시킨다. "결코 근엄하고 엄정한 주인이 아니라, 〔그것은〕 온순하고 순종적인 하인이다"(1978, p. 18). "지성과 마찬가지로 아마도 〔그것은〕 시험이 시험하는 바 그것일 뿐이다"(p. 122). 사실상 과학에서 "진리가 지나치게 까탈스럽게 너무 한결같지 않거나 다른 원리들에 편안하게 들어맞지 않는 경우에" 우리는 "가장 근사하게 순종적이며 계몽적인 거짓말"을 선택할 것이다(1978, p. 121). 더욱이 진리들은 충돌하기 때문에 "진리는 진술들 가운데 선택을 해야 할 때에 유일한 고려사항일 수 없다"(p. 120).

과학은 진리의 문제라기보다는 세계 구성의 문제다. 발견되기만을 기다리는 '이미 만들어진 세계'는 존재하지 않기에(Goodman 1978, p. 94), 새로운 세계는 옛 세계에서 가져와 건설할 수밖에 없다. 구성이란 언제나 전통이 인정하는 방법에 크게 의존하는 재구성이다. "진화하는 전통이 이뤄놓은 조직화, 즉 서로 관련된 것들의 선택이 없다면, 범주화의 옳음이나 그름도 없다. 그리고 귀납추론의 유효성이나 무효성도 없고 표본추출의 공정함이나 불공정함도, 표본들 사이의 균일이나 불균일도 없게 된다. 그리하여 [진리를 포함하는 더욱 일반적 용어인] 옳음(rightness)에 대한 시험을……정당화하는 것은 일차적으로 시험이 신뢰할 만하다는 점이 아니라 그 시험이 권위를 지닌다는 점을 보여주는 데에 있다"(pp. 138-139). 굿맨은 진리 또는 과학 지식에 특권을 부여하지 않고서도, 어떤 형식의 실재론을 받아들이지 않고서도, 우리가 어떻게 분석적 전통 안에 머무를 수 있을지 보여준다.

전통적으로, 지식의 헤게모니에서는 과학이 주인이었으며 변증법과 수사학은 하인이었다. 또 전통적으로 변증론과 수사학의 삼단논법을 규정하는 것이 바로 과학적 삼단논법이었다. 이런 시각에서 보면, 변증론에 의지함은 지적으로 한 단계 하락하는 것이다. 변증론 삼단논법의 전제들은 진리보다 못하며 상호이해를 통한 합의는 진리가 되기에는 불충분하기에. 수사학에 의지함은 이보다 더욱 심한 하락을 의미한다. 수사학의 삼단논법에는 전제 또는 결론이 빠져 있기도 하기에. 이런 결함 탓에 그것은 진리와 어울릴 수 없는 조건인 개별 청중들의 신념에 철저하게 의지하게 된다. 게다가 그렇게 해석될 때 수사학은 상호 이해가 온전하지 않은 채 이뤄지는 동의를 부각하게 된다. 결국에 수사학의 유효성은 화자의 성격과 청중의 감성 성향에 주로 기대는데, 이는 과학자와 변증론자 모두한테는 관심 밖의 문제다.

수사학을 이렇게 정의할 때에, "사람 마음의 약점을 어떻게 이용할 수 있을지 잘 아는 사람의 교활함으로 뒤섞인, 문학비평과 이류 논리학, 윤리학, 정치학, 법률학의 묘한 뒤범벅"[9]으로 아리스토텔레스의 걸작을 바라보는 전통적 견해는 거의 놀랄 만한 일이 아니다.

그러나 전통적 심판을 뒤바꿔 생각해보자. 수사학으로 변증론과 논리학을 정의한다고 생각해보자. 이런 시각에서 보면, 변증론과 논리학은 특별한 목적을 위해 고안된 수사학이다. 변증론은 특정한 과학의 제1원리를 산출하기 위한 수사학이며, 논리학은 이런 원리들에서 세계의 인과적 구조에 관한 참된 진술들을 이끌어내려는 수사학이다. 논리학과 변증론이 이렇게 정의될 때에, 수사학은 결함이 있는 것으로 무시될 수 없다. 오히려 반대로 수사학은 이제 특별한 목적을 위한 수사학으로 정의되는 논리학과 변증론을 포함하여 좀더 보편적인 용어가 된다.

나는 이 책에서 논리학과 변증론, 수사학의 전통적 관계에 대해 재해석하고자 했다. 나의 수사학적 분석은 설득이라는 공통의 유산을 통해 과학이 그 특화된 수사학을 어떻게 구성하는지 보여준다.

이로써 과학은 스스로 수사학이 아닌 것처럼, 또는 세계가 존재하는 방식 자체처럼 보일 만큼의 설득력을 지닌 지식체계를 창조한다. 그러나 과학자들이 실재론의 정당화를 아무리 요구해도, 수사학자들은 오직 위태위태한 실재론자로 남을 뿐이다. 수사학자들한테 실재론은 여전히 분석 대상이며, 다른 어떤 것과 마찬가지로 수사학적 구성물인 것이다.

1장 수사학적 분석

1) Burno Latour는 자신의 연구에서 수사학적 지향을 아주 분명하게 드러낸 연구자다. *Science in Action*에서, 그는 인간사에 나타나는 영향력의 중심들을 사실상 모두 포함하는 그물망 같은 활동들 안에 과학을 놓는다. 설득은 언제나 중심적 요소이며 그물망 안에서 결속력으로 존재한다.

2) *The Social Basis of Scientific Discoveries*에서 Augustine Brannigan은 과학의 발견은 사회적 구성물이며, 그것은 인정된 연구 프로그램의 맥락에서 후보 대상물이나 사건의 진기성(novelty), 타당성(validity), 개연성(plausibility)이라는 토대 위에서 구성된다는 비슷한 논지를 편다.

3) 에토스의 좀더 넓은 정의는 평범하게 가치의 문제를 포함한다. 그러나 설명의 편의를 위해 나는 뒤에 가서 그런 가치의 문제를 파토스 아래 범주에 두었다. 이런 배치에 어떤 중요한 의미가 담긴 것은 아니다.

2장 과학의 유비

1) 그리스 시대의 유비 사용에 관해서는 Lloyd 1971을 보라. 아리스토텔레스의 과학적 논문들에 쓰인 유비에 관해서는 Mckeon 1949를 보라. 근대 과학의 유비에 관해서는 Hesse 1966을 보라. 과학 이외 담론의 유비 사용에 관해서는 Perelman and Olbrechts-Tyteca 1971, pp. 371–398을 보라.

2) 이것은 Perelman and Olbrechts-Tyteca 1971, pp. 396에서 제시된 것처

럼 일반적으로 인정되는 견해다. *Models and Analogies in Science*(1966)에서 Hesse는 유비를 이론화하고자 통찰력 있는 주장을 편다. 5장에서 나는 유비에 관해 최소한 Hesse의 견해만큼이나 급진적인 견해를 지지할 것이다.

3) 정량화를 지나치게 좋게 평가하는 데 대한 일부의 경계로서, 사회과학에 관해서는 Douglas 1971를 보라. 자연과학에 관해서는 Kuhn 1977, pp. 178-224를 보라.

3장 분류학의 언어

1) 종에 대한 과학적 성격 규명은 심각한 논쟁의 주제이지만(Hull 1981a, 1981b, 1983a, 1983b, 1984를 보라), 내가 생각하기에 이런 견해들은 변호될 수 있다.

2) 이런 정통의 견해를 근본적 표형주의자(pheneticist)들은 지지하지 않는다 (Hull 1981a를 보라).

3) 계통학자들은 특성들을 이용할 뿐 아니라 또한 "[자신들이 연구에서 활용하는] 그 단위들의 기원과 본성을 [탐구한다]"(Mayr 1982, p. 9).

4) Hull(1983a)에 따르면, 종을 자연물처럼 다루는 일은 대부분 생물학에서 일반적이다. "비교해부학자들은 종이 진화한다는 점을 분명히 인식하고 있지만, 그들은 종이 그렇지 않더라도 자신들의 연구를 진행하는데 문제가 되지 않는다고 주장한다"(p. 76).

5) 이런 관점을 또 다른 과학자 집단에 적용한 연구로는 Mulkay and Gilbert 1981, p. 403을 보라.

6) 나는 Popper를 강조하는데 그것은 과학자들이 Popper를 강조하기 때문이다. 훌륭한 과학적 실천을 재구성하는 정확한 방법으로서 내가 Popper의 사상을 지지하는 것은 결코 아니다. 분류학과 관련한 진화이론의 지위가 어떠하든 간에, 몇 세기 동안 분류학자들은 과학을 성공적으로 실천해왔는데, 그 과학이 단순히 대담한 추정과 결정적 관찰에 관한 것만은 아니었다. 사실, Popper의 분명한 모형인 물리학이 그런 과학인지조차 의심스럽다. 유명한 사례 하나를 잠깐 보자. 중력장에서 일어나는 빛의 굴절은 일반상대성이론을 증명하려는 결정적 시험으로서 고안되었다. 이 사례에서 물리학자들이 매우 믿을 만하다고 밝힌 데이터는 통상적 증명의 기준이 허용하는 것보

다 훨씬 크게 흩어진 데이터의 범위를 보여주었다(Bernstein 1985, pp. 141-146; Franklin 1986, pp. 226-243을 비교하라). 결국에 Bernstein이 밝혔듯이, 물리학자들은 반증가능성에 대한 이론의 저항뿐만 아니라 그 이론의 우아함 때문에 설득되었다. 다른 상황에 처했다면 그런 저항은 쉽게 반대로 해석될 수도 있었을 것이다. 물리학에서 통용되는 바는 또한 진화분류학에도 통용된다. "분류학자들이 Popper의 연구물에 대하여 그토록 큰 관심을 기울이는 이유는 자신들의 분류가 진정으로 과학적이며 반면에 반대자들은 그러하지 못하다는 점을 보이기 위해서 '반증가능성의 원리'를 이용할 수 있다고 생각하기 때문이다"(Hull 1981a, p. 142).

7) 수사학의 이런 두 가지 의미는 '자연적 반성'과 '근원적 반성'이라는 두 종류의 반성을 구분하는 Husserl의 구분과도 일치한다(Carr 1974, pp. 16-27).

4장 DNA 이야기

1) 『수사학』에서 아리스토텔레스는 현실태(energeia)와 활유법(prosopopoeia)을 동등하게 다룬다(1975, pp. 406-407). 퀸틸리안의 시대까지, 그 개념은 자기표현(presentation)에 나타나는 비범한 생동감을 표현하는 것으로 일반화됐다(1920-1922, Ⅱ, 435-439).

2) Sayre 1975, p. 190을 보라. 또 pp. 129, 145-146, 162-163을 보라. 다른 묘사의 불일치들에 대해서는 Olby 1974, pp. 346, 350-351, 354, 389, 411-412를 보라. P. Pauling 1973, Perutz 1967과 Chargaff 1974도 참조하라.

3) 프랭클린이 그 해법에 얼마나 가깝게 다가갔는지에 관해서는 일부 의문이 있다. 그가 B형이 나선형이란 것은 알고 있었다 해도, 나선이 반대 방향으로 진행한다는 것이나 염기들이 샤가프의 비율에 따라 정렬한다는 것은 알지 못했다. Portugal 1977, p. 265를 보라. Olby 1974, p. 351도 보라.

4) Branningan의 사회학 모형에 따르면, 폴링은 왓슨-크릭의 DNA 구조가 지니는 진기성과 타당성, 개연성을 인정된 연구 프로그램 안에서 이해하고 표현함으로써 왓슨-크릭의 DNA 구조를 하나의 발견물로 구성하는 구실을 행하고 있는 것이다.

5) 그림(Grimm)의 이야기들은 민담을 개작한 문학이기에, 그것을 민담 자체

와 혼동해서는 안 된다. 그림의 작품들과 그 원작의 관계에 관한 정리로는 Ellis 1985, p. 70을 보라.

6) *Rosalind Franklin*에서 Sayre는 왓슨이 이런 에필로그를 쓸 수밖에 없는 '어떤 압박을 받았다'고 말한다(1975. p. 194). 그렇지만 왓슨이 자발적으로 쓴 것이 분명하다(pp. 218-219).

7) Chargaff나 Sinsheimer처럼 이 책에 질겁한 사람들이 반발했던 것도 매우 강한 반감을 자아내게 하는 관점 때문이었다.

8) 이 시기의 물리학에 나타난 또 다른 "절제된 표현의 대표작"으로, 약한 상호 작용에 나타나는 반전성(parity)의 비보존에 관한 Lee와 Yang의 노벨상 수상 논문의 초록을 보라. Franklin 1986, pp. 14-15에 인용되고 해설되었다.

9) Pinch의 용어로 말하자면(1985b), 관찰의 외부적 성질이 증대하면 관찰의 깊이를 증대시키는 동시에 도전의 위험을 증대시킨다. 그렇지만 이중나선 구조의 사례에서, 깊이의 증대는 아무런 비용을 치르지 않는다. 모든 도전이 그 구조 자체에 쏠렸기 때문이다.

5장 생물학 산문의 문체

1) 이런 특징들은 모든 과학 산문의 비평에서 한결같이 거론되며, 내가 아는 한 과학 산문에 관한 연구물에서 언제나 결론의 한 부분을 이룬다. 비평으로는 Bram 1978, Daved 1976, King 1978을 보라. 연구물로는 Quirk et al. 1979, pp. 807-808, 933-934, Kinneavy 1971, Lin 1979, Wright 1985를 보라. 과학 산문 쓰기의 개선을 위한 제안으로는 Day 1979, Williams 1985를 보라.

2) Strawson 1974, pp. 105-109. Strawson 1979도 보라. Strawson의 이론을 과학 산문에 적용한 것은 Strawson이 아니라 나의 시도이다.

3) 당연히, 이것은 사회와 심리의 복합 과정을 이성적으로 재구성한 것이다.

4) 주요한 생물학 저널의 한 회 분량의 기록물을 살펴보았다. 편집자들은 완전한 익명성을 요구하지 않으면서도 친절하게 내가 그들의 기록물을 조사하는 것을 허락했다. 신분을 숨기기 위하여 나는 생물학적으로 의미 있는 구절을 인용하기보다는 생물학적으로 무의미한 것을 인용했다.이런 자료들에 대한 이전의 분석에 대해서는 Gross 1984를 보라.

5) 수동태에 대한 통찰을 Lyons 1978, Johnson-Laird 1968과 Sinha 1974에서 살펴보라.

6) 이 장의 해석은 전통적 논평과 좀더 급진적 논평들 모두에 상당히 의존하고 있다. 전통적 논평으로는 Bloomfield 1970, Ehrenberg 1977, Gross 1983b, Mahon 1977, Walker 1979, Wright 1977, 그리고 가장 중요하게 Tufte 1983을 보라. 좀더 급진적 논평으로는 Bastide 1985, Ivins 1938, Latour 1986과 Lynch 1985a, 1985b를 보라. 좀더 급진적 관점들을 한데 모은 유용한 선집으로는 Latour and de Noblet 1985가 있다.

7) Strawson 1974, p. 82에 나오는 이 구절은 본래 과학에 적용된 표현은 아니다.

8) 이 연구를 더 이해하려면 Spector and Racker의 논문들(1980, 1981), 그리고 Rephaeli의 논문(1981)을 보라. 논쟁을 더 이해하려면 Broad and Wade 1982, Racker 1981 and 1983, Vogt et al 1981과 "Inadmissible Evidence" 1981, Kolata 1981을 보라.

6장 과학 논문의 배열

1) Latour and Woolgar 1979, p. 252. 과학논문의 논거 배열 규범들은 이제 과학자 사회가 정하는 게 전형이 되었다. *Handbook* 1978, *Style Manual* 1964, *General Notes* 1950, *Day* 1979는 이 주제에 관한 좋은 책이다.

2) Knorr-Cetina 1981, p. 118. Bazerman 1981, Gusfield 1976, Medawar 1964, Woolgar 1981도 보라.

3) 제3장에서 서술형 논문의 형식이 실험 보고서의 형식을 면밀히 따르고 있음을 보인 바 있다.

4) Boyle 1965, pp. 336–342. 보일의 기록은 독립된 논문이 아니라 책의 일부이다. 그렇지만 나는 여기에서 출판의 역사상 사건들 또는 표제어의 존재 여부에 관심을 두는 게 아니라, 그 본질적 형식에 관심을 기울인다. 예컨대《사이언스》저널에 실린 논문들에는 일반적으로 표제어들이 없다. 그런데도 저자들은 "짧은 도입부에 귀하 보고서의 주요 요점을 간략히 실은 뒤에, 실험과 결과를 기술하고 논의를 갖춘 결말을 지어달라"는 권고를 받는다 ("Instructions for Contributors" 1983, p. xii).

5) 물론 베이컨 이래로 과학철학에는 많은 일들이 일어났으니 이를 무시한다면 둔감한 일이겠다. 하지만 내가 보이려는 점은 과학자들도 그럴만한 어떤 이유 때문에 마찬가지로 둔감하다는 것이다.

6) 이런 표현은 베이컨주의의 정서를 담고 있지만, 이 구절은 Leibniz(1976, p. 465)의 것이다.

7) 이 표현은 베이컨주의의 정서를 담고 있지만, 이 구절은 Boyle(1965, p. 277)에서 인용한 것이다.

8) 논거 배열에 관한 베이컨의 인식에 대해서는 Bacon 1937, pp. 371-373과 pp. 488-489를 보라. 또한 Jardine 1974, p. 174를 참조하라. 영국 왕립학회의 《회보》를 보면, 표제어들은 19세기 내내 때때로 출현하는 것일 뿐이었다. 1935년에 이르러 표제어들은 규칙화하였으며 1950년이 되어 그 규칙은 '주지사항(General Notes)'에서 정식화되었다.

9) Knorr-Cetina 1981, p. 110. 인용과 감사의 글도 역시 이런 목적을 심화한다. 그것은 보일의 실험기록에서는 우연히 나타나며 니렌버그와 마테이의 실험기록에서는 공식적으로 나타난다. 베이컨은 인용의 필요성을 암시적으로 인정했으나(1964, p. 126), 권위의 무게 때문에 초래되는 역효과를 우려했다(1960, pp. 280-281 and 1964, pp. 126-127). 연구 프로그램의 상징물인 인용의 네트워크에 관한 문헌은 광범위하다. 예를 들어 Gilbert 1976과 Small 1978을 보라.

10) Grice가 이것들은 정식화해 금언이라고 불렀다. Lyons 1978, Ⅱ, 592 ff에 정리돼 있다.

11) Lyons 1978, Ⅱ, 592 ff를 보라.

12) "A는 자연적으로 B와 관련된다. 그러나 A가 B의 지표로 선별되는 것은 인간의 선택('연기는 불의 지표이다')에 의한 것이다"(Leach 1982, p. 12).

13) '초록'에 관한 논평으로는 Woolgar 1981, p. 261을 보라. 실험실 사건이 과학적 사실이 되는 변화에 관한 17세기 논평으로는 Leibniz 1976, pp. 88-89를 보라. 20세기 논평으로는 Latour and Woolgar 1979, pp. 75-86을 보라.

14) 이런 유의 논문 세 편은 어떤 예측도 제시하지 않는다. 「중력장은 물질의 기본입자들의 구조에서 본질적 부분을 차지하는가?」에서 아인슈타인은 보

편이론의 단점을 기록으로 남기면서 끝을 맺는다(1952, p. 198). 「일반상대성 이론에 대한 우주론적 고찰」(1952, pp. 187-188)에서 그는 상대성이론과 양립할 수 있는 곡면의 닫힌 우주를 제시한다. 「해밀톤 원리와 일반상대성 이론」(1952, pp. 165-173)에서 그는 이론의 진리보다는 이론 유도의 우아함(elegance)에 관심을 기울인다.

15) Einstein 1954, p. 276. 이런 견해는 양자역학에 널리 퍼진 확률적 존재론을 아인슈타인이 반대한 근거였다. pp. 315-316도 보라.

16) "Ich überzeugt bin, dass sie im Rahmen der Anwendbarkheit ihrer Grundbegriffe niemals umgestossen werden wird"(Einstein 1959, I, 32-33).

17) Einstein 1954, p 262. p. 227도 보라. 양자역학이라는 널리 퍼진 연구 패러다임 안에서 결정론적 법칙을 찾으려는 아인슈타인 식의 시도는 포기되었다. 그러나 이런 포기가 이론 논문의 논거 배열에 영향을 끼치지는 않는다. 그 무엇보다도 과학의 중심에 놓인 존재론적 독창성을 대표하는 양자역학적 절차, 즉 재규격화(renormalization)에 관한 몇몇 논문을 살펴보면, 그 형식에서 긴밀한 유사성이 나타난다. 물론 양자역학의 기본 법칙들이 통계적이며 결정론적이지 않다는 것은 달라진 점이다(Gell-Mann and Low 1954; Wilson 1971).

18) 1919년부터 1952년까지 빛이 휘는 현상을 측정하려는 열두 번의 시도가 있었다. 모든 별이 태양 표면에서 태양 반지름 2배 이상 거리를 두어 측정되었기 때문에, 측정 결과의 확실성은 나의 논의가 의미하는 바보다 훨씬 더 떨어진다(Sciama 1959, pp. 70-71).

19) Laymon 1984, pp. 114, 117. Laymon은 그거 선택한 사례에서 나의 결론과는 매우 다른 결론을 이끌어냈다.

20) Lévi-Strauss 1963, p. 229. 1976, pp. 146-197과 Leach 1980, pp. 57-91도 보라.

21) Feyerabend 1970도 보라. Schuster는 과학의 모든 보편적 방법들에 관해 다음과 같은 지적을 했다. 믿음을 지닌 사람들이 보기에는 모순적이지 않은 증거에 바탕을 둔다 해도 그 보편적 방법은 어떤 것도 진리일 수 없다는 의미에서, 그것은 모두 신화적 언술이라는 것이다.

7장 코페르니쿠스와 혁명적 모형 만들기

1) 이것은 『대화(Dialogue)』에 대한 Chalmers의 관점이기도 하다(1986, pp. 21-23). 그러나 Chalmers는 『대화』가 과학자인 갈릴레오를 충실하게 대변한다는 Feyerabend의 관점에는 결코 동의하지 않는다. 그는 갈릴레오가 자기 주장의 선전 대신에 견실한 추론을 이용한 것은 『새로운 두 과학(*The Two New Sciences*)』 같은 저작이라고 믿는다.

2) 코페르니쿠스 혁명에 관한 나의 견해는 Feyerabend의 견해와 다를 뿐 아니라 Stephen Toulmin의 역작 *Human Understanding*에 나타난 견해와도 다르다. Toulmin은 프톨레마이오스 천문학과 코페르니쿠스 천문학 같은 상이한 주장들 사이에서도 이성의 중재는 가능하다고 단언한다. 사실 그 특정한 사례에서 이러한 중재는 실제로 이뤄졌다. "16세기와 17세기의 사람들이 행성계의 구조에 관한 생각을 바꾼다 할 때에, 그들은 그렇게 하도록 강제되거나 그런 동기를 부여받거나 부추김을 받지는 않았다. 그들에게는 생각을 바꿀 만한 이유가 있었다. 한마디로 그들이 코페르니쿠스 천문학으로 개종해야만 했던 것은 아니다. 거기에는 그들을 확신시킬 만한 논증들이 존재했다"(1977, p. 105). 나는 그들이 그만한 이유를 (시간이 흐를수록 점점 더 많은 이유를) 지녔다는 점을 부정하지는 않는다. 그러나 나의 견해로는, "강제되거나 그런 동기를 부여받거나 부추김을 받은" 것이나 "그럴만한 이유 있었다"는 것은 모두 마찬가지로 설득에 의해 일어난다.

3) Willard 1983, p. 91. Rowland 1982, Wenzel 1982, 그리고 Zarefsky 1982도 보라.

4) 페이지 숫자들의 앞엣것은 영어 번역판에 해당하며 둘째 것은 가장 잘 된 라틴어 편집판에 해당한다.

5) "quod tanto et tam mirabili consensu perficiatur!"(Hugonnard-Roche 1982, p. 47).

6) "in natura necessariis satisfieri opportunum fuit"(ibid., p. 68).

7) "undique causus apparientium elucentibus ⋯ nullis aliis assumptis hypothesibus commodius ac rectius demonstraverit"(ibid., p. 64).

8) "quin simul totum systema, ut consentaneum erat, de novo in debitas rationes restitueretur"(ibid., p. 57).

9) "quid a se in his demonstratum sit, et quid tanquam principium sine demonstratione assumptum"(ibid., p. 58).

10) "nisi magnis de causis ac rebus ipsis efflagitantibus"(ibid., p. 81).

11) "tabulas cum diligentibus canonibus sine demonstrationibus"(ibid., p. 85).

12) 화학에 나타나는 신화 만들기의 비슷한 사례로는 라부아지에에 관한 Bensaude-Vincent(1983)의 글을 보라.

13) "necesse fuit, ut D[ominus] Praeceptor meus novas hypotheses excogitaret"(Hugonnard-Roche 1982, p. 53).

14) "tota mundi fabrica totaque siderum chorea explicata sit"(Prowe 1967, Ⅱ, 202).

15) "in natura necessariis satisfieri opportunum fuit"(Hugonnard-Roch 1982, p. 68).

16) 비슷한 관점으로 Chalmers(1986, p. 10)를 비교하라.

8장 뉴턴의 수사적 개종

1) 나의 주석들을 읽다보면 독자들은 내 역사관을 알아차릴 것이다. 인용하지 못했으나 나의 견해를 형성하는 데 중요한 구실을 한 몇몇 저작들을 여기에 언급하고자 한다. Cohen 1966; Koyré 1968; Crombie 1961; Kuhn 1977; Lindberg 1976; Descartes 1979; Wallace 1959.

2) Descartes, *Optics*, in Descartes 1965, p. 70. 이 문장은 데카르트의 서술적 기교를 보여주는 전형이며 유비는 과학을 좀더 명쾌하게 이해시키려고 고안된 것이라는 수사학적 투명성을 보여주는 좋은 예이다.

3) 이런 태도는 데카르트의 저작에서 시종일관 나타나지만 특히 Descartes 1983/84, pp. 286-288을 보라.

4) 프랑스어 expérience는 '경험(experience)'과 '실험(experiment)'의 뜻을 모두 담고 있다.

5) 예를 들어 Descartes 1965, p. 268 부분을 1638년 3월1일(추정)에 메르센느 신부한테 보낸 서신(Descartes 1898, Ⅱ, 29)과 비교하라.

6) 1956, Ⅰ, 169 (라틴어판의 한 단락). 1978, p. 93과 p. 506n도 보라.

7) 1978, p. 57. 이 구절에서 뉴턴이 아리스토텔레스 용어를 써서 바로 그 자체를 반대한 것은 재미있는 반어법이다.

8) 과학 변화를 정당화하는 역사의 새로운 서술에 관해서는 Graham, Lepenies and Weingart 1983을, 특히 Bensaude-Vincent, Galison과 R. Laudan의 논문들을 보라.

9) '질문들(Queries)'의 수는 영어 초판(1704)에서 16개였으며, 점차 늘어나 2년 뒤 라틴어 초판에서는 23개, 영어 제2판(1718)에서는 31개로 마무리됐다. Newton 1979, p. xxxi 와 Westfall 1984, p. 641을 보라.

10) Quirk, Greenbaum, Leech, Svartvik 1979, p. 401. 이것은 뉴턴이 후크한테서 빌려온 것 같다. Hooke 1938, pp. 233–240을 보라.

11) 뉴턴의 초기 논문을 마지막까지 비판했던 후크가 숨지기 전까지 뉴턴은 『광학』을 출판하지 않았다. 거부반응에 대한 신경증적 두려움이 아마도 출판을 늦추게 했고, 또한 많은 부분에서 뉴턴의 수사학적 정교함을 부추겼을 것이다. 그렇지만 이렇게 추정되는 뉴턴의 동기와 무관하게, 『광학』은 여전히 수사학적 걸작으로 남아 있다. 뉴턴을 심리학적으로 해석한 연구로는 Manuel 1979를 보라.

12) 이런 표현은 Schuster의 것이다(1986, p. 80). Feyerabend 1970을 보라.

9장 동료 심사와 과학 지식

1) 규범적 언행의 특성에 대하여, Habermas 1979, p. 64를 보라. 어떤 요청에 수반되는 조건들에 대해서는, Searle 1969, p. 66을 보라.

2) 이 저널 편집자들의 요구에 응하여, 나는 논문의 출처를 숨기고자 출처를 확인해주는 명사와 형용사는 신중하게 생략했다.

3) Cole and Cole 1981, p. 56. 또 Cole, Rubin, and Cole 1978도 보라. 이런 견해가 인쇄물로 출판된 것으로는 Ward와 Goudsmit(1967, p. 12)가 쓴 두 편의 서신이 처음인 듯하다. 최근의 관점으로는 Zimmerman 1982, pp. 46–48을 보라.

4) 인문학의 학술저널들은 바로 이런 점에서 가장 크게 일탈한다. 결정이 엇갈릴 때에, 저널들은 논문 출판을 거절하는 경향을 띠는데 이런 결정의 규칙은 대부분의 연구물을 거절해야 한다는 규범에 따라 당연하고도 불가피한

것이다.

5) Thomas McCarthy의 개인 서신, 1987년 11월 23일.

6) Bach and Harnish 1979, p. 46. 물론 Habermas는 Austin과 Searle의 용어법을 사용하여 이것들을 사실확인문(constatives)이라고 부르고자 한다. 그러나 Bach와 Harnish가 행한 용어의 정제는, 내가 생각하건대, Habermas조차도 만족시킬 만한 진정한 통찰을 구현하고 있다. 그러나 나의 논증이 이런 용어의 정제에 의존하지는 않았다.

7) Wimsatt는 과학의 발견법을 재구성하기 어려운 이유를 이처럼 "가설적 추론 또는 발견의 연쇄사슬을 설명하지 않는 과학 논문들의 관행"에서 찾는다 (1980, p. 235).

10장 『종의 기원』의 기원

1) 이 장은 과학적 발견의 초기 기록에 관한 것이다. 그 과정의 두 가지 재구성, 즉 자서전의 재구성과 과학적 재구성에 대한 수사학적 분석으로는 이 책의 제4장을 보라. 발견에 대한 적절한 사회학적 분석으로는 Brannigan 1981을 보라.

2) 나는 Harré와 Peirce가 신념화의 과정을 수사학적으로 분석할 수 있음을 지지한다고 말하려는 게 아니다. 단지 그런 분석의 적절함이 그들의 생각에 함축되어 있음을 보이고자 한다.

3) 번역된 구절에서, 나는 다윈의 삭제를 〈 〉로, 그의 추가를 ｛ ｝로, 편집자의 추가를 〔 〕로, 표제어나 페이지의 끝을 "｜"로 표시했다.

4) '문체'라는 용어를 언어열(linguistic strings)에다 적용하는 것은 잘못이라고 주장할 수 있다. 언어의 단위는 의식의 처리와는 별개로 상대적으로 독립돼 자유롭다. 해석하기 힘든 다윈의 가장 원시적인 표제어들에서도 확실히 이런 자유를 볼 수 있다. 이와 관련해 꼼꼼한 독자라면 새로운 용어를 만들어 '문체ₒ'로 하고자 할지도 모르겠다. 그렇지만 그런 꼼꼼함도 용어들이 적절하게 확장되었을 때에만 가능하다는 점을 유념해야 한다. 내가 논증하는 바는 의식의 통제가 점점 커진다고 가정하지만, 그런 통제가 시작되는 정확한 지점을 규명하는 데에는 매달리지 않는다.

5) 1987a, pp. 69-70; 1987b, pp. 406-407. 표제어들에서 다윈은 자신이 안데

스산맥에서 발견한 석질화 숲이 그곳이 한때 해안선이었음을 보여주는 틀림 없는 증거라고 언급한다.

6) 내가 논하는 방법은 Habermas 1979, pp. 1-68을 따른다. 진실성의 타당성 주장 ─ 내가 말하는 바가 곧 나의 의도라는 ─ 은 내적 표현 체계의 경우에는 적용되지 않는다. 사람들이 자신을 속인다고 말할 때에, 우리는 일종의 수사비유(trope)를 하는 것일 뿐이다. 당신이 자신한테 말하는 거짓말을 당신이 믿을 수는 없잖은가.

7) 다윈의 '노트'를 보면, 암호 문체에서 전보 문체로 바뀌며 전개되는 속도는 지질학의 경우에 상대적으로 빠르며 진화이론의 경우에 상대적으로 느리다. 1844년에 이르러서야 다윈은 출판의 위험을 기꺼이 감수할 만큼 아주 명료한 진화의 이론을 만들어냈다. 이와 대조적으로, 『붉은 노트』의 지질학 관련 문장들은 상대적으로 안정된 전보 문체를 향해 빠른 속도로 나아가 거의 출판해도 될 만한 정도가 되었다. 다윈의 지적 전개에 나타나는 이런 두 갈래에 관해서는 Sulloway 1985를 보라.

8) 세 번째 주요 동기는 진화의 관계를 드러내는 유기체들 사이의 행동 연속성에 관한 것이다. 이것은 '노트 M'과 '노트 N'의 주요 주제이며, 가장 두드러지게는 『인간과 동물의 감정 표현(*Expression of Emotion in Man and Animals*)』의 주요 주제다.

9) 1987a, pp. 60-64. 표제어들의 암호 같은 특성 때문에 그것들 사이의 경계는 다소 불명확해진다. 나의 논증은 정확히 경계를 구분하려는 것은 아니다.

10) 1987a, pp. 60-61. 편집 기호에 관한 설명은 이 장의 주3을 보라. 이 남극 식물의 표제어에 관한 좀더 자세한 설명으로는 1987b, pp. 274-275와 1985, Ⅱ, 411-412를 보라. 광견병에 대해서는 1987b, p. 436을 보라. 가뭄에 대해서는 1987b, pp. 155-158을 보라.

11) '노트'에서, 그리고 완결적 정식화 이전에 쓴 다른 기록에서도, 다윈은 이론적 내용을 담은 진술에 대해 이런 표현을 개의치 않고 사용한다.

12) 이 단계들을 연표에 따라 절대적으로 구분하기는 쉽지 않다. 다윈의 초기 서신과 메모는 추측으로 가득 차 있으며(Sulloway 1985), 그의 '노트'에는 공적 발표에 대한 끈질긴 관심이 나타나 있다. 그리고 1842년 이후가 되어서야 비로소 그는 진화이론의 결정적 측면인 종의 분기와 생태적 서식공간

수용력(niche availability) 사이의 연관을 이해하게 되었다(1958, pp. 120–121).

13) 이런 관점의 다른 해석들로 Ghiselin(1984), Gruber(1981), Kohn(1980), 그리고 Richards(1987)이 있다.

14) 굵은 글씨는 다윈이 나중에 추가한 주석이다.

15) Ghiselin의 분석도 비슷하게 결함을 지닌다(1984, pp. 56–57). Gruber가 나중에 '노트'가 지닌 본질적 모호성을 지지한 것은 적절하다(1985, pp. 17–18).

16) Kohn 1980, pp. 100–101. 이런 정의는 Kenneth Shaffner한테 빌려온 것이다.

17) 나중에 레아(rhea)로 동정되었다.

18) 종의 동정에 관해서는, Darwin 1987b, p. 353을 보라. 1962, p. 290에서 교정됐다.

19) 통상적인 문제 풀이가 복합적인 지적 도전보다 못하다는 뜻은 아니다(예컨대 Gruber 1981, 1985를 보라).

20) Manier 1978, pp. 157–158. Manier는 '노트'의 구성 가운데 어떤 결정적 대목에 한해 '결정되지 않은 유동의 상태'를 다윈의 특징이라고 보았다. 나는 그것을 일반화한다.

21) Swinburne 1984, p. 64. Swinburne은 이원론자이지만 이런 주장이나 이를 뒷받침하는 논증들이 모두 이원론에 의존하는 것은 아니다. 논증과 자아 유지 사이에 빚어지는 생산적 갈등에 관한 자세한 설명으로는 Johnstone을 보라(1978, pp. 107–111).

22) Campbell(1975, pp. 377–378)은 이것을 다윈의 개인적 수사의 특징으로 돌린다. 그는 이런 일반적 신념이 어떤 특정한 신념을 고정화하는 데 필수 조건이라고는 인식하지 않는다.

23) 발견에 대한 통속적 설명(folk-explanation)으로 천재성을 바라보는 Brannigan의 분석은 적절하다(1981, pp. 153–162).

11장 사회 규범의 등장

1) Geertz 1973, pp. 207, 212–213. Collins 1975, Gieryn 1983, Gilbert and

Mulkay 1984, Gusfield 1976, Woolgar 1981도 보라.

2) 신화 같은 이야기에서, 벤살렘 왕국은 제국의 존재를 은밀하게 가림으로써 제국주의적 대립의 문제를 회피한다. 거기에는 방문객도 거의 없고 '빛의 상인'인 과학 정보의 수집자들은 "다른 나라들의 낯선 지역 안으로 항해한다"(1937, p. 469).

3) 이 구절은 Barnfield(1968, p. 53)에서 가져온 것이다. 용어법의 문제에 대한 상당한 통찰을 보려면 Black을 참조하라(1962, p. 47).

4) Max Black의 이론이 이런 경우에 설득력을 지닌다고 생각하는데, 그는 은유적 의미를 행로와 매개수단의 상호작용이 빚어내는 산물로 이해한다. 이런 이론을 따르면, 교역과 제국주의에서 나온 베이컨 식의 은유들도 다른 의미나 다른 쓰임새로 쓰일 수 있다.

5) Oldenburg 1965-1973, III, 535-538; IV 419-424. VII, 259-260과 336-338도 보라.

6) Westfall 1984, pp. 446-452; Oldenburg 1965-1973, II, xxii; V, 374-375; X, xxiv, xxvi, 73; Birch 1968, IV, 58, 84-86.

7) 이 구절은 영어판 요약이다. 원문은 Huygens 1897, VII, 305-308에서 보라.

8) Oldenburg, 1965-1973, III, 373; X, 41-43, 282. IX, 377-378과 Newton 1959-1977, I, 73; IV, 100도 보라.

9) 오늘날까지 그런 기구는 존재하지 않는다. 그래서 생기는 현대의 전형적 결과 가운데 하나가 두 가지 초우라늄 원소의 발견을 둘러싸고 미국과 소련 과학자 사이에서 계속 벌어지는 우선권 분쟁이다.

10) 「설명」에 나타난 논증을 따라가려면 독자는 라틴어와 수학 모두에 관한 지식을 갖춰야 한다. 그런 의미에서, 뉴턴의 청중은 매우 전문화되어 있었으며 특별히 영국인이라 할 것은 없었다. 그러나 여기에서 내가 지적하고자 하는 바는 「설명」의 수사학이 쇼비니즘이라 할 만큼 애국적인 영국인 일부를 자신의 청중으로 삼고 있다는 점이다.

11) 과학과 쇼비니즘의 관련을 보여주는 또 다른 사례로서, 19세기 독일과 프랑스 사이에 벌어진 경쟁의 사례에 대해서는 Bensaude-Vincent 1983, pp. 64-67을 보라.

12) 그렇다고 해서 초창기 과학자들이 자기 발견이 시간상 앞섰다고 주장할 때

에 어떤 개인적 이득을 내다보았을 수도 있음을 부정하려는 것은 아니다. 갈릴레오는 잘 알려진 그런 사례다(1957, pp. 232-233, 245).

13) 법의 혁명에 대해 나는 Tigar and Levy(1977)를 가장 많이 참조했다. 그들의 설명은 명백하게 마르크스주의에 서 있으나, Holdsworth(1966)와 Jenks(1949)에 대한 언급에서 분명히 드러나듯이, 심각할 정도로 왜곡된 것은 아니다. 권리의 개념에 대하여, 나는 Hart(1980)를 참조했다.

14) 이런 배타성은 장남이 모든 재산을 상속하는 장자상속권이라는 영국적 관습과도 연관된다. 대륙에는 이런 사례가 없다(Pollock and Maitland 1968; Knappen 1964; Smith 1928을 보라). 뉴턴의 사례에서 그런 배타성은 어떤 심리적 동기가 될 수 있다. 뉴턴은 그의 어머니와 의붓아버지가 양육을 포기한 유복자였다(Westfall 1984; Manual 1979).

15) Oldenburg 1965-1973, II, 329; III, 537; IV, 422; V, 104, 178; X, 2, 67.

16) Sprat 1667, p. 311; Birch 1968, III, 514; IV, 60, 464; Stimson 1948, pp. 66-67.

17) Birch 1968, IV, 452; 486, 488, 527, 556; 492; 499; 550.

18) 당시 사회와 과학의 상태를 고려하면, 어떤 과학적 발견들은 사실상 불가피한 일일 것이다. 이런 발견들이 동시발견으로 불릴지 다른 식으로 불릴지 는 당연히 사회적 성격의 문제다. 사실, 발견이 사회적 성격의 문제가 아니라면 나의 분석은 이치에 닿지 않게 된다. 사적 발견의 소유권이 분쟁 대상이 될 수는 없기 때문이다.

12장 재조합 DNA의 사회 드라마

1) Victor Turner 1974. 나의 분석은 구조, 반구조(antistructure), 경계성(liminality)과 같이 마찬가지로 유익한 개념들을 통해 터너의 '사회 드라마' 개념을 도출해내고 있다는 점을 먼저 밝힌다.

2) Fones 1961, pp. 187-188 and 195에서 인용했다. *The Oxford Dictionary of English Proverbs*에서 "time"과 "tide" 항목을 참조하라.

3) 앞 구절은 Merton의 것이다(1973, p. 25). 물론 여기에 바친 정서는 머튼의 정서가 아니다. 뒤 구절은 Farrell and Goodnight 1981, p. 295에서 인용했다.

4) Marlowe 1910, p. 194; M. Shelley 1963, pp. 18, 46; Hawthorne 1964, p. 344.

5) Watson and Tooze 1981, pp. 58-59, 104, 237; National Academy of Sciences 1977, pp. 82, 249.

6) Watson and Tooze 1981, p. 508. Delgado and Millen 1978도 보라. 카뉴트에 대한 언급은 재조합에 관한 판례가 아니라 좀더 일반적인 유전자 조작 관련 판례에서 가져온 것이다.

7) Mazur 1973, p. 248. Clark 1974; Bytwerk 1979; Green 1961; Mazuzan 1982도 보라.

8) Jones 1961 전체를, 특히 237쪽 이후를 보라. "사물의 법칙에 정반대되는 것으로서 인간의 법칙"에 관한 Casaubon의 견해(p. 243)는 특히 적절해 보인다.

에필로그: 실재 없는 대상 지시성

1) 형이상학적 실재론을 반박하는 논증을 유려하고 상세하게 전개하는 2편의 논문으로, Fine 1984와 Laudan 1984를 보라.

2) 또는 만족(satisfaction)이라는 개념을 개조하는데 그것은 술어와 지표어도 포함하는 말이다.

3) Davidson은 또한 개념적 상대성이 모든 것들에 일관되지는 못하다고 믿는 것 같다. 그러나 그것은 별개의 문제다.

4) 칸트는 비록 본체의 지식을 포기하더라도 그것이 존재함은 이해할 수 있다고 주장했다(Scruton 1982, pp. 42-46).b

5) 이에 더해, 이런 실재론은 두 가지의 이차적 특징을 지닌다. 즉 물리적 실재는 멀리 떨어진 실재적 실체들이 서로 인과적 영향을 끼치지 못하는 그런 시공간 내에 하나의 계(system)를 구성할 수 있어야 하며, 그리고 물리적 실재는 점 입자나 연속적인 장과 같이 존재론적으로 이질적인 실체들은 해야 한다는 것이다.

6) Fine 1986, p. 110에서 인용. Fine의 번역은 독일어 원본이 지닌 구어체의 묘미를 담지 못했다. geistlose는 "mindless"로, 심지어 "stupid"로 이해하라. 또 Es schert mich ein Teufel는 "I don' t give a damn"으로, ist kein

Kraut gewachsen은 "it' s a disease without a cure"로 이해하라.

7) 이런 논증은, Davidson과 내가 믿는 바와 같이 진리가 언설의 속성인지, 아니면 명제 또는 문장의 속성인지에 좌우되지 않는다. 마찬가지로 그 어느 것도 이론 언설과 관측 언설 사이의 선명한 구분에 좌우되지 않는다. 그런 구분은 더 이상 지지받지 못한다.

8) 물론 이런 필요성이 있다 해도 실재론자들은 여러 과학 분야에서 동의를 이끌어내는 데 중심적 구속요소가 되는 것을 내가 빠뜨리고 있음을 알아챌 것이다. 존재하는 유일 세계의 물리적 객체들을 뜻대로 다루기 어렵다는 '불응성'이 그것이다. 이 주제는 여전히 본질적으로 논쟁의 대상이라는 점을 상기하라.

9) Ross 1971, p. 275. 이것은 Ross 자신의 견해가 아니다. Ross는『수사학』이 "이론적 저작이 아니며…… 화자를 위한 교범"이라고 믿는다(p. 276). 말할 필요도 없이 나는 이에 동의하지 않는다.

참고 문헌

· Anscombe, G. E. M. 1957. *Intention*, 2nd ed. Ithaca, N.Y.: Cornell University Press.

· Aristotle. 1975. *Aristotle's Posterior Analytics*, trans. J. Barnes. Oxford: Clarendon Press, 1975.

· ————. 1926. *"Art" of Rhetoric*, trans. John Henry Freese. Reprint, Cambridge, Mass: Harvard University Press, 1975.

· ————. 1968; 1960a [1934; 1929]. *The Physics*, ed. P. H. Wicksteed and F. M. Cornford, 2 vols. Cambridge, Mass: Harvard University Press.

· ————. 1960b. *Topica*, ed. E. S. Forster. Cambridge, Mass: Harvard University Press.

· Armitage, A. 1962 [1957]. *Copernicus: The Founder of Modern Astronomy*. New York: A. S. Barnes.

· Bach, Kent, and Robert M. Harnish. 1979. *Linguistic Communication and Speech Acts*. Cambridge, Mass: MIT Press.

· Bacon, Francis. 1962 [1915]. *The Advancement of Learning*, ed. G. W. Kitchin. London: Dent.

· ————. 1937 [1627]. *Essays, Advancement of Learning, New Atlantis, and Other Pieces*, ed. Richard Foster Jones. New York: Odyssey Press.

· ————. 1960. *The New Organon and Related Writings*, ed. Fulton H. Anderson. New York: The Liberal Arts Press.

· ————. 1964. *The Philosophy of Francis Bacon: An Essay on Its Development from 1603 to 1609 with New Translations of Fundamental Texts*, ed. Benjamin Farrington. Chicago: University of Chicago Press.

· Bambrough, R. 1966 [1960-1961]. "Universals and Family Resemblances." In *Wittgenstein: The Philosophical Investigations, A Collection of Critical Essays*, ed. G. Pitcher. Notre Dame, Ind: University of Notre Dame Press, pp. 186-204.

· Barnfield, Owen. 1968. "Poetic Diction and Legal Fiction." *In The Importance of Language*, ed. Max Black. Ithaca, N.Y.: Cornell University Press, pp. 51-71.

· Barthes, Roland. 1968 [1964]. *Elements of Semiology*, trans. Annette Lavers and Colin Smith. New York: Hill and Wang.

· ————. 1970. "Science versus Literature." *In Introduction to Structuralism*, ed. Michael Lane. New York: Basic Books, pp. 410-416.

· ————. 1974 [1970]. S/Z: *An Essay*, trans. Richard Miller. New York: Hill and Wang.

· Bastide, Françoise. 1985. "Iconographie des Textes Scientifiques: Principes d'Analyse." In "Les 'Vues' de L'Espirit," ed. Bruno Latour and Jocelyn de Noblet, *Culture Technique* 14: 132-151.

· Bazerman, Charles. 1988. *Shaping Written Knowledge: The Genre and Activity of the Experimental Article in Science*. Madison: University of Wisconsin Press.

· ————. 1981. "What Written Knowledge Does: Three Examples of Academic Discourse." *Philosophy of the Social Sciences* 11: 361-387.

· Beer, Gillian. 1985a [1983]. *Darwin's Plots: Evolutionary Narrative in Darwin, George Eliot, and Nineteenth-Century Fiction*. London: Ark.

· ————. 1985b. "Darwin's Reading and the Fictions of Development." In *The Darwinian Heritage*, ed. David Kohn. Princeton, N.J.: Princeton University Press, pp. 543-588.

· Bensaude-Vincent, Bernadette. 1983. "A Founder Myth in the History of Sciences? The Lavoisier Case." In *Functions and Uses of Disciplinary Histories*, ed. Loren Graham, Wolf Lepenies, and Peter Weingart. DorD. Reidel, pp. 53-78.

· Berger, Peter L., and Thomas Luckmann. 1967. *The Social Construction of Reality: A Treatise in the Sociology of Knowledge*. New York: Doubleday.

· Berlin, Isaiah. 1978. *Concepts and Categories: Philosophical Essays*. New York: Viking Press.

· Bernstein, Jeremy. 1968. "Confessions of a Biochemist," review of *The Double Helix* by James Watson. *New Yorker* 44 (April 13, 1968): 172-182.

· ———. 1985 [1973]. *Einstein*. Hammondsworth, England: Penguin.

· Berry, A. 1961 [1898]. *A Short History of Astronomy from the Earliest Times through the Nineteenth Century*. New York: Dover.

· Bettelheim, Bruno. 1977. *The Uses of Enchantment: The Meaning and Importance of Fairy-Tales*. New York: Knopf.

· Birch, Thomas. 1968. *The History of the Royal Society for Improving of Knowledge from Its First Rise*, ed. A. Rupert Hall and Marie Boas Hall, A Facsimile of the London Edition of 1756-57, 4 vols. New York: Johnson Reprint.

· Black, Max. 1962. *Models and Metaphors: Studies in Language and Philosophy*. Ithaca, N.Y.: Cornell University Press.

· Blackburn, Simon. 1984. *Spreading the Word: Groundings in the Philosophy of Language*. Oxford: Clarendon Press.

· Bloomfield, L. 1970. *A Leonard Bloomfield Anthology*, ed. C. F. Hockett. Bloomington: Indiana University Press.

· Boyd, Richard. 1984. "The Current Status of Scientific Realism." *In Scientific Realism*, ed. Jarrett Leplin. Berkeley: University of California Press, pp. 41-82.

· ———. 1979. "Metaphor and Theory Change: What Is 'Metaphor' a Metaphor For?" In *Metaphor and Thought*, ed. A. Ortony. Cambridge: Cambridge University Press, pp. 356-408.

· Boyle, Robert. 1965. *Robert Boyle on Natural Philosophy: An Essay with Selections from His Writings*, ed. Marie Boas Hall. Bloomington: Indiana University Press.

· Bram, V. A. 1978. "Sentence Construction in Scientific and Engineering Texts." *IEEE Transactions on Professional Communication* 21: 162.

· Brannigan, Augustine. 1981. *The Social Basis of Scientific Discoveries*. Cambridge: Cambridge University Press.

· Broad, William, and Nicholas Wade. 1982. *Betrayers of the Truth: Fraud and Deceit in the Halls of Science*. New York: Simon and Schuster.

· Bronowski, Jacob. 1968. "Honest Jim and the Tinker Toy Model," review of *The Double Helix* by James Watson. Nation 206: 381-382.

· Brummett, Barry. 1976. " Some Implications of ' Process' and

'Intersubjectivity' : Post-Modern Rhetoric." *Philosophy and Rhetoric* 9: 21–51.

· Burke, Kenneth. 1962 [1945, 1950]. *A Grammar of Motives and a Rhetoric of Motives*. New York: World.

· ———. 1969 [1959]. *A Rhetoric of Motives*. Berkeley: University of California Press.

· Bytwerk, Randall L. 1979. "The SST Controversy: A Case Study of the Rhetoric of Technology." *Central States Speech Journal* 30: 187–198.

· Campbell, John Angus. 1975. "The Polemical Mr. Darwin." *Quarterly Journal of Speech* 61: 375–390.

· Carlisle, E. Fred. c. 1983. "Metaphoric Reference in Literature and Science: The Examples of Watson, Crick, and Roethke." 27 pp, unpublished.

· Carnap, R. 1963. "Intellectual Autobiography." In *The Philosophy of Rudolph Carnap*, ed. P. A. Schilpp. LaSalle, Ill.: Open Court, pp. 3–84.

· Carr, David. 1974. *Phenomenology and the Problem of History*. Evanston, Ill: Northwestern University Press.

· Cartwright, Nancy. 1983. *How the Laws of Physics Lie*. Oxford: Clarendon Press.

· *Cassell's Latin Dictionary*. 1955. Revised, J. R. V. Marchant, and J. F. Charles. New York: Funk and Wagnalls.

· Chalmers, Alan. 1986. "The Galileo That Feyerabend Missed: An Improved Case against Method." In *The Politics and Rhetoric of Scientific Method: Historical Studies*, ed. John A. Schuster and Richard R. Yeo. Dordrecht: D. Reidel, pp. 1–31.

· Chargaff, Erwin. 1974. "Building the Tower of Babble," review of *The Double Helix* by James Watson. *Nature* 248: 776–777.

· ———. 1976. "On the Dangers of Genetic Meddling." Letter, *Science* 192: 940.

· Churchland, Paul M., and Clifford A. Hooker, eds. 1985. *Images of Science: Essays on Realism and Empiricism, with a Reply from Bas C. Van Fraassen*. Chicago: University of Chicago Press.

· Clark, Ian D. 1974. "Expert Advice in the Controversy about Supersonic Transport in the United States." *Minerva* 12: 416–432.

□

· Clifford, James, and George E. Marcus, eds. 1986. *Writing Culture: Poetics and Politics of Ethnography*. Berkeley: University of California Press.

· Cohen, I. B. 1985. *Revolution in Science*. Cambridge, Mass: Harvard University Press.

· ————. 1966. *Franklin and Newton: An Inquiry into Speculative Newtonian Experimental Science and Franklin's Work in Electricity as an Example Thereof*. Cambridge, Mass: Harvard University.

· Cohen, Morris R., and Ernest Nagel. 1934. *An Introduction to Logic and the Scientific Method*. New York: Harcourt, Brace.

· Cole, F. J. 1949. *A History of Comparative Anatomy from Aristotle to the Eighteenth Century*. Reprint, New York: Dover, 1975.

· Cole, Jonathan R., and Stephen Cole. 1981. *Peer Review in the National Science Foundation: Phase Two of a Study*. Washington, D.C.: National Academy Press.

· ————. 1973. *Social Stratification in Science*. Chicago: University of Chicago Press.

· Cole, Stephen, Leonard Rubin, and Jonathan R. Cole. 1978. *Peer Review in the National Science Foundation: Phase One of a Study*. Washington, D.C.: National Academy Press.

· Collins, H. M. 1975. "The Seven Sexes: A Study in the Sociology of a Phenomenon, or the Replication of Experiments in Physics." *Sociology* 9: 204-224.

· *Colloquia Copernicana, I. Studia Copernicana*, V. 1972. Études sur l' audience de la théorie héiiocentrique. Wroclaw [Breslau]: Polska Akademia Nauk.

· Cope, Edward Meredith, and John Edward Sandys. 1877. *The Rhetoric of Aristotle with a Commentary*, vol 1. Cambridge: Cambridge University Press.

· Copernicus, N. 1978. *On the Revolutions*, ed. J. Dobrzycki, trans. E. Rosen. London: Macmillan.

· ————. 1959. *Three Copernican Treatises*, 3rd ed., trans. and ed. E. Rosen. New York: Dover.

· Crick, F. H. C. 1974. "The Double Helix: A Personal View." *Nature* 248: 766-769.

· ─────. 1954. "The Structure of the Hereditary Material." *Scientific American* 191: 54-61.

· Crick, F. H. C, Leslie Barnett, S. Brenner, and R. J. Watts-Tobin. 1961 "General Nature of the Genetic Code for Proteins." *Nature* 192: 1227-1232.

· Crombie, A. C. 1959. *Medieval and Early Modern Science*, 2 vols., rev. and enl. ed. New York: Doubleday.

· ─────. 1961. *Robert Grosseteste and the Origins of Experimental Science: 1100-1700.* Oxford: Oxford University Press.

· Darwin, Charles. 1958. *The Autobiography of Charles Darwin: 1809-1882*, ed. Nora Barlow. London: Collins.

· ─────. 1987a. *Charles Darwin's Notebooks: 1836-1844*, ed. Paul H. Barrett, Peter J. Gautrey, Sandra Herbert, David Kohn, and Sydney Smith. Ithaca, N.Y.: Cornell University Press.

· ─────. 1977. *The Collected Papers of Charles Darwin*, ed. Paul H. Barrett. Chicago: University of Chicago Press.

· ─────. 1985-. *The Correspondence of Charles Darwin*, ed. Frederick Burkhardt and Sydney Smith. Cambridge: Cambridge University Press.

· ─────. 1963. *Darwin's Ornithological Notes*, ed. Nora Barlow. *Bulletin of the British Museum of Natural History, Historical Series* 2: 201-278.

· ─────. 1987b. *Journal of Researches.* In *The Works of Charles Darwin*, vols. 2 and 3, ed. Paul H. Barrett and R. B. Freeman. New York: New York University Press.

· ─────. 1959 [1887]. *The Life and Letters*, ed. F. Darwin, 2 vols. New York: Basic Books.

· ─────. 1972 [1903]. *More Letters*, ed. F. Darwin, 2 vols. New York: Johnson Reprint.

· ─────. 1964 [1859]. *On the Origin of Species*, 1st ed. Cambridge, Mass.: Harvard University Press.

· ─────. 1962 [1872]. *On the Origin of Species*, 6th ed. New York: Collier.

· ─────. 1980. *The Red Notebook of Charles Darwin*, ed. Sandra Herbert. Ithaca, N.Y.: Cornell University Press.

· ─────. 1962 [I860]. *The Voyage of the Beagle*, ed. Leonard Engel. New York: Doubleday.

□

· David, N. F. 1976. "Crichton's Criticisms." Letter, *Journal of the American Medical Association* 235: 1107.

· Davidson, Donald. 1984. *Inquiries into Truth and Interpretation*. Oxford: Clarendon Press.

· Davis, Philip J., and Reuben Hersh. 1986. "Mathematics and Rhetoric." In *Descartes' Dream: The World According to Mathematics*. San Diego, Calif.: Harcourt Brace Jovanovich, pp. 57-73.

· Day, Robert A. 1979. *How to Write and Publish a Scientific Report*. Philadelphia: ISI Press.

· Delgado, Richard, and David R. Millen. 1978. "God, Galileo, and GovernToward Constitutional Protection for Scientific Inquiry." *Washington Law Journal* 53: 349?404.

· De Morgan, A. 1954 [1915]. *A Budget of Paradoxes*, 2nd ed., ed. D. E. Smith. New York: Dover.

· Descartes, René. 1954. *Descartes: Philosophical Writings, A Selection*, ed. Elizabeth Anscombe and Peter Thomas Geach. Edinburgh: Thomas Nelson.

· ———. 1965. *Discourse on Method, Optics, Geometry, and Meteorology*, trans. Paul J. Olscamp. Indianapolis: Bobbs-Merrill.

· ———. 1979. *Le Monde, ou Traité de la Lumière*, trans. and ed. Michael Sean Mahoney. New York: Abaris.

· ———. 1898. *Oeuvres de Descartes*, ed. Charles Adam and Paul Tannery. Vol. 2, *Correspondance*. Paris: Leopold Cerf.

· ———. 1970. *Philosophical Letters*, trans. and ed. Anthony Kenny. Reprint, Minneapolis: University of Minnesota Press, 1981.

· ———. 1931. *The Philosophical Works*, trans. Elizabeth S. Haldane and G. R. T. Ross, vol. 1. Reprint, Cambridge: Cambridge University Press, 1983.

· ———. 1983/84. *Principles of Philosophy*, trans. Valentine Rodger Miller and Reese P. Miller. Dordrecht: D. Reidel.

· Dickinson, Emily. 1963. *The Poems of Emily Dickinson*, 3 vols., ed. Thomas H. Johnson. Cambridge, Mass.: Harvard University Press.

· Douglas, Jack D. 1971. "The Rhetoric of Science and the Origins of Statistical Thought: The Case of Durkheim's Suicide." *In The Phenomenon of Socigy: A Reader in the Sociology of Sociology*, ed. Edward A. Tiryakian. New York:

Appleton-Century-Crofts.

· Ehrenberg, A. S. C. 1977. "Rudiments of Numeracy." *Journal of the Royal Statistical Society* A, 140: 277-297.

· Einstein, Albert. 1959 [1949]. "Autobiographical Notes." In *Albert Einstein: Philosopher-Scientist*, vol. 1, ed. Paul Arthur Schilpp. New York: Harper and Row, pp. 1-95.

· ———. 1954. *Ideas and Opinions*, trans. Sonja Bargmann. New York: Bonanza Books.

· ———. 1952 [1923]. *The Principle of Relativity: A Collection of Original Papers on the Special and General Theory of Relativity*, trans. W. Perrett and G. B. Jeffery. New York: Dover.

· ———. 1961. *Relativity: The Special and General Theory*, trans. Robert W. Lawson. New York: Crown.

· ———. 1959 [1949]. "Reply to Criticisms." In *Albert Einstein: Philosopher-Scientist*, vol. 2, ed. Paul Arthur Schilpp. New York: Harper and Row, pp. 665-688.

· Eldredge, Niles. 1982. Introduction, in Ernst Mayr, *Systematics and the Origin of Species*. New York: Columbia, pp. xv-xxxvii.

· Ellis, John M. 1985 [1983]. *One Fairy Story Too Many: The Brothers Grimm and Their Tales*. Chicago: University of Chicago Press.

· Erickson, Robert. 1957. *The Structure of Music: A Listener's Guide*. New York: Noonday Press.

· Farrell, Thomas B. 1976. "Knowledge, Consensus, and Rhetorical Theory." *Quarterly Journal of Speech* 62: 1-14.

· ———. 1978. "Social Knowledge II." *Quarterly Journal of Speech* 64: 329-334.

· Farrell, Thomas B., and G. Thomas Goodnight. 1981. "Accidental Rhetoric: The Root Metaphors of Three Mile Island." *Communication Monographs* 48: 271-300.

· Feyerabend, Paul. 1975. *Against Method*. Reprint, London: Verso, 1978.

· ———. 1970. "Classical Empiricism." In *The Methodological Heritage of Newton*, ed. Robert E. Butts and John W. Davis. Toronto: University of Toronto Press, pp. 150-170.

□

· Figgis, J. N. 1960 [1916]. *Political Thought from Gerson to Grotius: 1414-1625. Seven Studies*. New York: Harper.

· Fine, Arthur. 1984. "The Natural Ontological Attitude." In *Scientific Realism*, ed. Jarrett Leplin. Berkeley: University of California Press, pp. 83-107.

· ————. 1986. *The Shaky Game: Einstein, Realism, and the Quantum Theory*. Chicago: University of Chicago Press.

· Fish, Stanley E. 1974 [1972]. *Self-Consuming Artifacts: The Experience of Seventeenth-Century Literature*. Berkeley: University of California Press.

· Fitzpatrick, J. W. 1980. "A New Race of *Atlapetes leucopterus*, with Comments on Widespread Albinism in *A. I. dresseri*(Taczanowski)." *Auk* 97: 883-887.

· Fitzpatrick, J. W., and J. P. O'Neill. 1979. "A New Tody-Tyrant from Northern Peru." *Auk* 96: 443-447.

· Fitzpatrick, J. W., D. E. Willard, and J. W. Terborgh. 1979. "A New Species of Hummingbird from Peru." *The Wilson Bulletin* 91: 177-186.

· Fleck, Ludwik. 1979 [1935]. *Genesis and Development of a Scientific Fact*, ed. Thaddeus J. Trenn and Robert K. Merton, trans. Fred Bradley and Thaddeus J. Trenn. Chicago: University of Chicago Press.

· Fodor, Jerry A. 1975. *The Language of Thought*. Cambridge, Mass.: Harvard University Press.

· Frank, David A. 1981. '"Shalom Achsav': Rituals of the Israeli Peace Movement *Communication Monographs* 48: 165?182.

· Franklin, Allan. 1986. *The Neglect of Experiment*. Cambridge: Cambridge University Press.

· Freud, Sigmund. 1949 [1940]. *An Outline of Psychoanalysis*, trans. James Strachey. New York: W. W. Norton.

· F.R.S. 1968. "Notes of a Not-Watson," review of *The Double Helix* by James Watson. *Encounter* 31 (July 1968): 60-66.

· Gadamer, Hans-Georg. 1975 [1965]. *Truth and Method*, trans. Garret Barden and John Cumming. New York: Crossroad.

· Galilei, Galileo. 1957. *Discoveries and Opinions of Galileo*, ed. Stillman Drake. New York: Doubleday.

· Galison, Peter. 1983. "Rereading the Past from the End of Physics." In

Functions and Uses of Disciplinary Histories, ed. Loren Graham, Wolf Lepenies, and Peter Weingart. Dordrecht: D. Reidel, pp. 35–51.

· Gallie, W. B. 1968 [1964]. *Philosophy and the Historical Understanding*, 2nd ed. New York: Schocken Books.

· Gaukroger, Stephen. 1980. "Descartes' Project for a Mathematical Physics." In *Descartes: Philosophy, Mathematics and Physics*, ed. Stephen Gaukroger. Sussex: Harvester Press.

· Geertz, Clifford. 1973. *The Interpretation of Cultures*. New York: Basic Books.

· ———. 1983. *Local Knowledge: Further Essays in Interpretive Anthropology*. New York: Basic Books.

· Gell-Mann, M., and F. E. Low. 1954. "Quantum Electrodynamics at Small Distances." *Physical Review* 2nd series, 95 (September 1, 1954): 1300–1317.

· *General Notes on the Preparation of Scientific Papers*. 1950. 1st ed. London: Royal Society.

· *General Notes on the Preparation of Scientific Papers*. 1965. 2nd ed. London: Royal Society.

· Ghiselin, Michael T. 1984. *The Triumph of the Darwinian Method*. Chicago: University of Chicago Press.

· Gieryn, Thomas F. 1983. "Boundary-Work and the Demarcation of Science from Non-Science: Strains and Interests in Professional Ideologies of Scientists." *American Sociological Review* 48: 781–795.

· Gilbert, G. Nigel. 1976. "The Transformation of Research Findings into Scientific Knowledge." *Social Studies of Science* 6: 281–306.

· Gilbert, G. Nigel, and Michael Mulkay. 1984. *Opening Pandora's Box: A Sociological Analysis of Scientists' Discourse*. Cambridge: Cambridge University Press.

· Gillispie, Charles Coulston. 1973 [1960]. *The Edge of Objectivity: An Essay in the History of Scientific Ideas*. Princeton, N.J.: Princeton University Press.

· Goodman, Nelson. 1972. *Problems and Projects*. Indianapolis: Bobbs-Merrill.

· ———. 1978. *Ways of Worldmaking*. Indianapolis: Hackett.

· Goudsmit, S. A. 1967. Letter, *Physics Today* 20 (January 1967): 12.

· Graham, Loren R. 1980. "Reasons for Studying Soviet Science: The Example of Genetic Engineering." In *The Social Context of Soviet Science*, ed. Linda L. Lubrano and Susan Gross Solomon. Boulder, Colo.: Westview Press, pp. 205-240.

· Graham, Loren, Wolf Lepenies, and Peter Weingart, eds. 1983. *Functions and Uses of Disciplinary Histories*. Dordrecht: D. Reidel.

· Grant, E. 1962. "Late Medieval Thought, Copernicus, and the Scientific Revolution." *Journal of the History of Ideas* 23: 197-220.

· Green, Arnold L. 1961. "The Ideology of Anti-Fluoridation Leaders." *Journal of Social Issues* 17: 13-25.

· Greenfield, D. W., and G. S. Glodek. 1977. "*Trachelyichthys exilis*, A New Species of Catfish (Pisces: Auchenipteridae) from Peru." *Fieldiana: Zoology* 72: 47-58.

· Grimm, Jacob, and Wilhelm Grimm. 1980 [1957]. *Die Märchen*. Munich: Wilhelm Goldmann Verlag.

· Grobstein, Clifford. 1979. *A Double Image of the Double Helix: The Recombinant DNA Debate*. San Francisco: W. H. Freeman.

· Gross, Alan G. 1988. "Adaptation in Evolutionary Epistemology: Clarifying Hull's Model." *Biology and Philosophy* 3: 185-186.

· ———. 1983a. "Analogy and Intersubjectivity in Political Oratory, Scholarly Argument, and Scientific Reports." *Quarterly Journal of Speech* 69: 37?46.

· ———. 1985. "The Form of the Experimental Paper: A Realization of the Myth of Induction." *Journal of Technical Writing and Communication* 15: 15-26.

· ———. 1983b. "A Primer on Tables and Figures. "*Journal of Technical Writing and Communication* 13: 33-55.

· ———. 1984. "Style and Arrangement in Scientific Prose: The Rules behind the Rules." *Journal of Technical Writing and Communication* 14: 241-253.

· ———. 1987. "A Tale Twice Told: The Rhetoric of Discovery in the Case of DNA." In *Argument and Critical Practices: Proceedings of the Fifth SCA/AFA Conference on Argumentation*, 1987 ed. Joseph W. Wenzel. Annandale, Va.: Speech Communication Association, pp. 491-498.

· Gruber, Howard E. 1981. *Darwin on Man: A Psychological Study of*

Scientific Creativity, 2nd ed. Chicago: University of Chicago Press.

· ──── . 1985. "Going the Limit: Toward the Construction of Darwin's Theory(1832-1839)." In *The Darwinian Heritage*, ed. David Kohn. Princeton, N.J.: Princeton University Press, pp. 9-34.

· Guerlac, Henry. 1981. *Newton on the Continent*. Ithaca, N.Y.: Cornell University Press.

· Gusfield, Joseph. 1976. "The Literary Rhetoric of Science: Comedy and Pathos in Drinking Driver Research." *American Sociological Review* 41: 16-34.

· Habermas, Jürgen. 1979 [1976]. *Communication and the Evolution of Society*, trans. Thomas McCarthy. Boston: Beacon Press.

· ──── . 1971 [1968]. *Knowledge and Human Interests*, trans. J. J. Shapiro. Boston: Beacon Press.

· ──── . 1982. "A Reply to My Critics." In *Habermas: The Critical Debates*, ed. John B. Thompson and David Held. Cambridge, Mass.: MIT Press, pp. 219-283.

· ──── . 1984. *The Theory of Communicative Action*, vol. I, *Reason and the Rationalization of Society*, trans. Thomas McCarthy. Boston: Beacon Press.

· ──── . 1987. *The Theory of Communicative Action*, vol. 2, *Lifeworld and System: A Critique of Functionalist Reason*, trans. Thomas McCarthy. Boston: Beacon Press.

· ──── . 1973. "Wahrheitstheorien." In *Wirklichkeit und Reflexion: Festschrift fur Walter Schulz*. Pfüllingen: Gunther Neske, pp. 211-265.

· Hacking, Ian. 1987. "Extragalactic Reality: The Case of Gravitational Lensing." Notes for the Newton and Scientific Realism Workshop (unpublished), Van Leer Institute, Jerusalem, April 27-30, 1987, 47 pp.

· ──── . 1986. "The Making and Molding of Child Abuse: An Exercise in Describing a Kind of HumanBehavior." Harris Lecture (unpublished), Northwestern University, May 7, 1986, 60 pp.

· ──── . 1983. *Representing and Intervening: Introductory Topics in the Philosophy of Natural Science*. Cambridge: Cambridge University Press.

· Hall, A. Rupert. 1980. *Philosophers at War: The Quarrel between Newton and Leibniz*. Cambridge: Cambridge University Press.

· Halloran, S. Michael. 1980. "Toward a Rhetoric of Scientific Revolution." In *Proceedings: 31st Conference on College Composition and Communication: Technical Communication Sessions*, ed. John A. Muller. Urbana, Ill.: ATTW, pp. 229-236.

· *Handbook for Authors of Reports in American Chemical Society Publications*. 1978. Washington, D.C.: American Chemical Society.

· Harré, Rom. 1984. *Personal Being*: A Theory for Individual Psychology. Cambridge Mass.: Harvard University Press.

· Hart, H. L. A. 1980. "Definition and Theory of Jurisprudence." In *Philosophy of Law*, 2nd ed., ed. Joel Feinberg and Hyman Gross. Belmont, Calif.: Wadsworth, pp. 252-258.

· Hawthorne, Nathaniel. 1964. "Dr. Rappaccini's Daughter." In *Selected Tales and Sketches*, 3rd ed., ed. Hyatt H. Waggoner. New York: Holt.

· Hayles, N. Katherine. 1984. *The Cosmic Web: Scientific Field Models and LiterStrategies in the Twentieth Century*. Ithaca, N.Y.: Cornell University Press.

· ———. 1987. "The Politics of Chaos: Local Knowledge versus Global Theory." Conference on Argument in Science: New Sociologies of Science/Rhetoric of Inquiry, Iowa City, October 9-11, 1987.

· Held, David. 1980. *Introduction to Critical Theory*. Berkeley: University of California Press.

· Herbert, Sandra. 1974; 1977. "The Place of Man in the Development of Darwin's Theory of Transmutation," parts 1 and 2. *Journal of the History of Biology* 7 (1974): 217-258; 10 (1977): 155-227.

· Hesse, Mary B. 1966. *Models and Analogies in Science*. Notre Dame, Ind.: University of Notre Dame Press.

· Holdsworth, Sir William. 1966 [1925]. *A History of English Law*, 16 vols. London: Methuen.

· Hollis, M., and S. Lukes, eds. 1982. *Rationality and Relativism*. Cambridge, Mass.: MIT Press.

· Hooke, Robert. 1665. *Micrographia, or Some Physiological Descriptions of Minute Bodies Made by Magnifying Glasses with Observations and Inquiries Thereupon*. Reprint, New York: Dover, 1938.

· Hugonnard-Roche, Henri, and Jean-Pierre Verdet, eds. 1982. *Narratio Prima. In Studia Copernica*, 20.

· · Hull, D. L. 1983a. "Darwin and the Nature of Science." In *Evolution from Molecules to Men*, ed. D. S. Bendall. Cambridge: Cambridge University Press, pp. 63-80.

· ————. 1983b. "Karl Popper and Plato's Metaphor." In *Advances in Cladistics*, vol. 2, ed. N. Platnick and V. Funk. New York: Columbia University Press, pp. 177-189.

· ————. 1984 [1978]. "A Matter of Individuality." In *Conceptual Issues in Evolutionary Biology*: An Anthology, ed. E. Sober. Cambridge, Mass: MIT Press, pp. 623-645.

· ————. 1988. "A Mechanism and Its Metaphysics: An Evolutionary Account of the Social and Conceptual Development of Science." *Biology and Philosophy 3*: 123-155.

· ————. 1981a. "The Principles of Biological Classification: The Use and Abuse of Philosophy." *PSA 1976 2*: 130-153.

· ————. 1981b. "Reduction and Genetics." *Journal of Medicine and Philosophy* 6: 125-143.

· Husserl, Edmund. 1970. *The Crisis of European Sciences and Transcendental Phenomenology*, trans. David Carr. Evanston, 111.: Northwestern University Press.

· Huygens, Christian. 1888-1950. *Oeuvres Complètes de Christian Huygens publiées par la Société Hollandaise des Sciences*, 22 vols. The Hague: Martinus Nijhoff.

· "Inadmissible Evidence." 1981. *Scientific American* 245 (1981): 78.

· "Instructions for Contributors." 1983. *Science* 222 (1983): xi-xii.

· Ivins, William M., Jr. 1938. *On the Rationalization of Sight, with an Examination of Three Renaissance Texts on Perspective*. Papers, no. 8. New York: The Metropolitan Museum of Art.

· Jardine, Lisa. 1974. *Francis Bacon: Discovery and the Art of Discourse*. Cambridge Cambridge University Press.

· Jenks, Edward. 1949 [1912]. *A Short History of English Law from the Earliest Times to the End of the Year 1938*. London: Methuen.

◻

· Johnson-Laird, P. N. 1968. "The Choice of the Passive Voice in a Communicrive Task." *British Journal of Psychology* 59: 7-15.

· ———. 1968. "The Interpretation of the Passive Voice." *Quarterly Journal of Experimental Psychology* 20: 69-73.

· ———. 1977. "The Passive Paradox: A Reply To Costermans and Hupet." *British Journal of Psychology* 68: 113-116.

· Johnstone, Henry W., Jr. 1963. "Can Philosophical Argument Be Valid?" *Bucknell Review* 11: 89-98.

· ———. 1978. *Validity and Rhetoric in Philosophical Argument: An Outlook in Transition.* University Park, Pa.: The Dialogue Press of Man and World.

· Jones, Richard Foster. 1961 [1936]. *Ancients and Moderns: A Study of the Rise of the Scientific Movement in Seventeenth-Century England.* New York: Dover.

· Karon, L. A. 1976. "Presence in *The New Rhetoric.*" *Philosophy and Rhetoric* 9:96-111.

· Keller, Evelyn Fox. 1985. *Reflections on Gender and Science.* New Haven: Yale University Press.

· Kelso, James A. 1980. "Science and the Rhetoric of Reality." *Central States Speech Journal* 31: 17-29.

· Kepler, J. 1981. *Mysterium Cosmographicum. The Secret of the Universe,* trans. A. M. Duncan. New York: Abaris.

· Kethley, J. 1983. "The Deutonymph of *Epiphis rarior* Berlese, 1916 (Epiphidinae n. subfam., Rhodacaridae, Rhodacaroidea)." *Canadian Journal of Zoology* 61: 2598-2611.

· King, L. S. 1978. "Better Writing Anyone?" Letter, JAMA 239: 752.

· Kinneavy, James L. 1971. *A Theory of Discourse.* New York: W. W. Norton.

· Klatzky, Roberta. 1980. *Human Memory: Structure and Processes,* 2nd ed. San Francisco: W. H. Freeman.

· Knorr-Cetina, Karin D. 1981. *The Manufacture of Knowledge: An Essay on the Constructivist and Contextual Nature of Science.* Oxford: Pergamon Press.

· Koestler, A. 1968 [1959]. *The Sleepwalkers.* New York: Macmillan.

· Kohler, Wolfgang. 1947. *Gestalt Psychology.* New York: New American

Library.

· Kohn, David. 1980. "Theories to Work By: Rejected Theories, Reproduction, and Darwin's Path to Natural Selection." *Studies in History of Biology* 4: 67-170.

· Kolata, Gina Bari. 1981. "Reevaluation of Cancer Data Eagerly Awaited." *Science* 214: 316-318.

· Knappen, M. M. 1964. *Constitutional and Legal History of England*. Haden, Conn.: Archon Books.

· Koyré, Alexandre. 1973 [1961]. *The Astronomical Revolution: Copernicus-Kepler-Borelli*, trans. R. E. W. Maddison. Paris: Hermann.

· ———. 1968. *Newtonian Studies*. Chicago: University of Chicago Press.

· Kronick, David A. 1976. *A History of Scientific and Technical Periodicals: The Origins and Development of the Scientific and Technical Press: 1665-1790*, 2nd ed. Metuchin, N.J.: The Scarecrow Press.

· Kuhn, Thomas S. 1981 [1957]. *The Copernican Revolution: Planetary Astronomy in the Development of Western Thought*. Cambridge, Mass.: Harvard UniPress.

· ———. 1977. *The Essential Tension: Selected Studies in Scientific Tradition and Change*. Chicago: University of Chicago Press.

· ———. 1970. "Reflections on My Critics." In *Criticism and the Growth of Knowledge*, ed. Imre Lakatos and Alan Musgrave. Cambridge: CamUniversity Press, pp. 231-278.

· ———. 1962. *The Structure of Scientific Revolutions*. Chicago: University of Chicago Press.

· Lakatos, Imre. 1983 [1972-73]. "Why Did Copernicus' Research Programme Supersede Ptolemy's?" In *The Methodology of Scientific Research Programmes: Philosophical Papers*, vol. 1, ed. J. Worrall and G. Currie. CamCambridge University Press, pp. 168-192.

· Latour, Bruno. 1987. *Science in Action*. Cambridge, Mass.: Harvard University Press.

· ———. 1986. "Visualization and Cognition: Thinking with Eyes and Hands." In *Knowledge and Society: Studies in the Sociology of Culture Past and Present*, ed. Henrika Kuklick and Elizabeth Long. Greenwich, Conn.:

Jai Press, pp. 1–40.

· Latour, Bruno, and Jocelyn de Noblet, eds. 1985. "Les 'Vues' de L' Espirit." *Culture Technique* 14.

· Latour, Bruno, and Steve Woolgar. 1979. *Laboratory Life: The Social Construcof Scientific Facts*. Sage Library of Social Research, vol. 80. Beverly Hills, Calif.: Sage Publications.

· Laudan, Larry. 1984. "A Confutation of Convergent Realism." In *Scientific Realism*, ed. Jarrett Leplin. Berkeley: University of California Press.

· Laudan, Rachel. 1983. "Redefinitions of a Discipline: Histories of Geology and Geological History." In *Functions and Uses of Disciplinary Histories*, ed. Loren Graham, Wolf Lepenies, and Peter Weingart. Dordrecht: D. Reidel, pp. 79–104.

· Laymon, Ronald. 1984. "The Path from Data to Theory." In *Scientific Realism*, ed. Jarrett Leplin. Berkeley: University of California Press, pp. 108–123.

· Leach, Edmund. 1980 [1974]. *Claude Levi-Strauss*, rev. ed. Harmondsworth, Middlesex: Penguin Books.

· ———. 1982 [1976]. *Culture and Communication: The Logic by Which Symbols Are Connected*. Cambridge: Cambridge University Press.

· Lear, John. 1978. *Recombinant DNA: The Untold Story*. New York: Crown.

· Leeuwenhoek, Antony van. 1960[1932]. *Antony van Leeuwenhoek and his "Little Animals,"* ed. Clifford Dobell. New York: Dover.

· Leibniz, Gottfried Wilhelm. 1976 [1969]. *Philosophical Reports and Letters*, 2nd ed., ed. Leroy E. Loemker. Dordrecht: D. Reidel.

· Leuchtenburg, William E. 1973. *Franklin D. Roosevelt and the New Deal: 1932–40*. New York: Harper and Row.

· Levi-Strauss, Claude. 1963. *Structural Anthropology, trans.* Claire Jacobson and Brooke Grundfest Schoepf. New York: Basic Books.

· ———. 1976. *Structural Anthropology*, 2, trans. Monique Layton. Chicago: University of Chicago Press.

· Lewontin, Richard C. '"Honest Jim's'" Big Thriller about DNA (1968)," review of *The Double Helix* by James Watson. Chicago Sunday Sun-Times, February 25, 1968, pp. 1–2.

· ─────. 1984. "The Structure of Evolutionary Genetics." In *Conceptual Issues in Evolutionary Biology: An Anthology*, ed. E. Sober. Cambridge: MIT Press, pp. 3-13.

· Limon, John. 1986. "*The Double Helix* as Literature." Raritan 5: 26-47.

· Lin, N. 1972. "A Comparison between the Scientific Communication Model and the Mass Communication Model: Implications for the Transfer and Utilization of Scientific Knowledge." *IEEE Transactions on Professional Communication* 15: 34-38.

· Lindberg, David C. 1968. "The Cause of Refraction in Medieval Optics." *British Journal for the History of Science* 4: 23-38.

· ─────. 1976. *Theories of Vision from Al-Kindi to Kepler*. Chicago: University of Chicago Press.

· Lloyd, G. E. R. 1971. *Polarity and Analogy: Two Types of Argumentation in Early Greek Thought*. Cambridge: Cambridge University Press.

· Locke, John. 1979 [1975]. *An Essay Concerning Human Understanding*, ed. Peter H. Nidditch. Oxford: The Clarendon Press.

· Luria, S. F. 1986. Review of *The Transforming Principle* by Maclyn McCarty. *Scientific American* 254 (April 1986): 24-31.

· Lwoff, André. 1968. Review of *The Double Helix* by James Watson. *Scientific American* 219 (July 1968): 132-138.

· Lyell, Charles. 1969 [1830-33]. *Principles of Geology*, 1st ed., 3 vols., intro. by Martin J. S. Rudwick. New York: Johnson Reprint Corporation.

· Lynch, Michael. 1985a. *Art and Artifact in Laboratory Science: A Study of Shop Work and Shop Talk in a Research Laboratory*. London: Routledge and Kegan Paul.

· ─────. 1985b. "Discipline and the Material Form of Images: An Analysis of Scientific Visibility." *Social Studies of Science* 15: 37-66.

· Lyons, John. 1978 [1977]. *Semantics*, 2 vols. Cambridge: Cambridge UniverPress.

· McCarthy, Thomas. 1982a. *The Critical Theory ofjiirgen Habermas*. Cambridge, Mass.: MIT Press.

· ─────. 1982b. "Rationality and Relativism: Habermas' 'Overcoming' of Hermeneutics." In *Habermas: The Critical Debates*, ed. J. B. Thompson and

D. Held. Cambridge, Mass.: MIT Press, pp. 57-78.

· ———. 1973. "A Theory of Communicative Competence." *Philosophy of the Social Sciences* 3: 135-156.

· McKeon, Richard. 1949. "Aristotle and the Origins of Science in the West." In *Science and Civilization*, ed. Robert C. Stauffer. Madison: University of Wisconsin Press, pp. 3-29.

· Maestlin, Michael. 1938. Appendix to Kepler's *Mysterium Cosmographicum*, ed. Max Caspar. In J. Kepler, *Gesammelte Werke*, vol 1. Munich: C. H. Beck'sche.

· Mahon, B. H. 1977. "Statistics and Decisions: The Importance of Communication and the Power of Graphical Presentation." *Journal of the Royal Statistical Society* 140: 298-323.

· Manier, Edward. 1978. *The Young Darwin and His Cultural Circle: A Study of Influences Which Helped Shape the Language and Logic of the Theory of Natural Selection.* Dordrecht: D. Reidel.

· Manuel, Frank E. 1979 [1968]. *A Portrait of Isaac Newton.* Washington, D.C.: New Republic Books.

· Markus, Gyorgy. 1987. "Why Is There No Hermeneutics of Natural Sciences? Some Preliminary Theses." *Science in Context* 1: 5-51.

· Marlowe, Christopher. 1910. *Dr. Faustus*. In the Works, ed. F. Tucker Brooke. Oxford: The Clarendon Press.

· Mayr, Ernst. 1982 [1942]. *Systematics and the Origin of Species.* New York: Columbia University Press.

· Mazuzan, George T. 1982. "Atomic Power Safety: The Case of the Power Reactor Development Company Fast Breeder, 1955-56." *Technology and Culture*, 23: 341-371.

· Mazur, Allan. 1973. "Disputes between Experts." *Minerva* 11: 243-262.

· Medawar, Peter. 1964. "Is the Scientific Report Fraudulent? Yes: It Misrepresents Scientific Thought." *Saturday Review* 47 (August 1, 1964): 42-43.

· ———. 1968. "Lucky Jim," review of *The Double Helix* by James Watson. *New York Review of Books* (March 28, 1968): 3-5.

· ———. 1984. *Pluto's Republic.* Oxford: Oxford University Press.

· Merton, Robert K. 1973. *The Sociology of Science: Theoretical and Empirical Investigations*, ed. Norman W. Storer. Chicago: University of Chicago Press.

· --------. 1987. "Three Fragments from a Sociologist's Notebooks: Establishing the Phenomenon, Specified Ignorance, and Strategic Research Mate *Annual Review of Sociology* 13: 1-28.

· Moesgaard, K. P. 1972. "Copernican Influence on Tycho Brahe." In *Colloquia Copernicana 1. Studia Copernicana V,* Études sur l'audience de la Théorie Héliocentrique. Wroclaw [Breslau]: Polska Akademia Nauk, pp. 31-55.

· Montalbo, Thomas. 1978. "Winston Churchill: A Study in Oratory." *IEEE Transactions on Professional Communications* 21: 5?8.

· Morgan, Joan, and W. J. Whelan, eds. 1979. *Recombinant DNA and Genetic Experimentation.* Proceedings of the Conference on Recombinant DNA, jointly organized by the Committee on Genetic Experimentation (COGENE) and the Royal Society of London, held at Wye College, Kent, April 1-4, 1979. Oxford: Pergamon Press.

· Mulkay, Michael, and Nigel Gilbert. 1981. "Putting Philosophy to Work: Karl Popper's Influence on Scientific Practice." *Philosophy of the Social Sciences* 11: 389-407.

· Myers, Greg. 1985. "Texts as Knowledge Claims: The Social Construction of Two Biology Articles." *Social Studies of Science* 15: 593-630.

· Nahm, Milton C, ed. 1964. *Selections from Early Greek Philosophy.* New York: Appleton-Century-Crofts.

· National Academy of Sciences. 1977. *Research with Recombinant DNA: An Academy Forum.* March 7?9, 1977. Washington, D.C.: National Academy of Sciences.

· Neugebauer, O. 1970 [1957]. *The Exact Sciences in Antiquity,* 2nd ed. Providence R.I.: Brown University Press.

· Newton, Isaac. 1980 [1715]. "Account of the Book Entituled *Commercium Epistolicum." Philosophical Transactions* 29 (1715): 173-224. Reprinted in A. Rupert Hall, Philosophers at War: The Quarrel between Leibniz and Newton. Cambridge: Cambridge University Press, pp. 263-314.

· --------. 1959-1977. The *Correspondence,* ed. H. W. Turnbull, J. F. Scott,

□

A. Rupert Hall, and Laura Tilling, 7 vols. Cambridge: Cambridge University Press.

· ———. 1978. *Isaac Newton's Papers and Letters on Natural Philosophy*, 2nd ed., ed. I. Bernard Cohen and Robert E. Schofield. Cambridge, Mass.: Harvard University Press.

· ———. 1969. *The Mathematical Papers*, vol 3, ed. D. T. Whiteside, M. A. Hoskin, and A. Prag. Cambridge: Cambridge University Press.

· ———. 1974 [1934]. *Mathematical Principles of Natural Philosophy and His System of the World, Translated into English by Andrew Motte in 1729*, ed. Florian Cajori, 2 vols. Berkeley: University of California Press.

· ———. 1730. *Opticks, or a Treatise of the Reflections, Refractions, Inflections, and Colours of Light*, 4th ed. Reprint, New York: Dover, 1979.

· Nirenberg, Marshall W., and J. Heinrich Matthaei. 1961. "The Dependence of Cell-Free Protein Synthesis in *E. Coli upon Naturally* Occurring or Synthetic Polyribonucleotides." *Proceedings of the National Academy of Science* 47: 1588-1602.

· Oakeshott, Michael. 1962. *Rationalism in Politics and Other Essays*. New York: Basic Books.

· Olby, Robert. 1974. *The Path to the Double Helix*. Seattle: University of Washington Press.

· Oldenburg, Henry. 1965-1973. *The Correspondence*, ed. A. Rupert Hall and Marie Boas Hall, 11 vols. Madison: University of Wisconsin Press; London: Mansell, 1965-1977.

· "Oncogenes." 1981. *Scientific American* 244: '90-93.

· Ortega y Gasset, Jose. 1960 [1930]. *The Revolt of the Masses*. New York: W. W. Norton.

· Osborn, Michael. 1967. "Archetypal Metaphor in Rhetoric: The Light-Dark Family." *Quarterly Journal of Speech* 53: 115-126.

· Overington, Michael. 1977. "The Scientific Community as Audience." *Philosophy and Rhetoric* 10: 111-121.

· *Oxford Dictionary of Proverbs*. 1970. 3rd ed., rev. F. P. Wilson, Oxford: The Clarendon Press.

· Patterson, B. D. 1982. "Pleistocene Vicariance, Montane Islands, and the

Evolutionary Divergence of Some Chipmunks (Genus Eutamias)." *Journal of Mammology* 63: 387-398.

· Patterson, C. 1982. "Cladistics." In *Evolution Now: A Century after Darwin*, ed. J. M. Smith. San Francisco: W. H. Freeman, pp. 110-120.

· Pauling, Linus. 1974. "Molecular Basis of Biological Specificity." *Nature* 248: 769-771.

· ———. 1952. In *Les Protéins: Rapport et Discussions*, Neuvième Conseil de Chimie. Brussels: Institute International de Chimie Solvay.

· Pauling, Linus, Robert B. Corey, and H. R. Branson. 1951. "The Structure of Proteins: Two Hydrogen-Bonded Helical Configurations of the Polypeptide Chain." *National Academy of Science: Proceedings* 37: 205-211.

· Pauling, Peter. 1973. "DNA-The Race That Never Was." *New Scientist* (May 31, 1973): 558-560.

· *Peer Commentary on Peer Review: A Case Study in Scientific Quality Control*. 1982. Reprinted from *The Behavioral and Brain Sciences*, ed. Stevan Hamad. Cambridge: Cambridge University Press.

· Peirce, Charles. 1955. *Philosophical Writings of Peirce*, ed. Justus Buchler. New York: Dover.

· Perelman, Chaim, and L. Obrechts-Tyteca. 1971 [1958]. *The New Rhetoric: A Treatise on Argumentation*, trans. John Wilkinson and Purcell Weaver. Notre Dame, Ind.: University of Notre Dame Press.

· Perutz, Max. 1969. Letter, Science 164: 1537-1538.

· Pickering, Andrew. 1984. *Constructing Quarks: A Sociological History of Particle Physics*. Chicago: University of Chicago Press.

· Pinch, Trevor. 1985a. "Theory Testing in Science?The Case of the Solar Neutrinos: Do Crucial Experiments Test Theories or Theorists?" *Philosophy of the Social Sciences* 15: 167-187.

· Pinch, Trevor. 1985b. "Towards an Analysis of Scientific Observation: The Externality and Evidential Significance of Observational Reports in Physics." *Social Studies in Science* 15: 3-36.

· Polanyi, Michael. 1964. *Science, Faith, and Society*. Chicago: University of Chicago Press.

· Pollock, Sir Frederick, and Frederick William Maitland. 1968 [1895]. *The*

History of English Law before the Time of Edward I, 2 vols., 2nd ed. CamCambridge University Press.

· Polya, G. 1954. *Of Mathematics and Plausible Reasoning*, vol. 1, *Induction and Analogy in Mathematics*. Princeton, N.J.: Princeton University Press.

· Popper, K. R. 1965. *Conjectures and Refutations: The Growth of Scientific Knowledge* New York: Harper and Row.

· ————. 1968 [1934], *The Logic of Scientific Discovery*. New York: Harper and Row.

· ————. 1970. "Normal Science and Its Dangers." In *Criticism and the Growth of Knowledge*, ed. Imre Lakatos and Alan Musgrave. Cambridge: Cambridge University Press, pp. 50–58.

· Portugal, Franklin H., and Jack S. Cohen. 1977. *A Century of DNA: A History of the Discovery of the Structure and Function of the Genetic Substance*. Cambridge, Mass.: MIT Press.

· Propp, V. 1984 [1968]. *Morphology of the Folktale*, 2nd ed., trans. Laurence Scott. Austin: University of Texas Press.

· Prowe, L., ed. 1967 [1883–84]. *Nicolaus Coppernicus*, vol. 2. Osnbrück: Otto Zeller.

· Putnam, Hilary. 1987. *The Many Faces of Realism*. LaSalle, 111.: Open Court.

· ————. 1986 [1981]. *Reason, Truth, and History*. Cambridge: Cambridge University Press.

· Quine, Willard Van Orman. 1969. *Ontological Relativity and Other Essays*. New York: Columbia University Press.

· ————. 1961 [1953]. "On What There Is." In *From a Logical Point of View: Logico-Philosophical Essays*. New York: Harper and Row, pp. 1-19.

· ————. 1970. *Philosophy of Logic*. Englewood Cliffs, N.J.: Prentice-Hall.

· ————. 1976 [1966]. *The Ways of Paradox and Other Essays*, rev. and enl. ed. Cambridge, Mass.: Harvard University Press.

· ————. 1960. *Word & Object*. Cambridge, Mass.: MIT Press.

· Quintilian. 1920-1922. *Institutio Oratoria*, trans. H. E. Butler, 4 vols. Cambrige, Mass.: Harvard University Press.

· Quirk, Randolph, Sidney Greenbaum, Geoffrey Leech, and Jan Svartvik.

1979. *A Grammar of Contemporary English*. London: Longman.

· Racker, Efraim. 1983. "The Warburg Effect: Two Years Later." Letter, *Science* 222: 232.

· ————. 1981. "Warburg Effect Revisited." Letter, *Science* 213: 1313.

· Racker, Efraim, and Mark Spector. 1981. "Warburg Effect Revisited: Merger of Biochemistry and Molecular Biology." *Science*, 213: 303–307.

· Recker, Doren A. 1987. "Causal Efficacy: The Structure of Darwin's Argument Strategy in the *Origin of Species*." *Philosophy of Science* 54: 147–176.

· "Recombinant DNA Research: A Debate on the Benefits and Risks." 1977. *Chemical and Engineering News* 55 (May 30, 1977): 26–42.

· Rephaeli, Ada, Mark Spector, and Efraim Racker. 1981. "Stimulation of Ca^{2+} Uptake and Protein Phosphorylation in Tumor Cells by Fibronectin." *Journal of Biological Chemistry* 256: 6069–6074.

· Rheticus. 1959. *Narratio Prima. In Three Copernican Treatises*, 2nd ed., ed. and trans. E. Rosen. New York: Dover.

· ————. 1982. *Narratio Prima*, ed. Henri Hugonnard-Roche and Jean-Pierre Verdet. Studia Copernica 20.

· Richards, Robert J. 1987. *Darwin and the Emergence of Evolutionary Theories of Mind and Behavior*. Chicago: University of Chicago Press.

· Ricqles, A. de, and J. R. Bolt. 1983. "Jaw Growth and Tooth Replacement in *Captorhinus Aguti* (Reptilia: Captorhinomorpha): A Morphological and Histological Analysis." *Journal of Vertibrate Paleontology* 3: 7–24.

· Rogers, Michael. 1977. *Biohazard*. New York: Knopf.

· Rose, Steven. 1987. *Molecules and Minds: Essays on Biology and the Social Order*. Milton Keynes, England: Open University Press.

· Roosevelt, Franklin D. 1972. *Complete Presidential Press Conferences of Franklin D. Roosevelt, Vols. 1–2: 1933*. New York: DaCapo Press.

· ————. 1963. "First Inaugural Address." *Famous Speeches in American History*, ed. Glenn A. Capp. Indianapolis: Bobbs-Merrill, pp. 193–198.

· Rosen, E., ed. and trans. 1959. *Narratio Prima. In Three Copernican Treatises*, 2nd ed. New York: Dover.

· Ross, D. 1971 [1949]. *Aristotle*. London: Methuen.

□

· Rowland, R. C. 1982. "The Influence of Purpose on Fields of Argument." *Journal of the American Forensic Association* 18: 228-245.

· Russell, Bertrand. 1974. "On Induction." Reprinted in *The Justification of Induction*, ed. Richard Swinburne. London: Oxford University Press, pp. 1-25.

· Ryle, Gilbert. 1949. *The Concept of Mind*. New York: Barnes and Noble.

· Sayre, Anne. 1975. *Rosalind Franklin and DNA*. New York: Norton.

· Schattschneider, E. E. 1975. *The Semisovereign People: A Realist's View of Democin America*. Hinsdale, 111.: Dryden Press.

· Schlesinger, Arthur M. 1959. *The Age of Roosevelt: The Coming of the New Deal*. Boston: Houghton-Mifflin.

· Schrödinger, Erwin. 1967. *What is Life? The Physical Aspect of the Living Cell*. Cambridge: Cambridge University Press.

· Schuster, John A. 1986. "Cartesian Method as Mythic Speech: A Diachronic and Structural Analysis." In *The Politics and Rhetoric of Scientific Method: Historical Studies*, ed. John A. Schuster and Richard R. Yeo. Dordrecht: D. Reidel, pp. 33-95.

· Schuster, John A., and Richard R. Yeo, eds. 1986. *The Politics and Rhetoric of Scientific Method: Historical Studies*. Dordrecht: D. Reidel.

· Sciama, D. W. 1959. *The Physical Foundations of General Relativity*. New York: Doubleday.

· Scruton, Roger. 1982. *Kant*. Oxford: Oxford University Press. Searle, John R. 1969. *Speech Acts: An Essay in the Philosophy of Language*. Cambridge: Cambridge University Press.

· Shapin, S. 1984. "Pump and Circumstance: Robert Boyle's Literary Technology." *Social Studies of Science* 14: 481-520.

· Shelley, Mary. 1963. *Frankenstein*. London: Dent.

· Shweder, Richard A. 1986. "Divergent Rationalities." In *Metatheory in Social Science: Pluralisms and Subjectivities*, ed. Donald W. Fiske and Richard A. Shweder. Chicago: University of Chicago Press, pp. 163-196.

· Singer, Charles. 1957. *A Short History of Anatomy and Physiology from the Greeks to Harvey*. New York: Dover.

· Sinha, A. H. 1974. "How Passive are Passives?" In *Papers from the Regional*

Meeting of the Chicago Linguistic Society, Chicago, 1974, pp. 631–642.

· Sinsheimer, Robert L. 1968. Review of *The Double Helix* by James Watson. *Science and Engineering* (September 1968): 4, 6.

· Small, Henry G. 1978. "Cited Documents as Concept Symbols." *Social Studies in Science* 8: 327–340.

· Smith, Munroe. 1928. *The Development of European Law*. New York: Columbia University Press.

· Sokal, R. R., and T. J. Crovello. 1984. "The Biological Species Concept: A Critical Evaluation." In *Conceptual Issues in Evolutionary Biology: An Anthology*, ed. E. Sober. Cambridge, Mass.: MIT Press, pp. 541?566.

· Solem, A. 1978. "Cretaceous and Early Tertiary Camaenid Land Snails from Western North America (Mollusca: Pulmonata)." *Journal of Paleontology* 52: 581–589.

· Solomon, Robert C. 1980. "Emotions and Choice." In *Explaining Emotions*, ed. Amelie Oksenberg Rorty. Berkeley: University of California Press, pp. 251–281.

· Spector, Mark, Steven O' Neal, and Efraim Racker. 1980a. "Phosphorylation of the 3 Subunit of Na^+K^+-ATPase in Ehrlich Ascites Tumor by a Membrane-bound Protein Kinase." *Journal of Biological Chemistry* 255: 8370–8373.

· ———. 1980b. "Reconstitution of the Na^+K^+ Pump of Ehrich Ascites Tumor and Enhancement of Efficiency by Quercetin". *Journal of Biological Chemistry* 255: 5504–5507.

· ———. 1981. "Regulation of Phosphorylation of the β-Subunit of the Ehrich Ascites Tumor Na^+K^+-ATPase by a Protein Kinase Cascade." *Journal of Biological Chemistry* 256: 4219–4227.

· Spector, Mark, Robert B. Pepinsky, Volker M. Vogt, and Efraim Racker 1981. "A Mouse Homolog to the Avian Sarcoma Virus src Protein is a Member of a Protein Kinase Cascade." *Cell* 25: 9–21.

· Sprat, Thomas. 1667. *History of the Royal-Society of London, For the Improving of Natural Knowledge*. London: J. Martyn and J. Allestry.

· Stigler, George J. 1965 [1955]. "The Nature and Role of Originality in Scientific Progress." In *Essays in the History of Economics*. Chicago: University of Chicago Press, pp. 1-15.

□

· Stimson, Dorothy.1948. *Scientists and Amateurs: A History of The Royal Society.* New York: Henry Schuman.

· Strawson, P. F. 1977 [1971]. *Logico-Linguistic Papers.* London: Methuen.

· ————. 1974. *Subject and Predicate in Logic and Grammar.* London: Methuen.

· *Style Manual for Biological Journals.* 1964. 2nd ed. Washington, D.C.: American Institute of Biological Sciences.

· Sulloway, Frank J. 1982. "Darwin's Conversion: The *Beagle Voyage* and Its Aftermath," *Journal of the History of Biology* 15: 325-396.

· ————. 1985. "Darwin's Early Intellectual Development: An Overview of the *Beagle* Voyage (1831-1836)." In *The Darwinian Heritage,* ed. David Kohn. Princeton, N.J.: Princeton University Press, pp. 121-154.

· Swerdlow, Noel M. 1976. "Pseudodoxia Copernicana: or Enquiries into Very Many Tenets and Commonly Presumed Truths, Mostly Concerning Spheres." *Archives Internationales d' Histoire des Sciences* 26: 108-158.

· Swinburne, Richard. 1984. "Personal Identity: The Dualist Theory." In *Personal Identity,* a debate between Sydney Schoemaker and Richard Swinburne. Oxford: Basil Blackwell, pp. 1-66.

· Thompson, John B. 1982. "Universal Pragmatics." In *Habermas: The Critical Debates,* ed. John B. Thompson and David Held. Cambridge, Mass.: MIT Press, pp. 116-133.

· Tigar, Michael E., and Madeleine R. Levy. 1977. *Law and the Rise of Capitalism.* New York: Monthly Review Press.

· Toulmin, S. 1977 [1972]. *Human Understanding: The Collective Use and Evolution of Concepts.* Princeton, N.J.: Princeton University Press.

· Tufte, Edward R. 1983. *The Visual Display of Quantitative Information.* Chesire, Conn.: Graphics Press.

· Turner, Edwin L. 1988. "Gravitational Lenses." *Scientific American* 259: 54-60.

· Turner, Frank Miller. 1974. *Between Science and Religion: The Reaction to Scientific Naturalism in Late Victorian England.* New Haven: Yale University Press.

· Turner, Victor. 1978 [1974]. *Dramas, Fields, and Metaphors: Symbolic*

Action in Human Society. Ithaca, N.Y.: Cornell University Press.

· ———. 1981 [1968]. *The Drums of Affliction: A Study of Religious Processes among the Ndembu of Zambia*. Ithaca, N.Y.: Cornell University Press.

· ———. 1967. *The Forest of Symbols: Aspects of Ndembu Ritual*. Ithaca, N.Y.: Cornell University Press.

· ———. 1982. *From Ritual to Theatre: The Human Seriousness of Play*. New York: Performing Arts Journal Publications.

· Vogt, V. M., R. B. Pepinsky, and E. Racker. 1981. "Src Protein and the Kinase Cascade." Letter, *Cell* 25: 827.

· Waddington, Conrad H. 1968. "Riding High on a Spiral," review of *The Double Helix* by James Watson. The Sunday Times (London), May 25, 1968, P. 1.

· Wallace, William A. 1959. *The Scientific Methodology of Theodoric of Freiberg: A Case Study of the Relationship between Science and Philosophy*. Fribourg: The University Press.

· Waller, Robert H. 1979. "Four Aspects of Graphic Communication." *Instructional Science* 8: 213–222.

· ———. ed. 1979. *Processing of Visible Language*, vol. 1. New York: Plenum.

· Ward, W. Dixon. 1967. Letter, *Physics Today* 20 (January 1967): 12.

· Watson, James D. 1966. *The Double Helix: A Personal Account of the Discovery of the Structure of DNA*. New York: Atheneum.

· Watson, J. D., and F. H. C. Crick. 1954. "The Complementary Structure of Deoxyribonucleic Acid." *Proceedings of the Royal Society* A, 223: 80–96.

· ———. 1953a. "Genetical Implications of the Structure of Deoxyribonucleic Acid." *Nature* 171: 964–967.

· ———. 1953b. "A Structure for Deoxyribose Nucleic Acid." *Nature* 171: 737–738.

· ———. 1953c. "Structure of DNA." *Cold Spring Harbor Symposia on Quantitative Biology* 18: 123–131.

· Watson, James D., and John Tooze. 1981. *The DNA Story: A Documentary History of Gene Cloning*. San Francisco: W. H. Freeman.

· Weigert, Andrew. 1970. "The Immoral Rhetoric of Scientific Sociology."

□

American Sociologist 5 : 111?119.

· Weld, Charles Richard. 1858. *History of the Royal Society, with Memoirs of the Presidents. Compiled from Authentic Documents*, 2 vols. London: John W. Parker.

· Wenzel, J. W. 1982. "On Fields of Argument as Propositional Systems." *Journal of the American Forensic Association* 18: 204-213.

· Westfall, Richard S. 1984 [1980]. *Never at Rest: A Biography of Isaac Newton*. Cambridge: Cambridge University Press.

· Westman, R. S. 1972."The Comet and the Cosmos: Kepler, Maestlin and the Copernican Hypothesis." In *Colloquia Copernicana 1. Studia Copernica* V, Études sur l' audience de la Théorie Héliocentrique. Wroclaw [Breslau] : Polska Akademia Nauk, pp. 7–30.

· ———.1975a. "Michael Maestlin' s Adoption of the Copernican Theory." In *Colloquia Copernicana TV. Studia Copernicana XIV*, L' audience de la Théorie Héliocentrique Copernic et le Développement des Sciences Exactes et Sciences Humaines. Wroclaw [Breslau] : Polska Akademia Nauk, pp. 53–63.

· ———.1975b. "The Wittenberg Interpretation of the Copernican Theory." In *The Nature of Scientific Discovery: A Symposium Commemorating the 500th Anniversary of the Birth of Nicolaus Copernicus*, ed. O. Gingerich. Washington D.C.: Smithsonsian Institute Press, pp. 393–429.

· Willard, Charles Arthur. 1983. *Argumentation and the Social Grounds of Knowledge*. University, Ala.: University of Alabama Press.

· Williams, Joseph M. 1985. *Style*, 2nd ed. Glenview, Ill.: Scott, Foresman.

· Wilson, Kenneth G. 1971. "Renormalization Group and Critical Phenomena. I. Renormalization Group and the Kadadoff Scaling Picture" ; "Renormalization Group and Critical Phenomena. II. Phase-Space Cell Analysis of Critical Behavior." *Physical Review* B, 4 (November 1, 1971): 3174-3205.

· Wimsatt, W. C. 1980. "Reductionist Research Strategies and Their Biases in the Units of Selection Controversy." In *Scientific Discovery: Case Studies*, ed. T. Nickles. Dordrecht: D. Reidel, pp. 213–259.

· Wittgenstein, L. 1965 [1958]. *Preliminary Studies for the "Philosophical*

Investigations Generally Known as the Blue and Brown Books. New York: Harper and Row.

· Woese, Carl R. 1967. *The Genetic Code: The Molecular Basis for Genetic Expression*. New York: Harper and Row.

· Woolgar, Steve. 1981. "Discovery: Logic and Sequence in a Scientific Text." In *The Social Process of Scientific Investigation*, ed. Karin D. Knorr, Roger Krohn, and Richard Whitley. Dordrecht: D. Reidel, pp. 239-268.

· Wright, Patricia. 1977. "Presenting Technical Information: A Survey of Research Findings." *Instructional Science* 6: 93-134.

· Zarefsky, D. 1982. "Persistent Questions in the Theory of Argument Fields." *Journal of the American Forensic Association* 18: 191-203.

· Ziman, J. M. 1968. *Public Knowledge: An Essay Concerning the Social Dimension of Science*. Cambridge: Cambridge University Press.

· Zimmerman, David W. 1982. "Are Blind Reviews Really Blind?" *Canadian Sociology* 23: 46-48. Zuckerman,

· Harriet. 1977. *Scientific Elite: Nobel Laureates in the United States*. New York: The Free Press.

· Zuckerman, Harriet, and Robert K. Merton. 1973. "Institutionalized Patterns of Evaluation in Science." In Robert K. Merton, *The Sociology of Science: Theoretical and Empirical Investigations*, ed. Norman W. Storer. Chicago: University of Chicago Press, pp. 460-496.

□

찾아보기

옮긴이의 말

1. 객관성과 확실성을 보장하는 과학 지식이 수사학적으로 구성되었다고 말하면서 과학 지식의 구성에 수사학의 요소들이 어떤 구실을 하는지 분석하겠다는 것은 요즘 분위기에서 엉뚱한 시도처럼 보인다. 과학 지식도 수사학의 분석 대상에서 예외일 수 없다는 얘기는 너무 앞서나간 수사학자의 학문적 야심처럼 들릴 법하다. 17세기 과학혁명 이후에 과학과 이성은 수사학과 결별을 선언하였고 이후에 과학과 수사학은 맞닥뜨릴 일이 거의 없었으며 서로 다른 길을 걸어 점점 더 멀어지기만 하지 않았는가?

수사나 수사학이라는 말은 "사람 마음의 약점을 어떻게 이용할 수 있는지 잘 아는 사람의 교활함으로 뒤섞인, 문학비평과 이류논리학, 윤리학, 정치학, 법률학의 묘한 뒤범벅"(이 책 323쪽) 정도로 이해되는 게 현실이지 않는가? 그런데 20세기 들어 언어가 지식의 구성에서 차지하는 구실이 관심사로 떠오르면서 언어와 논증의 사용을 분석하는 수사학자들의 연구 영역도 점차 넓어졌다. 이제 일부 수사학자와 과학학자들은 과학 지식과 활동을 수사학으로 분석한다. 앨런 그로스의 이 책『과학의 수사학』은 과학을 수사학으로 분석하는 대표적 저작들 가운데 하나다.

종종 '급진적 과학수사학자'로 분류되는 앨런 그로스의 이 책을 읽고 '과학수사학'이라는 영역을 이해하려면, 먼저 과학수사학이 등장하고 확산한 지적 배경과 과정을 이해해야 하겠다. 과학수사학은 '설득'의 기술과 전략을 탐구하는 수사학의 관점에서 과학 지식이 어떻게 구성되는지를 분석하여 과학에 대한 이해의 폭을 넓히려는 학문으로서 전개돼 왔다.

이런 관심은 과학 지식의 확실성과 객관성도 사회적 성격을 지닌다는 인식이 생겨나면서, 1970년대 중반에 주로 수사학자들 사이에서 일어나기 시작했다. 1980년대 이후에 그것은 '이성의 완전한 승리' 또는 '흠 없는 인식'이라는 과학적 인식의 도그마에 도전해 온 과학철학, 과학사, 과학지식사회학의 일부 흐름과 서로 영향을 주고받으며 그 학문 영역을 확장해 왔다. 일부 수사학자들은 과학수사학이 발전하는 데엔 토머스 쿤이 상당한 정도로 영향을 끼쳤다고 지적한다. 이들의 설명에 따르면, 과학사의 혁명적 변화에 설득과 합의가 중요한 구실을 했다고 바라본 쿤의『과학혁명의 구조』(1962)의 영향을 받아 '과학의 확실성과 전문지식의 장벽'이 허물어지기 시작했고, 이에 힘을 얻어 1970년대 들어 수사학적 분석을 통해 과학을 이해하려는 시도가 등장했으며 1980년대 이후에 그런 연구들이 늘어났다.

◻

이런 과정에서 과학수사학 연구자들은 '과학은 어떻게 말하는 가' 또는 '과학은 얼마나 수사학적인가'라는 물음을 던지고 이에 대해 급진적이거나 온건한 여러 수준과 갈래의 해석을 내놓았다. 정도의 차이는 있지만, 이들은 대체로 과학 지식도 특정한 시간·공간의 맥락에 놓인 화자와 청자 사이의 설득과 상호소통 같은 수사학적 과정의 영향을 받는다고 바라보았다. 예컨대, 그로스 같은 학자들은 다양한 과학 텍스트에 담긴 문체, 유비, 논거 배열 같은 수사학적 요소를 분석하여 과학 지식의 거의 모든 요소들이 "설득의 산물"임을 강하게 논증하며 과학 지식도 다른 지식이나 담론과 마찬가지로 본질상 수사학적이라고 주장했으며, 어떤 학자들은 수사학이 과학자와 과학자 집단 또는 과학자와 일반 사회 사이의 지속적 상호교류를 심화하는 과학 지식과 실천의 중요한 '도구'라는 점을 강조했다.

　그동안 과학수사학의 관심은 주로 뉴턴, 다윈, 아인슈타인 같은 대표적 과학자들의 저서, 논문, 서신, 연구노트 같은 텍스트를 분석하거나, 과학의 엄격한 규율과 형식을 갖춘 실험보고서 같은 텍스트를 사례로 분석하는 데 쏠렸다. 아리스토텔레스 수사학의 영향에 의해 오랫동안 수사학과 대립되는 영역으로 인식된 과학 지식의 객관성도 수사학의 분석 대상에서 예외가 아니라는 점을 밝히려면, 무엇보다 먼저 이론의 여지없는 과학적 텍스트들을 수사학의 일차 분석 대상으로 삼아야 했기 때문이었다. 연구자들은 수사학의 요소들이 확연히 나타나는 텍스트보다는 오히려 수사학과는 동떨어져 과학적 인식론과 방법론을 잘 드러내는 "가장 공고한 사례들", 즉 전형적인 과학 텍스트를 분석해 그 안에서 수사학의 요소들을 찾아내고자 했다. 『과학의 수사학』은 대체로 이런 흐름의 연장에 있는 책이라 하겠다.

1990년대에 들어서 '가장 공고한 사례들'에 쏠렸던 관심을 확장하려는 새로운 흐름들이 나타났다. 과학을 실험실의 실천이나 거기에서 직접 당연하게 산출되는 당연한 지식이라기보다는 '문화적 실천의 복합 연결망'으로 이해하는 문화연구로서 과학수사학의 분석방법이 주목받았다. 과학대중화의 수사학, 공상과학의 수사학, 과학 서사의 수사학 같은 다양한 과학 텍스트의 장르와 담론에 대한 분석은 이런 흐름을 보여주는 것들이다.

그러나 과학 지식과 활동에서 쓰이는 언어의 분석을 통해 과학에 대한 이해의 폭을 넓히려는 연구는 수사학만이 아니라 다른 여러 흐름들에서도 나타난다. 언어를 실재(reality)를 구성하는 매체 또는 현실을 반영하는 매체로서 바라보는 이런 연구 흐름은 일찍이 철학, 역사 등 인문학 분야에서 이른바 '언어적 전회(linguistic turn)'의 관점을 이뤄왔다. 그렇다면 과연 과학 지식과 과학 활동을 분석하여 이해하는 데에도 '언어적 전회'는 의미 있는 접근법이 될 수 있을까? 1970년대 이래 과학의 수사, 담론, 서사, 의사소통에 대한 여러 연구들은 과학의 언어 분석이 지니는 유효성과 가능성을 넓히고 있는 중이다.

2. 그로스의 『과학의 수사학』은 과학수사학의 강건한 태도와 주장을 담은 책이다. 그로스는 수사학의 관점에서 "(모든) 지식의 창조는 자기 설득으로 시작해 다른 이의 설득으로 끝나는 일이다"라고 말한다. 과학 지식도 설득에 의존한다. 다만, 과학은 다른 지식에

비해 견고한 검증 과정을 거쳐 매우 강력한 설득력을 지니기에 그 수사학적 요소는 잘 드러나지 않는다. 그러나 그렇다고 해서 거기에 수사학이 개입하지 않는 것은 아니다. 과학에서 잘 드러나지 않는 수사학의 분명한 모습을 보려면 우리는 먼저 수사학과 과학을 바라보는 기본 관점을 바꿔야 한다고 그로스는 말한다. 이 책 전체의 내용을 아우르는 총론 성격의 1장에서 설득과 정당화 행위라는 수사학의 본뜻을 가려내는 저자는 수사학을 '참된 앎'의 영역에서 배제하고 정치토론과 법정토론의 영역에 한정했던 아리스토텔레스의 전통에서 벗어나 과학 텍스트를 바라보라고 역설한다. 그래야 과학 텍스트의 수사학적 분석은 가능하다. 그는 아리스토텔레스 이전의 "소피스트 정신"이 과학수사학에 자유롭게 떠돌게 하라고 선언한다.

1장에 이어 그로스는 과학사와 현대 과학의 여러 사례들을 하나씩 다루면서 거기에 담긴 수사학을 다양한 방식으로 분석한다. 첫번째 사례 분석인 2장에서 그는 정치연설, 학술논쟁, 과학논증의 영역에서 이뤄지는 '유비'를 분석하면서 과학의 유비가 작동하는 데에는 과학의 합의된 절차가 중요한 구실을 한다고 논증한다. 3장에서는 너무도 당연하여 견고한 과학으로 이해되는 지식도 역시 수사학적으로 구성된 측면이 있음을 보여주고자, 진화생물학을 수사학으로 재구성하는 데 도전한다. 그는 비트겐슈타인의 '가족 유사성' 개념을 끌어들여 분류학의 종 개념을 재인식하고 새로운 종의 발견을 입증하는 데 동원되는 갖가지 서술·그림 묘사의 기술과 전략을 분석한다. 새로운 종의 발견은 저절로 입증되는 게 아니라 세심한 구분 짓기와 분류의 설득과 정당화에 힘입어 받아들여지는 과정으로 이해된다. 4장은 DNA 이중나선 구조를 발견한 왓슨의 회고담인 『이중나선』을 다룬다. 여기에서 그로스는 DNA 구조의 발견 과정을 극적인 것으로 묘사하는 『이중나선』의 서사 구조와 널리 알려진 설화·민담의 서사 구조를 비교하고, 그것을 다시 왓슨과 크릭의 1953년 논문에 담긴 문체의 특성과 비교하여 분석한다.

이어 제2부를 이루는 5~10장에서는 과학의 문체, 논거 배열, 그리고 논거 발명이 여러 사례들을 통해 집중적으로 분석된다. 과학 학술 논문에 나타난 문체, 즉 논문에서 은유는 어떻게 사용되는지, 표와 그림은 설득에서 어떤 구실을 하는지 분석되며(5장), 귀납과 연역의 방법을 따르는 과학 논문의 논거 배열 방식에 담긴 수사학적 요소를 생물학 실험 보고서와 아인슈타인의 이론 논문을 통해 살핀다(6장). 코페르니쿠스 혁명이 왜 이성의 혁명 자체라기보다는 독자한테 '이성의 개종'을 요구하는 수사학적 혁명으로 이해할 여지를 지니는지를 당시의 고전 텍스트를 분석하여 논증한다(7장). 또 뉴턴이 자신의 광학적 발견을 초기 논문들에서는 전통광학과 단절하는 성취로서 부각했다가 인정받지 못했으나, 30여 년 뒤에 저작 『광학』에서 자신의 실험과 발견을 전통광학에서 이어지는 연속적 성취로서 부각하여 널리 인정받게 된 사실을 '수사적 개종'이라는 개념으로 설명한다. 뉴턴 광학의 초기 실패와 후기 성공 사이에는 수사학적 전략, 즉 설득 전략의 차이가 있었다(8장). 9장은 하버마스의 의사소통행위이론에 등장하는 '이상적 언술 상황'이라는 개념에 기대어 과학 논문의 동료 심사(peer review) 과정에 나타나는 의사소통 과정을 세밀히 좇는다. 이를 통해 저자는 과학의 객관적 지식이 공인받는 과정에 개입하는 인간적, 수사학적 요소를 드러낸다. 10장에서 저자는 다윈 진화론의 창조성이 순간의 통찰에 의해 이뤄진 게 아니며 오랜 동안에 걸친 '자기 설득', 그리고 자기 내면의 문제풀이와 지적 유희 과정에서 기인했다는 점을 다윈의 초기 노트들을 통해 보여준다. 다윈의 발견은 수사학을 통해 좀더 정확하게 설명될 수 있다는 것이다.

제3부 '과학과 사회'에서 저자는 '과학적 발견의 우선권'이 과학자사회에서 제도적 규범으로 자리 잡은 상황을 17세기 영국 왕립학회의 논의들을 중심으로 다루면서 제도적 규범에 앞서 수사학적 규범이 먼저 있었음을 보여준다(11장). 또 12장에서는 '사회 드라마'라는 인류학의 개념을 빌려와 미국에서 과학자 사이에서, 그리고 과학자와 시민 사이에서 벌어진 재조합 DNA 논쟁의 전개 과정을 위반, 위기, 교정활동, 재통합이라는 4막의 사회 드라마 단계로 나누어 흥미롭게 분석한다.

이 책을 읽다보면 '수사학'은 중세 유럽에서 널리 쓰였고 지금도 널리 이해되는 '말의 기교'가 아니라 새로운 현대적 의미로 이해된다. 청중을 향한 설득은 수사학의 가장 큰 관심사이자 궁극적 목표이며, 이때에 설득을 위한 다양한 전략과 전술이 동원된다. 그러므로 수사학은 설득을 위한 기술인 동시에, 언술행위에 담긴 설득의 기술과 의도를 찾아내는 분석의 도구가 된다. 그로스는 이성과 합리성 뒤에 숨은 인간적 요소를 찾아내는 분석의 도구로서 수사학을 강조한다. 그는 과학수사학의 '급진적 프로그램'을 사용하여 과학 지식과 과학 활동에 부당하게 얹혀진 '특권적 지위'를 드러내고자 하는데, 그것은 '언어와 지식의 민주주의'를 향한 그의 프로그램이기도 하다.

■

3. 그로스의 과학수사학은 '지식의 민주주의'에 닿아 있다. 그는 과학도 역시, 정도의 차이는 있지만, 본질상 다른 지식이나 담론과 마찬가지로 설득과 합의에 의해 지식을 구성하므로, 과학수사학은 과학의 이런 성격을 분석하여 과학 지식이 지닌 인식론적 절대우위, 또는 '지식의 특권'을 해체하는 데 기여해야 한다고 주장한다. 이런 점에서 보자면 그의 과학수사학은 실천적 의미까지 담고 있다. 그는 지식의 특권이 해체된 이후에 세워져야 할 지식의 세계상을 '연방주의'로 묘사한다(81-83쪽). 모두 평등한 주권을 누리는 지식의 자치주들이 서로 존중하면서 교류하는 '연방'의 관계가 이상적이라는 것이다. 물론 여기에서 특정한 지식이 인식론적으로 우월하여 다른 지식은 그에 종속된다는 식의 '지식의 특권주의'는 사라져야 한다. 그로스의 과학수사학에 담긴 지식의 민주주의는 바로 이런 의미다.

이 책의 중요한 지적 배경은 책에서 가장 자주 인용되는 카임 페렐만의 현대 수사학이다. 페렐만은 올브레크츠-티테카와 함께 1958년 아리스토텔레스의 수사학을 현대적으로 재해석하여 『신 수사학(The New Rhetoric)』을 발표했는데, 이 책은 과학수사학을 포함한 여러 수사학 연구에서 매우 자주 인용되는 역작이다. 이 책에서 페렐만은 청중을 향해 화자가 벌이는 설득의 전략과 기술로서 수사학을 정의했다. 수사학의 이런 개념은 설득과 합의를 목표로 벌이는 청자와 화자의 역동적 언어 관계를 보여준다는 점에서 '언어의 동역학'이라 부를 만할 것인데, 이런 개념은 당시로서는 매우 새로운 것이었다. 페렐만은 수사학적 청중의 개념을 정교화했으며 연설의 풍부한 사례들을 들어 설득과 정당화의 기술을 체계적으로 분석하고 분류했다. 또 유비와 은유를 포함하는 문체, 논거 배열, 논거 발명 같은 수사적 기술들을 청중과 설득이라는 관점에서 분석하고, 전통 수사학의 개념인 스타시스(stasis), 공동화제(topos) 같은 개념들을 현대적 관점에서 정립하는 데 기여했다. 페렐만 수사학의 입문서인 『카임 페렐만』(Chaim Perelman, 2003)에서 그로스와 데임이 말했듯이, 페렐만의 관심은 논리에는 이성이 있지만 수사에는 이성이 없다는 식의 '논리 대 수사'의 이분법을 거부하는 것이었으며, 그리하여 논리와 수사 모두에 이성이 있다는 의미에서 '논리적 이성'과 '수사학적 이성'의 동등한 관계를 보여주려는 것이었다. 그러므로 페렐만의 수사학에서도 역시 '민주주의'는 중요한 주제가 된다.

4. 과학 지식과 활동에 대한 언어 분석들은 다른 식으로는 잘 보이지 않는 과학 지식의 고유한 특성은 물론이고 다른 지식과 별반 다를 바 없는 일반적 특성을 새롭게 또는 더욱 분명하게 드러낸다는 장점을 지닌다. 그러나 이런 언어 분석은 언어에 매몰되어 과학의 현실과 실재를 축소 해석하거나 다르게 해석할 위험도 함께 지닌다. 그러므로 수사학을 포함한 언어 분석은 그 혼자만의 방법으로 충분하지 않으며, 역사·사회적 맥락에서 살아 움직이는 과학과 언어의 모습을 이해해야 할 것이다. 그래야만 과학 지식과 과학 활동에 담긴 논리적 이성과 수사학적 이성을 재발견할 수 있으며, 과학의 공고한 이성 체계와 그릇된 신화를 함께 볼 수 있다. 그로스 책의 밑바탕에 흐르는 "소피스트의 정신"도, 이렇게 지식의 이면을 제대로 포착하여 드러낼 때에야 과학 지식 자체도 스스로 묶인 구속에서 벗어나 훨씬 더 자유롭고 건강해질 것이라는 믿음일 것이라고

나는 생각한다.

4년여 전에 처음 알게 된 이 책은 내게 여러 흥미로운 읽을거리와 생각거리를 제공했다. 워낙 폭넓은 주제와 급진적 주장을 담고 있기에 충분히 이해하기는 힘든 일이었지만, 이 책이 내게 어렴풋하게 전해준 바는 그때나 지금이나 새롭다(나는 그것이 말의 민주주의, 지식의 민주주의라고 생각했다). 번역판은 『과학의 수사학(The Rhetoric of Science)』 1990년 1판을 우리말로 옮긴 것이다. 이 책의 번역과 편집이 마무리될 무렵에 그로스는 책의 제목을 바꾸고 구성과 일부 내용을 바꾼 책을 다시 펴냈다(*Starring the Text: The Place of Rhetoric in Science Studies*, 2006). 그러나 저자가 새 책의 서문에서 밝혔듯이 내용과 관점의 틀은 번역된 책과 크게 다르지 않으며 대부분 그대로 유지됐다. 『과학의 수사학』 출간 이후에 달라진 과학 수사학 분야의 흐름을 보고자 한다면 새 책을 참고할 만하겠다. 책을 번역하면서 분자생물학, 진화생물학, 현대물리학, 하버마스의 의사소통이론, 터너의 인류학 이론 같은 전문분야의 내용에 세심한 주의를 기울이고 여러 자료를 참조하려고 노력했으나 1인 번역에서 오역은 불가피할지도 모르겠다. 오역에 대한 독자의 엄중한 꾸짖음을 도무지 피할 도리가 없음을 두려워하면서도 더 이상 미룰 수 없는 상황에 처하여 부끄럽고 두려운 번역 작업을 여기에서 마무리한다. 과학문화재단과 궁리출판사, 그리고 특별히 번역 원고를 읽고 여러 중요한 문제를 지적해준 하대청 님을 비롯해 여러 분들께 진심으로 감사드린다.

2007년 2월

오철우

과학의 수사학

1판 1쇄 펴냄 2007년 2월 28일
1판 2쇄 펴냄 2013년 4월 5일

지은이 앨런 그로스
옮긴이 오철우

편집주간 김현숙
편집 변효현, 김주희
디자인 이현정, 전미혜
영업 백국현, 도진호
관리 김옥연

펴낸곳 궁리출판
펴낸이 이갑수

등록 1999. 3. 29. 제300-2004-162호
주소 110-043 서울특별시 종로구 통인동 31-4 우남빌딩 2층
전화 02-734-6591~3
팩스 02-734-6554
E-mail kungree@chol.com
홈페이지 www.kungree.com
트위터 @kungreepress

ⓒ 궁리출판, 2007. Printed in Seoul, Korea.

ISBN 978-89-5820-084-0   03400

값 15,000원

◆ 이 책은 과학문화재단의 지원을 받아 번역되었습니다.